# 화장품 생물신소재

안봉전 · 이진태 · 이창언 공 저

光文閣
www.kwangmoonkag.co.kr

# 머 리 말

화장품이란 생화학, 약학, 계면화학, 물리학, 천연물화학, 세포공학, 피부과학, 미생물학, 면역학, 색채학, 심리학 등 서로 동떨어진 학문처럼 보이는 수많은 학문들이 상호 연계됨으로서, 화장품연구자로서의 입지를 확보할 수 있는 특이적인 분야이다. 그러나 이러한 다양한 학문의 경계를 기초부터 알기 쉽고 체계적으로 정리되어 있는 문헌은 그다지 많지 않다. 그 이유로는 우선 국내 대학 교육기관 중에서 화장품과 관련한 학과가 거의 없고, 위에서 언급한 다양한 학문의 경계를 소화해 내려면 가령 '화장품단과대학' 수준의 대규모 구성이 요구되지만 이것은 현실적으로 어려운 부분들이다.

이 책에서는 모든 화장품관련 학문분야를 총망라하지는 못했지만, 저자들의 각 분야별 전문지식과 화장품 실무경험을 나름대로 체계적으로 정리하여 미흡하나마 앞으로의 화장품연구개발에 일조하고자 하였다.

책의 구성은 크게 전반부와 후반부로 나뉘어져 있으며, 먼저 전반부는 화장품 소재 개발을 위해 어떠한 기초작업이 필요하며, 무엇을 준비해야 하는지 그리고 분석장비로서 무엇을 확인할 수 있는가, 생리활성은 무엇이고 그 기능탐색은 어떤 방법으로 하는가 등을 정리함으로서 화장품산업체에 첫 입문하게 된 신입사원이나 화장품연구자의 길을 선택한 연구원들에게 기본적으로 알아두면 소재개발에 많은 도움이 될 것으로 사료된다.

후반부에는 기초화장품과 색조화장품 그리고 계면활성제의 각종 원료들을 소개하고 화장품소재에 대한 물성, 특징, 응용분야를 정리하였고, 특히 천연물 유래의 화장품신소재의 출처와 성분 등을 소개함으로서 실제 화장품연구자가 원료를 접하면서 느낄 수 있는 생리활성기능, 분석방법, 응용가능성 등을 제시하였다.

이 책의 주목할 만한 특징은 최근 대체의학으로 관심을 불러일으키고 있는 전통 한의학과 약용식물의 천연물을 중심으로 한 '한방바이오 특화사업'의 연장선상에서 '한방천연약용식물소재의 화장품산업으로 응용'에 많은 비중을 둠으로서, 안전하고 기능적인 측면에서 뛰어난 화장품 천연소재들이 국내의 우수한 화장품연구기술진에 의해 많이 개발되길 바라고, 아울러 현재 대학에서 화장품개발에 많은 관심을 가지고 있는 미래의 화장품 연구원을 꿈꾸고 있는 젊은 학생들에게도 연구소에 근무하기 전에 이 책의 내용을 앞서 공부해 둠으로서 국내 화장품연구가 질적으로 보다 높은 평가를 받을 수 있을 것으로 기대해 본다.

마지막으로 이 책의 출간을 위해 많은 노력을 함께 기울여 주신 도서출판 광문각 대표 박정태 사장님과 밤늦게까지 교정에 힘써주신 편집부 직원 여러분께도 감사의 글을 올린다.

2009년 2월

저자일동

c o n t e n t s

# 제I부 개론

## 화장품 소재의 분리 및 구조결정

1. 천연물의 시료채집 및 추출
2. 미생물을 이용한 생리활성물질 분리 및 구조결정
3. 기기분석에 의한 생리활성물질의 구조해석
4. 데이터베이스의 활용

Chapter 1

# 천연물의 시료채집 및 추출

## 1 재료선정 및 추출

식물성분을 연구하려면 원칙적으로 바로 채집하여 재료로 사용하는 것이 좋으며, 채집 즉시 뜨거운 알코올에 담그는 방법이 가장 이상적이다. 성분을 추출하기 전에 식물을 건조시키는 수도 있다. 이 때에는 건조 중에 식물조직 내 성분이 변화를 받지 않도록 주의를 해야 함은 물론이다. 그러므로 식물재료는 가능한 빨리 저온에서나 통풍이 잘 되는 곳에서 건조시키는 것이 좋다. 일단 건조된 식물재료는 장기간 보존하여도 성분 연구에는 지장이 많지 않다. 실제로 flavonoid, alkaloid, terpenoid 같은 식물성은 건조 후 수년이 지나도 아무런 변화가 없다. 한 예로서 300년 전에 채집한 *Strychnos nuxvomica* 잎에 들어있는 alkaloid 함량을 조사한 결과 신선한 것과 별 차이가 없다는 보고도 있다.

육두구(肉荳蔻, *Myristica fragrans*)의 열매를 저장하는 동안에 $\alpha$-pinene은 상당한 양이 감소된 반면 methyleugenol, elemicin, myristicin 및 myristic acid 등의 함량(%)은 오히려 증가되었다고 하는데, 이것은 휘발성의 차에 의하여 일어나는 현상이다. 연구재료는 저장기간 중 바이러스, 세균, 곰팡이 등에 감염되지 않도록 잘 보관하여야 한다. 감염된 재료에서는 미생물의 대사산물이 검출될 우려가 있을 뿐만 아니라, 그 자체 성분이 미생물에 의하여 분해되어 엉뚱한 결과를 초래할 가능성도 있기 때문이다. 재료를 채집할 때에는 다른 식물이 혼입되지 않도록 조심해야 한다. 특히 하등식물을 채집할 경우 다른 식물의 혼입에 신경을 써야 한다. 나무에 기생하는 곰팡이를 채집할 경우 나무조직이 조금이라도 혼입되지 않도록 주의해야 한다. 곰팡이에서 고등식물의 대표적인 성분인

chlorogenic acid가 발견되었다는 보고가 있었으나 그 후 숙주식물의 혼입에 의한 결과로 밝혀진 예가 있다. 이끼도 고등식물과 공생하는 수가 있으므로 주의해야 한다.

고등식물의 경우 실새삼(*Cuscutaepithymum*) 같은 기생식물이 얽혀 있는가를 살펴본 후 채집해야 한다. 특히 주의할 점은 채집한 식물을 정확히 감정해야 한다. 식물성분 연구자가 식물분류학자가 아닌 경우가 많으므로 식물의 분류에 대한 정확성이 재고되어야 할 것이다. 신물질을 분류하였거나 또는 기지물질이라도 어느 특종 식물에서 처음 분리했을 때, 식물표본과 대조해 보거나 또는 분류전공자에게 식물감정을 의뢰하여 확실히 해두어야 한다. 연구가 끝난 후에는 표본으로 식물재료를 공인된 식물표본실에 저장해 두는 것이 좋으며, 국제적으로 공인된 식물표본실로는 다음과 같다.

- Herbarium, Royal Botanical Gardens, Kew, U.K.
- Economic Herbarium of Oakes Awes, Harvard University, Cambridge, Massachusetts, U.S.A.
- John G. Searle Herbarium, Lake Shose Drive, Chicago, Illinois, U.S.A.
- Conservatorie et Jardin Botanique, Geneva, Switzerland.

## 2 예비실험

### 1. 추출

정확한 추출방법은 사용하는 식물의 부위와 수분함량에 따라, 혹은 어떤 물질을 추출하느냐에 따라 결정된다. 신선한 식물재료를 추출할 때, 일반적으로 우선 효소에 의해 식물성분이 산화 또는 가수분해되는 것을 방지하기 위하여 식물조직의 분화를 막아야 한다. 잎 또는 꽃은 필요에 따라 적당히 잘라서 끓는 알코올에 넣어서 식물의 변화를 방지할 수 있다. 알코올은 추출용매로서 가장 좋은 용매이다. 알코올로 1~2시간 수용 상에서 끓인 후 뜨거울 때 여과한다. 수회 온침해야 하는데, 횟수는 식물에서 알코올로 용출하여 나오는 색(잎의 chlorophyll)의 농도로 결정한다. 건조된 식물재료를 추출할 때는 적당한 크기로 절단한 다음(분말이 가능하면 분말이 유리), 유전율(誘電率)이 적은 용매부터 순차적으로 추출한다. 일반적으로 흔히 사용하고 있는 계통적 추출법은 석유 ether, $Et_2O$, $CHCl_3$, MeOH 또는 EtOH, $H_2O$의 순으로 추출한다. 그러면 식물재료에 들어 있는 유기화합물 중에서 비극성물질로부터 차차 극성이 큰 원자단(예를 들면 CO기, COOH기)을 가진 물질 순으로 추출된다.

- 석유 ether: 지방, 납, 수지, 정유, chlorophyll이 추출된다. 경우에 따라 배당체, 알칼로이드의 일부가 용출될 때도 있다.

· $Et_2O$: 석유 ether에 난용인 알칼로이드, 배당체, 수지, 식물색소, 탄닌 등이 추출된다.
· $CHCl_3$: 주로 탄성 검 같은 물질이 용출된다.
· 알코올: 사포닌, 당, 배당체, 유기산, 탄닌, 알칼로이드
· $H_2O$: 탄닌, 배당체, 당, 점액, 단백질, 염류

이 방법으로 추출할 때 추출성분이 어느 분획에 완전히 분리되는 것이 아니라, 그 양은 다르지만 여러 분획에 걸쳐서 분포하므로 주의해야 한다. 각 분획은 여과 후 감압 하에서 농축한다. Rotary evaporator를 사용하면 편리하고 빠르게 농축할 수 있다. 이러한 방법은 식물재료에 들어있는 어느 특정한 성분을 예비적으로 알아내려는 기본과정이며, 소량의 검체에 대하여 몇 개의 분획으로 나누어 유효성분이 어디에 함유되어 있는가를 생물학적 방법(예를 들면 동물실험, 미생물실험)으로 확인함과 동시에, 그 성분의 화학적 성질을 추정하고, 그 다음 성분의 추출, 정제, 구조연구가 될 수 있는 정색반응, 실성반응(實性反應)을 함으로써 유효성분 검색의 실마리를 잡아야 한다.

## 2. 천연물의 일반 정성반응

### 1) 알칼로이드

추출물 0.5g을 10% HCl 20～30ml에 용해하고, 40～50ml의 에테르로 진탕한 다음 수층을 분리하여 10% $NH_4OH$로 알칼리성으로 한 다음, $CHCl_3$ 20～30ml로 진탕하여 $CHCl_3$층을 취하고 증발 농축한 후 소량의 10% HCl에 용해하고 필요하면 여과한 후 Mayer 시약에 의한 백탁 또는 백색침전의 생성 여부를 관찰한다.

Mayer 시약: $Hg_2Cl_2$ 1.4g과 KI 4.9g을 물 100ml에 녹인다.

### 2) Phenol성 물질, flavonoid

추출물 0.1g을 물 또는 MeOH 5ml에 녹이고 10% NaOH 1ml을 가하여 알칼리성으로 할 때 황색-적색으로 정색하는가 관찰한다.

### 3) 당

추출물 0.1g을 물 2ml에 녹이고 필요하면 여과한 다음 Fehling 시약 5ml에 가하고 가온할 때 적색침전의 생성여부를 관찰한다. 비환원성 당 또는 배당체는 검액을 10% HCl로 가수분해하고 중화한다.

· Fehling 시약: A액($CuSO_4 \cdot 5H_2O$ 7g을 물 100ml에 녹인다)과 B액(sodium potassium tartrate 35g과 NaOH 100g을 물 100ml에 녹인다)을 미리 만들어두었다가 시험 직전에 같은 양을 혼합하여 사용한다.

4) 배당체, 탄수화물(Molish 반응)

추출물 0.1g을 물 또는 MeOH 2ml에 녹이고 20% naphthol EtOH 용액 1～2방울을 가한 후 농황산을 기벽을 통하여 가할 때 경계면에 적자색 환이 나타나는가 관찰한다.

5) Phenol성 물질, flavonoid, tannin

추출물 0.1g을 물 또는 MeOH 5ml에 녹이고 10% $FeCl_3$ · EtOH 용액 1～2방울을 가할 때 자색-청색의 정색 여부를 관찰한다.

6) 단백질, 펩타이드(Biuret 반응)

추출물 0.1g을 물 2ml에 녹이고 필요하면 여과한 다음 10% NaOH 1ml를 가하여 알칼리성으로 한 후 , 1% $CuSO_4$를 1～2방울 떨어뜨리고 청색-적자색의 정색 여부를 관찰한다.

7) Steroid, terpenoid, saponin(Lieerman-Burchard 반응)

유리접시에 무수초산 1방울을 떨어뜨리고 검체 0.5mg을 용해한 후, 주변에 농황산 1방울을 떨어뜨리고 초자봉으로 살짝 접촉시킬 때 양 액의 경계부위가 적색-청색-녹색으로 정색되는가 관찰한다.

8) Flavonoid

추출물 0.1g을 MeOH 2ml에 녹이고 HCl 0.2ml를 가한 다음, Mg 분말 소량을 가하고 실온에서 방치할 때 황적색-적색으로 정색되는가 관찰한다.

9) 정유

추출물 0.1g을 MeOH 5ml에 녹이고 필요하면 여과한 다음, piric acid 알코올 포화용액 1ml을 가할 때 혼탁 또는 침전의 생성 여부를 관찰한다.

10) 불포화화합물

추출물 0.1g을 MeOH 5ml에 녹이고 필요하면 여과한 다음 10 0% $Br_2$ 빙초산용액을 가할 때 $Br_2$의 적색이 소실하는가 관찰한다.

11) 유기산

추출물 0.1g을 물 또는 MeOH 2ml에 녹이고 필요하면 여과한 다음 5% $AgNO_3$ 알코올 용액을 가할 때 혼탁 또는 침전의 생성 여부를 관찰한다.

# 3 대량 추출

## 1. 추출방법

건조된 재료는 MeOH로 추출하는 것이 좋다. 알코올은 세포막을 파괴하므로 세포내의 성분을 추출할 수 있으나 ether 또는 $CHCl_3$ 같은 비극성 용매로는 세포 내 성분을 용출시킬 수 없다. 지용성 성분을 추출할 때는 $CH_2Cl_2$로 추출하는 것보다 재료를 일단 MeOH에 담가 두었다가 $CH_2Cl_2$로 추출하는 쪽이 좋은 결과를 얻을 수 있다. 이런 경우에는 $CH_2Cl_2$와 MeOH의 1:1 혼합용매로 추출한다. 씨 또는 왁스가 많은 잎 같은 재료는 먼저 석유 ether로 유지성분을 제거한 다음 MeOH로 추출한다. 열에 불안정한 천연물을 추출할 때는 초임계 유체(supercritical fluid)를 사용하여 좋은 성과를 얻고 있다. 실온에서 기체인 $CO_2$, $NO_2$, $NH_3$ 등에다 압력을 가하여 유체상태로 하고 소량의 물 또는 MeOH를 첨가하여 사용한다.

## 2. 액체 분배법(상분리)

석유 ether로 탈지한 재료를 EtOH로 온침하고 감압 농축 후 물을 가한 다음(물에 난용성인 배당체 또는 사포닌은 침전됨) 잔류물이 있으면 여과하고, 여액을 $Et_2O$ 또는 $CHCl_3$로 추출하면 극성이 적은 phenol성 물질, terpenoid, alkaloid 같은 물질이 이행된다. 수층을 BuOH 또는 EtOAc로 충분히 추출하면 극성이 큰 flavonoid, 배당체 또는 saponin이 이행된다.

## 3. Stass Otto법

추출할 대상성분이 정해졌을 때는 추출방법도 달라진다. 알칼로이드를 추출할 목적으로는 Stass Otto법을 주로 이용한다. 재료를 주석산의 산성에서 EtOH로 여과하고, 수층을 감압 하에서 농축한다. 이때 수지물질, chlorophyll 등이 적출 될 때에는 여과하여 더 증발 농축한다. 농축액에 무수 EtOH를 가하고 불순물이 있으면 여별하고, 이를 다시 증발 건조 후에 가급적 소량의 물을 가하여 용해한다. 여기에는 염, 유기산, 배당체, 고미질, 알칼로이드 등이 용존할 가능성이 있다. 이 수용액을 $Et_2O$로 추출하면 유기산 등이 $Et_2O$층으로 이행된다. 산성 수용액은 KOH를 가하여 강알칼리성으로 한 후(이때 대부분의 알칼로이드는 적출됨) $CHCl_3$로 추출하면 phenol성 알칼로이드가 $CHCl_3$로 이행된다. 이 KOH 알칼리성 수침액에 $NH_4Cl$을 가하여 암모니아의 알칼리성으로 한 다음 $CHCl_3$로 추출하면 phenol성 OH기를 갖고 있는 알칼로이드가 이행된다. 수층에는 4급 알칼로이드 또는 N-oxide 등이 남게 된다.

## 4. 배양성분의 분리

식물삼출액, 수침액 또는 배양액 같은 수용액은 석유 ether, $CHCl_3$, EtOAc, BuOH 순으로 분배 추출하는 방법으로 천연물을 분리하거나 대량의 알코올 또는 아세톤을 가하여 침전 분리할 수 있으나, Amberlite XAD-2 또는 XAD-4(polystyrene-divinylbenzene) resin column을 통과시켜 유기물을 수지에 흡착시킨 후 아세톤 또는 메탄올로 용출시키는 방법도 많이 사용하고 있다. 시료에 1～5% NaCl을 첨가하면 더 좋은 결과를 얻을 수 있다. 이상과 같이 추출 분리하여 얻은 농축된 추출액은 방치할 때 결정이 생성되는 수가 있다. 이 때는 여과 후 크로마토그래피법으로 단일물질인가를 검사한다. 단일물질일 경우 재결정에 의해 정제하고 이화학적 성질을 조사한다. 그러나 대부분의 경우 결정체가 복잡하게 생겼다 하더라도 몇 개의 성분이 혼합되어 있을 때가 많다. 이때에는 적당한 용매에 녹이고 크로마토그래피법에 의한 분리를 시도한다.

Chapter 2

# 미생물을 이용한 생리활성물질 분리 및 구조결정

## 1 서 론

활성 물질의 분리, 정제 방법은 분리를 원하는 활성 물질의 물리화학적 성질에 따라 달라져야 하며 여러 가지 서로 다른 원리에 근거한 분리, 정제 방법 중에서 적절한 방법을 효과적으로 조합하여야 한다. 일반적으로 동일한 원리에 근거한 방법으로는 성공적으로 활성 물질을 분리, 정제하기 어렵다. 왜냐하면 동일한 원리에 근거한 분리, 정제 방법은 여러 번 반복하여 사용하더라도 물질의 분리도는 어느 정도 높일 수 있으나 완전한 분리는 어렵기 때문이다. 또한 천연물로부터 항생 물질 탐색 연구분야의 물질 분리, 정제 방법은 유기화학 또는 천연물 연구 분야에서 행하는 방법과는 상당한 차이가 있다. 즉 유기화학 등의 분야에서는 이미 예상하고 있는 구조를 가진 화합물을 몇 가지 다른 화합물과 섞여 있는 혼합물 중에서 분리하는 것이고, 천연물 연구분야에 있어서는 어떤 골격구조를 지닌 화합물, 즉 특정 그룹의 화합물을 추적해 나가는 것이 일반적이다. 그러나 생리활성물질의 탐색 연구분야에서는 목적으로 하는 생리활성 물질 이외에 화학적으로는 전혀 모르는 수백 종의 화합물을 포함하는 미생물 대사산물 가운데서 생리활성을 지표로 하여 찾아 나가야 한다. 따라서 목표로 하는 화합물의 물리화학적 특성과 생물활성을 나타내는 분획(fraction)과의 빠르고 간단한 연결방법이 중요하다.

따라서 구조해석, 임상실험 등에 사용할 시료 확보를 위한 본격적인 물질 분리, 정제를 행하기 이전인 활성물질 탐색의 초기 단계에서 목적으로 하는 활성물질의 신규성 또는 유용성을 미리 확인할 필요가 있다. 이를 위해서는 먼저 미생물 배양액으로부터 각종 생리활성을 검정한 후에 일반적으로 몇 가지 유기용매에 대한 이행성, 활성탄 및 이온 교환 수지에 대한 흡·탈착성, pH와 열에 대한 안정성 등의 예비실험을 행한다. 일반적으로 이 시점에서 목적으로 하는 활성물질이 어떤 그룹에 속하는 물질인지를 판단하는 것이 어렵지만 예를 들어 polyene계 항생물질은 UV spectrum 등으로 간단히 구별되기도 한다. 또한 대부분의 경우 이 단계에서 활성물질의 물리화학적 특성이 완전히 밝혀지기는 어렵지만 예비 추출시험에 근거하여 어느 정도 물리화학적 성질을 추정하고 이를 고려하여 소량의 활성물질을 분리한 후 신규물질 또는 기지물질 여부를 판단하게 된다.

이들을 효과적으로 screening하기 위하여 종래부터 paper chromatography, UV spectrum 또는 각종 정색 반응 등 여러 가지 방법이 널리 이용되어 왔으나 특히 TLC(Thin Layer Chromatography) 방법이 screening의 초기 단계에는 유력한 수단이 된다. 이 방법에 의하면 신속성, 고도의 분리능력 등으로 인하여 활성물질의 분리, 정제 및 동정에 필요한 양을 간단히 얻을 수 있기 때문이다.

활성물질을 분리 정제해 나가는데는 정해진 방법이 확립될 수 없기에 풍부한 경험과 이론이 요구된다. 신속하고 효과적인 분리정제를 위해서 여러 종류의 resin, 활성물질, 용매들의 성질과 이들과의 상호관계를 알기 위해서 유기화학적 지식, 크로마토그래피 이론과 정제된 물질의 구조규명을 위해 NMR, IR, UV, MS 등을 이용한 기기분석 관련 지식을 기본적으로 습득해야 한다.

이 장에서는 천연물로부터 활성물질을 신속하게 분리정제 하는 방법을 초심자도 활용할 수 있는 내용으로 실제 이용할 수 있는 실험적인 방법을 쉽게 기술하고자 한다.

## 2 활성물질의 초기탐색 단계에서의 분리 정제

항생물질이란 용어에 대해서는 1942년 Waksman에 의해 "미생물로부터 생산되어 다른 미생물의 생육을 억제하는 물질"로 정의가 내려진 바 있다. 그러나 항종양성 활성물질, 살충 또는 제초활성을 포함하는 농용 항생물질, 면역활성 조절물질, 각종 효소 저해물질 등 다양한 생리활성물질들이 발견됨에 따라 "미생물에 의해 생산되어 미량으로써 각종 생리활성을 나타내는 물질"로 총칭되게 되었으며, 최근에는 반합성 유기화합물과 동·식물 등에서 유래되었으나 기존 항생물질과 구조가 유사한 각종 생리활성물질도 포함시켜 광범위하게 해석하는 경향이다.

지금까지 각종 미생물의 탁월한 대사기능 연구 등을 통하여 15,000여종의 새로운 항생물질들이 보고되었으며, 이 중에서 의약품, 가축 등의 동물용 약품, 농약 등으로 실용화된 경우도 많이 있다. 따라서 항생물질을 탐색하는 연구는 특정 병해를 예방하거나 치료하기 위한 명확한 목적을 지닌 응용과학 분야라고 할 수 있으며 미생물학, 생물학, 생화학, 약학, 화학, 의학 등 다방면에 걸친 종합적인 연구가 요구된다.

일반적으로 항생물질은 미생물의 배양액 중에 ppm농도로 함유되어 있다. 이와 같이 미량으로 존재하기 때문에 탐색의 초기단계에서 효율적으로 활성물질을 분리, 정제하지 않으면 좋은 연구결과를 얻기가 아주 어렵다고 하겠다. 이러한 항생물질을 효율적으로 탐색하기 위하여 많은 요소가 필요하겠으나 여기에서는 가장 중요한 단계라고 할 수 있는 초기단계에서의 생리활성물질의 분리와 동정에 초점을 맞추어 활성물질의 분리, 동정 시 고려할 사항들, 탐색 초기단계에서의 물질의 양적 개념, 예비 추출 실험방법, TLC의 유용성 및 이용 방법 등에 대하여 논하고자 하였다.

## 1. 활성물질의 분리와 동정 시 고려할 사항들

일반적으로 탐색 초기단계에서는 활성물질이 완전하게 분리, 정제되지 않은 상태에서 적은 양으로 신규성 확인 또는 기지물질의 동정이 요구된다. 활성물질의 동정에 필요한 생물학적, 이화학적 특성들은 〈표 2-1〉과 같다. 이화학적 특성을 조사하기 위한 시료는 순도가 높아야 하는 반면에 생물학적 특성을 조사하기 위한 시료는 상대적으로 순도가 낮아도 큰 문제가 없는 편이다. 물론 순도가 높을수록 정확한 물질의 특성 파악에 유리하겠으나 탐색의 초기 단계에서는 가능한 한 순도가 낮은 상태의 시료를 가지고서도 물질의 특성에 관한 많은 정보를 획득하도록 노력하여야 한다. 왜냐하면 많은 경우에 물질의 분리, 정제가 용이하지 않으며 또한 시간이 많이 걸리기 때문이다. 즉 분리, 정제 실험에 치중할 것인지 분석에 치중할 것인지는 각 상황에 따라 잘 판단하여야 한다. 그러나 분자량 또는 분자식을 얻기 위한 MS분석은 완전하게 분리된 시료를 사용하지 않으면 잘못 해석된 결과를 얻기가 아주 쉽기 때문에 주의하여야 한다.

〈표 2-1〉 Identification parameters of bioactive compounds

| |
|---|
| Biological characteristics: |
| Taxonomy of producing organisms |
| Spectrum of antimicrobial or other biological activities |
| Cross-resistance |
| Chromatographic characteristics: |
| Paper chromatography |
| TLC (Thin Layer Chromatography) |
| HPLC (High Performance Liquid Chromatography) |
| Physicochemical characteristics: |
| UV (Ultra violet) spectrum |
| IR (Infrared) spectrum |
| NMR (Nuclear magnetic resonance) spectrum |
| MS (Mass) spectrum |
| Chemical degradation analysis |
| Computerised database: |

활성물질의 구조나 크기 등에 따라서 어느 정도 차이가 있겠으나 활성물질의 각종 이화학적 분석에 요구되는 시료의 최소 요구량은 〈표 2-2〉와 같다. 이 중에서 MS, MP, TLC 등은 분석 후 시료의 회수가 어렵기 때문에 screening 단계의 실험에 있어서는 분석 후에도 시료 회수가 가능한 UV, NMR 등의 분석이 유용하다고 하겠다. 그러나 소량이지만 순도가 높은 시료가 얻어지면 MS분석을 시도하는 것도 유리하다고 하겠다.

일반적으로 탐색 초기단계에서는 실험 목표를 UV, MS 또는 $^{1}$H-NMR분석에 필요한 0.1～1mg의 활성물질 시료의 획득에 두는 것이 좋다. 그리고 이러한 분석에 의하여 얻어진 각종 생물학적, 이화학적 특성들은 바로 database를 이용하여 기지물질과의 비교를 통하여 신규성 등을 확인하여야 한다.

〈표 2-2〉 Required amounts for physico-chemical analysis at screening stage

UV spectroscopy: 0.05～0.5mg
MS spectrometer: 0.01～0.1mg
$^{1}$H-NMR spectroscopy: 0.5～5mg
$^{13}$C-NMR spectroscopy: 5～20mg
Optical rotation: 1～10mg
IR spectroscopy: 0.1～1mg
Melting point analysis: 0.1mg
X-ray diffraction: 1crystal
TLC analysis(bioautography, color reaction etc.): 〈 0.2mg

## 2. 탐색 초기단계에서 물질의 양적 개념

전술한 바와 같이 가능한 한 빨리 탐색의 초기단계에서 목적으로 하는 활성물질의 신규성 여부 또는 기지물질로의 동정이 이루어져야 한다. 미생물로부터 활성물질 탐색 연구를 수행할 때 물질의 신규성을 확인하기 위하여 균주 배양은 최초 어느 정도의 규모가 적당한가?

일률적으로 이야기하기는 어렵지만 다음과 같이 추정해 볼 수 있다. 일반적으로 탐색 초기단계에서 분리된 야생주(wild type)에 있어서 활성물질은 그 배양액 중에 ppm 단위로 존재한다고 생각할 수 있다. 즉 미생물 배양액 1L중에 수 mg의 활성물질이 존재한다. 따라서 물질의 신규성의 확인을 일차적으로 UV, $^{1}$H-NMR, MS 등의 분석에 의해 가능하며, 이 때 필요한 시료의 양과 물질 분리시의 회수율을 감안한다면 대체로 미생물 배양액 100㎖～1L 정도로서 물질의 분리, 정제 실험을 시작하는 것이 바람직하다고 할 수 있다. 신규성이 확인된 후에는 목적으로 하는 물질의 생산량 등을 감안하여 수 L 또는 수십 L단위의 배양액에서 활성물질을 분리, 정제하여 완전한 구조분석과 정확한 활성조사 등 여러 가지 요구되는 차후 실험을 행하면 된다. 다량의 시료 확보를 위하여 수십 L 또는 수백 L이상의 배양액으로부터 시작하는 물질 분리, 정제 방법은 소규모 실험 시와는 상이한 경우가 많다.

## 3. 예비 추출 실험방법

우선 1차적으로 활성이 있는 것이 확인되면 활성물질의 각종 특성을 파악하는 데 필요한 시료 획득을 위해 분리, 정제를 행하며 그 전에 미리 예비 추출실험을 하여야 한다. 즉 활성물질이 안정한지, 불안정한 물질인지, 어떤 유기용매에 추출이 가능한지, 어떠한 resin에 흡착이 될 수 있는지 등을 조사한다. 이를 위해서 각 실험별로 2～10㎖ 정도에 해당하는 소량의 배양액을 사용하여 실험하게 되는데 이러한 예비실험을 통하여 목적으로 하는 물질의 성질을 어느 정도 파악하게 된다.

### 1) 균체 추출실험

균 배양액을 여과 또는 원심분리하여 배양 상등액과 균체로 분리한다. 균체 부분에는 80% acetone을 첨가하여 교반하거나 하룻밤 침적시킨 후 여과하여 acetone 추출액을 얻는다. 계속해서 농축하여 acetone을 제거하고 균체 추출액을 얻는다. 배양 상등액과 같은 양으로 균체 추출액을 조정한 후에 각 부분의 활성을 검정하여 활성물질의 분포도를 조사한다. 활성물질이 지용성물질인 경우에는 활성이 균체 부분에 존재할 때가 많은데 acetone 추출액을 농축하면 침전되는 경우가 있으므로 주의를 요한다. 일반적으로 균체 추출시험에는 2～3㎖ 정도에 해당하는 배양액을 사용한다.

### 2) pH 및 열 안정성시험

pH 및 열에 대한 안정성을 조사하기 위하여 각 실험 당 2～3㎖ 정도씩의 배양여액을 사용한다. 먼저 배양액의 pH를 2, 7, 10으로 각각 조정하여 적당한 가열조건, 예를 들면 100℃의 비등액 중에서 15분간 가열한 후에 냉각시킨다. 그리고 배양액의 pH를 중성으로 조정하여 활성을 검정하고 활성이 감소된 정도를 조사한다. 이러한 실험 결과에 의해 열에 불안정한 물질로 판단되면 실온에서 2～3시간 방치한 후에 활성을 검정해 보기도 한다. 불안정한 물질인 경우에는 시료의 보존 등에 특히 주의하여야 한다.

### 3) 유기용매에 대한 분배성

소량의 배양액과 물과 혼합되지 않는 유기용매를 사용하여 두 층에 대한 활성물질의 분배성을 조사한다. 유기용매로서는 친수성기를 가진 물질은 추출되기 어려운 것과 넓은 범위의 물질을 추출할 수 있는 것 등 2종류를 동시에 사용하여 분배실험을 행하고 그 결과를 비교한다. 유기용매로서 chloroform을 사용하기도 하지만 일반적으로 극성이 낮은 ethylacetate와 극성이 높은 butanol을 많이 사용한다. 유기용매에 대한 실험결과를 종합하여 다음과 같이 판단할 수 있게 된다.

① Butanol과 ethyl acetate에 모두 추출되는 경우
② Butanol에는 추출되나 ethyl acetate에는 추출되지 않는 경우
③ Butanol과 ethyl acetate에 모두 추출되지 않는 경우
④ Butanol과 ethyl acetate에 모두 분산되는 경우.

①의 경우는 지용성물질, ②의 경우는 지용성과 수용성의 중간성질을 가진 양쪽성 물질, ③의 경우는 수용성물질, ④의 경우는 전반적으로 용해성이 낮은 물질로 판단할 수 있다.

실제 실험에 있어서는 배양여액을 2～3㎖ 정도씩 사용하는데 ethylacetate 추출시험을 위해서는 배양여액의 pH를 2와 8로, butanol 추출시험을 위해서는 배양여액의 pH를 2, 7, 10으로 조정하고 동량의 유기용매를 가해 교반한 후 수층과 유기용매층을 구분하여 활성을 검정한다. 이 때 수층은 층 분리 후에 검정하여야 한다.

본 실험은 배양여액의 pH에 따라서 결과가 달라질 때가 있는데 활성물질에 해리이온 분자가 있는 경우이다. 예를 들어 활성물질이 pH 2에서는 유기용매 층으로 pH 10에서는 수층에 남아 있으면 산성 물질로 추정할 수 있으며 마찬가지로 그 반대인 경우에는 염기성 물질이라고 말할 수 있다.

#### 4) 흡착제에 대한 흡착성

흡착제로서 활성탄 또는 합성흡착제를 사용하여 활성물질의 흡착, 탈착성을 조사한다. 왜냐하면 배양액으로부터 1차적인 물질의 분리, 정제방법으로 합성흡착제 등 흡착제의 사용이 가능하다면 온화한 조건하에서 효율성 높게 목적하는 물질을 분리할 수 있고 또한 분리, 정제 시에 필요한 탈염 조작에 이용할 수 있기 때문이다. 합성흡착제로는 Diaion HP-20, Amberlite XAD-2 등이 있는데 흡착력은 활성탄, Diaion HP-20, Amberlite XAD-2의 순서이며 초기 실험에는 활성탄을 많이 사용한다.

실제 실험에 있어서는 배양여액을 pH 2와 pH 10으로 조정하고 각각을 활성탄에 통과시킨다. 활성탄을 물로 씻은 후에 pH 2의 시료인 경우에는 염기성 acetone수, pH10의 시료인 경우에는 산성 acetone수로 용출시킨다. 각각의 활성을 검정한 결과 활성물질이 염기성 조건하에서 활성탄에 흡착되고 산성 acetone수에 의해 용출되나, 산성 조건하에서는 활성탄에 흡착되지 않는 경우에는 활성물질이 염기성물질임을 추정할 수 있다. 이것은 물질 분자가 해리 분자가 되면 흡착제에 잘 흡착되지 않기 때문이다. 이러한 흡착제에 대한 흡착성 실험에는 각각 5～10㎖ 정도씩을 사용하는 것이 적당하다.

#### 5) 이온 교환수지에 대한 흡착성

배양여액을 양이온 교환수지, 음이온 교환수지에 통과시켜 이온 교환수지에 대한 활성물질의 흡착성과 탈착성을 조사한다. 그 결과에 따라 수용성물질인 경우에는 명확히 산

성, 염기성, 양성, 중성으로 판단할 수 있으나 지용성물질 또는 불안정한 물질인 경우에는 용해성, 이온화, 불안정성 등으로 인하여 정확한 판단이 어려운 경우도 많다.

양이온 교환수지로는 Dowex-50($H^{1}$ type)을, 음이온 교환수지로는 Dowex-1($C^{l}$ type)을 많이 사용하며 수지의 크기는 100mesh 전후가 좋다. 실제 실험에 있어서는 각 이온교환수지 2㎖씩을 column에 충진하고 배양여액 10㎖을 1시간 정도에 걸쳐 흘려보낸 후에 5～10㎖ 정도의 물로 씻어 낸다. 이 때 Dowex-50은 1N NaOH, Dowex-1은 1N HCl을 용출액으로 사용하여 각각 10㎖씩 용출시키고 용출액은 중화시킨 후에 각 부분의 활성을 검정하게 된다. 그리고 활성물질이 산성 또는 알칼리성에 약한 경우에는 Amberlite IRC-50(Na type/H type=7/3)을 많이 사용한다. 이 때 용출액으로는 1N HCl을 사용하며 산성에 약한 물질의 용출에는 2N $NH_4OH$를 사용하는 것이 좋다.

6) 활성물질의 분자량 크기 조사

배양 여액을 적당한 membrane을 이용하여 투석 또는 한외여과를 하면 활성물질의 분자량을 어느 정도 추정할 수 있다. 저분자의 활성물질인 경우에는 고분자물질을 빨리 제거하는 것이 좋을 것이며 혹시 고분자물질을 목적으로 하는 경우에는 이후의 분리, 정제 방법은 단백질 및 다당류에 준하여야 할 것이다. 고분자물질을 제거하는 방법으로는 투석법, 감압여과법 일반적으로 원심법 등이 있으나 원심법이 가장 용이하다고 하겠다. 그러나 탐색 초기단계에서는 분자량 크기 조사를 생략하기도 한다.

## 4. 탐색 초기단계에서의 TLC 방법의 유용성

탐색 초기단계에서는 전술한 UV, $^{1}$H-NMR, MS 등의 분석에 필요한 소량의 물질을 얻는데는 TLC방법이 아주 유용한데 그 이유는 다음과 같다.

① 일정한 성능의 TLC plate를 쉽게 염가로 구입할 수 있다.
② 정성 및 정량분석이 가능하다.
③ 분석에 필요한 기구가 많지 않기 때문에 초심자도 쉽게 이용이 가능하다.
④ 단시간에 소량의 정제된 시료(수 십㎍～수㎖)의 획득이 가능하며 분석이 신속하고 분석후의 처리가 간단하다.
⑤ 각종 정색반응의 이용이 가능하다.
⑥ 항균활성 측정 등 bioassay가 용이하다.
⑦ Absorbent를 긁어내어 활성물질을 추출한 후 UV spectrum을 쉽게 측정할 수 있기 때문에 물질의 신규성 확인에 중요한 수단이 된다.
⑧ Column chromatography와의 상관성이 높으므로 흡착제 및 전개용매의 선정을 위한 예비실험으로 이용이 가능하다.

따라서 1차적으로 활성이 확인되면 앞에서 설명한 여러 가지 예비실험을 행하고 그 결과에 근거하여 TLC방법으로 소량의 정제된 시료를 얻은 후에 UV, $^1$H-NMR, MS 등의 분석을 실시하고 신규성을 확인하는 것이 좋다고 본다.

한편 TLC를 행한 후의 bioassay 방법에는 여러 가지가 있는데 adsorbent를 긁어내어 직접 또는 추출하여 검정하는 긁어내기법, TLC plate 위에 여지를 압착 추출함으로서 반복사용이 가능한 여지추출법, 검정용 plate위에 나일론, 인견, 여지 등을 깔고 TLC plate를 놓아 확산시키는 직접확산법과 이를 변형하여 TLC plate위에 검정 균액을 overlay하는 방법 등이 있다.

### 5. TLC의 실제 이용방법

먼저 유기용매에 대한 분배성 결과를 활용하여 지용성, 양쪽성, 수용성으로 구분한다. 비용성 물질인 경우에는 $CHCl_3$ : MeOH = 10 : 1～20 : 1을, 양쪽성 물질인 경우에는 EtOAc : MeOH = 5 : 1을, 수용성물질인 경우에는 BuOH : MeOH : $H_2O$ = 4 : 1 : 2～4 : 1 : 1 또는 BuOH : AcOH : $H_2O$ = 4 : 1 : 2～4 : 1 : 1을 전매용매로 많이 사용한다.

각 시료는 먼저 용매추출을 한 후에 농축하고 silica gel TLC(Merck 5715)plate에 1cm폭으로 spotting한다. 각각의 용매로 전개시킨 후에 TLC plate하단($R_f$ = 0)부터 상단($R_f$ = 1)까지를 10등분 한다. 10등분된 각 분획의 활성을 그대로 또는 농축하여 검정한다.

TLC plate상에서 활성이 강한 부분에 UV흡수 또는 발색 spot이 있으면 이 spot을 활성물질이라고 생각하고 긁어내어 적당한 용매로 용출한 후 UV흡수특성을 조사하거나 또 다른 계속적인 실험을 위하여 분리, 정제를 하면 된다. 이 때 지용성물질의 경우에는 ethylacetate 등 유기용매에 의한 추출, 농축 TLC 등의 몇 가지 간단한 과정에 의해 얻어진 시료를 사용하여 UV 및 활성 검정만으로도 신규성 여부 또는 기지 물질과의 동정이 이루어지는 수가 많다.

## 3 분리 정제 방법

### 1. 지용성물질의 추출 정제 방법

지용성 물질의 분리정제는 유기용매 추출, 유기용매 계를 이용한 각종 크로마토그래피 등에 의해 수용성 물질보다는 비교적 쉽게 단시간에 진행될 수 있다. 즉 먼저 배양액으로부터 활성물질을 유기용매로 추출하고 유기용매 층을 농축한 후 분취 TLC(silica gel)에 의해 활성물질이 나타나는 band로부터 소량의 활성물질을 얻고 분리능이 양호한 용매 계의 선정, Rf value, 정색반응 등을 조사한다.

1차 분취 TLC의 결과가 양호하지 못한 경우 재차 TLC를 행하거나 또는 HPLC를 이용하여 적절한 용매 계를 확립한 후 분취하고 얻어진 peak의 활성을 검정하여 목적물질을 확인하게 된다. 이렇게 한 후 NMR, MS, IR, UV 등의 기기분석을 행하여 얻어진 결과를 기존화합물과의 검색을 통하여 신규성에 관한 정보를 얻고 대량 분리를 위한 표품으로 활용하여 신속한 분리를 가능하게 한다. 위와 같은 방법으로 신규성 등의 검색에 필요한 양의 시료확보가 어려운 경우, 유기용매 추출 후 통상의 방법인 silica gel, alumina 등을 이용한 흡착크로마토그래피를 행한 후 재결정, TLC 또는 HPLC 등으로 순수하게 정제한다.

산성 또는 염기성의 지용성 물질인 경우, 배양액의 1차 유기용매 추출 시 배양액의 pH를 조정함으로써 효과적인 분리가 가능하다. 즉 염기성 물질인 경우 배양액의 pH를 2～5로 조정하여 유기용매로 추출하여 제거하고 남은 산성 수용액을 pH 9～10로 하여 유기용매로 추출하면 활성물질을 유기용매 층에서 얻을 수 있다. 또한 산성물질인 경우 이와 역으로 행하여 유기용매 층에서 활성물질을 얻을 수 있다. 이때는 반드시 활성물질의 pH에 대한 안정성이 확인되어야 한다.

배양액 중에 존재하는 생리활성 물질이 지용성인 경우에는 수용성물질에 비해 일반적으로 정제가 용이하다. 그러나 목적하는 물질이 불안정하거나 미량으로서 동시에 수용성에 가까운 경우에는 특수한 정제수단이 요구되는 경우도 있다.

본 항에서는 초심자라도 지용성물질의 정제가 가능하고 대량의 배양액으로부터 활성물질을 어떻게 효율적으로 추출하는가 하는 기본적인 방법에 대하여 서술한다.

### 1) 배양액으로부터 지용성물질의 추출법

#### (1) 용매추출법

추출용매로 ethylacetate, buthylacetate, butanol, chloroform, dichloromethane (methylene chloride), toluene 등이 있으나 안전성 및 가격 면에서 ethylacetate가 자주 사용된다. benzene은 안전성 면에서 대용량 사용이 바람직하지 못하며, chloroform도 공장 scale의 사용에 적합하지 못하다.

[방 법]

① ethylacetate의 추출은 그 활성물질의 용해성에 의존하나 일반적으로 배양액의 1-1/2 volume으로 행한다.

② 목적하는 물질이 산, alkali에 안정한 경우 산성 지용성물질은 약산성(pH 2～5), 또는 염기성 지용성물질의 경우에는 pH 8～10에서 용매추출을 행하는 경우가 효과적이다.

③ 진탕 추출 시, 처음에는 매우 천천히 진탕하여 emulsion이 생기지 않도록 한 다음 강하게 진탕하는 것이 중요하다. 그래도 수층과 ethylacetate층 사이에 emulsion이 생성된 경우는 적당량의 NaCl(보통은 2～7%)를 가하여 진탕한 후 정치하면 2층으

로 분리되는 경우가 많다. 그래도 층 분리가 안 되는 경우 원심분리를 하는 수밖에 없다.

### (2) 합성흡착제의 이용

합성흡착제로 대표되는 Diaion HP-20은 polystyrene과 divinylbenzene이 중합된 역상(reversed phase)의 흡착제로서 Amberlite XAD-2, Bio-beads SM-2와 거의 동등한 성질을 가지고 있다. 이 흡착제의 관능기는 benzene ring으로 산과 염기를 포함하는 용매 계에 안정하나 Lewis acid나 oxidizing agents에는 불안정하다. 용매 계로는 역상 크로마토그래피에서 주로 사용되는 물-methanol 계가 사용되며 acetone, ethylacetate 등의 유기용매가 사용되기도 한다. 이 흡착제는 saponin과 같은 중간 정도의 극성을 갖는 물질과 이보다 극성이 더 작은 물질을 흡착하는 성질을 갖는다. 흡착된 saponin은 methanol에 의해 resin으로부터 용출되기 때문에 조추출물에 포함된 여러 성분들로부터 saponin같은 성분을 농축하는 데 유용하게 사용될 수 있다. 그러나 hexane에 쉽게 녹을 수 있는 아주 비극성의 물질들은 methanol에 의해 쉽게 resin으로부터 용출되지 않는다. 그러므로 resin을 보호하고 비극성물질의 회수율을 높이기 위하여 조추출물 수용액을 ether나 hexane 같은 비극성용매로 추출한 다음 resin에 적용할 필요가 있다.

Diaion HP-20은 구상의 polymer로 다공성이며 표면적(surface area)이 크므로 흡착성이 강하며 또한 polymer의 표면이 소수성의 성질을 갖고 있어 조추출물(crude extracts)로부터 역상적으로 물질을 분리하는 데 이용된다. 즉 조추출물의 수용액이 이 흡착제를 통하게 하여 극성이 낮은 물질(지용성 물질)을 흡착제에 흡착시킨 다음, 증류수를 가하여 흡착제에 흡착되지 않은 물질(주로 수용성물질이 대부분)을 제거하고 적당한 유기용매(methanol, acetone 등)로서 흡착물질을 용출시킨다. 이것을 이용함으로써 선택적으로 지용성물질을 얻을 수 있고 대량 배양액을 소량의 volume으로 농축할 수도 있다. 그러나, 지용성물질은 보통 용매 추출법에 의해 효율적으로 추출되기 때문에 Diaion HP-20 크로마토그래피는 통상 ethylacetate에는 추출되지 않고 butanol로만이 추출되는 물질이나 수용성물질의 분리에 사용되는 경우가 많다.

## 2) 조추출물(crude extracts)로부터 지용성물질의 분리 정제

상술한 방법에 의해 얻어진 조추출물로부터 지용성물질을 분리정제해 나가는 수단에 대하여 기술한다.

### (1) 해리성을 이용한 추출 정제

중성, 산성, 염기성 등의 물질을 분리하는 경우에는 조추출물 수용액의 pH를 변화시켜 유기용매로 추출한다. 활성물질이 산성 또는 염기성물질인 경우 이 방법이 효과적이다.

① 정제 대상물질이 염기성물질인 경우 우선 ethylacetate추출액 1～1/2 volume의 산

성수(pH 2 전후)를 가하여 분액상에서 진탕한 후 방치하여 층분리를 행한다. 이 때 염기성물질만이 ethylacetate층으로부터 수층으로 이행한다. 계속해서 산성수층을 1 N NaOH로 alkali성(pH 8～10)으로 하여 지용성의 염기성 물질을 ethylacetate로 추출한다. 추출액을 망초(무수$Na_2SO_4$)로 건조한 후 농축의 과정을 거쳐 중성, 산성 지용성물질을 제거한다.

② 또 목적하는 물질이 산성의 경우에는 상기의 방법과 역으로 추출조작을 행한다. 이러한 방법을 이용하기 위해서는 반드시 목적하는 물질이 산, 염기에 안정해야 하며, 이는 예비실험을 통하여 확인되어야 한다.

③ 다음은 조추출액의 수용액으로부터 pH를 변화시켜 산성, 염기성물질을 추출정제 방법을 간단하게 보여주고 있다.

### (2) 액체분배 추출법을 이용한 추출정제

조추출물 중에는 극성물질부터 비극성물질까지 다량의 불순물이 함유되어 있어 직접 column chromatography에 적용하면 효과적인 정제가 되지 못하는 경우가 많다. 그래서 불순물을 용매에 대한 용해도와 용매와 용매의 섞임성을 이용하여 제거하는 경우가 있다.

조추출물 중에서 비극성물질이 포함된 경우 예를 들면 미생물 배양 시 생성되는 거품을 제거하기 위해 이용되는 소포제(antifoam), oil상의 물질 등 조추출물을 methanol에 용해 또는 현탁하고 n-hexane을 가하여 분액상에서 진탕하여 n-hexane층으로 이행된 비극성 물질을 제거한다. 조추출물을 증류수에 현탁한 경우 n-hexane(또는 diethylether)을 가하여 분액상에서 진탕하여 n-hexane층(diethylether층)을 얻고 계속해서 남은 수층에 chloroform(또는 methylene chloride, ethylacetate)을 가하여 동일한 방법으로 chloroform층을 얻는다. 계속해서 동일한 방법으로 butanol층과 마지막 남은 수층을 얻는다.

이러한 방법을 통하여 조추출물에 포함된 다량의 물질을 각 용매에 대한 용해성 또는 이행성에 따라 n-hexane분획, chloreform분획, butanol분획과 수층으로 나눌 수 있다. 이 방법은 목적하는 활성물질이 어느 분획으로 이행되는가를 예비실험을 통해 검토한 후 이용될 수 있다.

### (3) 분취 실리카겔 박층크로마토그래피(preparative thin layer chromatography)

지용성물질에 대해서는 silica gel chromatography가 현재 가장 많이 이용되는 정제수단이다. 박층 크로마토그래피(TLC)는 활성물질을 column chromatography를 행하여 분리할 때 용출용매의 선택 등에 중요하게 이용된다. 또한 $R_f$치의 재현성과 분해능이 좋으며, 분석 소요시간이 짧고, 용매 발색시약에 제한이 없으므로 여러 종류의 물질 분석에 이용할 수 있다.

① 실리카겔 TLC: Merk사의 실리카겔 TLC(Kiselgel 60, 두께 0.25, 0.5, 1㎜)가 범용

되고 있고 0.25mm는 분석용, 0.5, 0.1mm는 분취용으로 사용되고 있다. TLC상의 목적하는 성분의 분리능은 사용하는 용매 계(solvent system)에 따라 현저하게 영향을 받고 있어 적절한 용매 계를 찾는 것이 신속한 물질의 분리에 중요하다. TLC의 초기에 사용될 수 있는 용매 계로는 [1] n-hexane - ethylacetate = 4:1, 1:1 [2] chloroform - methanol = 15:1, 2:1 [3] benzene - acetate = 10:1, 2:1 [4] chloroform - methanol - $H_2O$ 등이 자주 사용되고 있다. 안전을 위해서 benzene보다는 toluene의 사용이 바람직하다.

[방 법]

ⓐ 실리카겔 TLC $60F_{254}$(두께 0.25mm) 상에 조추출액의 ethylacetate 용액을 spotting 한다.

ⓑ 앞의 용매계를 사용하여 활성물질의 spot가 $R_f = 0.5$ 부근에서 불순물의 spot와 잘 분리되는 용매계의 혼합비를 선택한다.

ⓒ 전개 후 TLC plate를 chamber로부터 꺼내 말리고 UV lamp(파장 254nm 또는 360nm)를 조사하여 형광의 유무 조사, $I_2$ 정색, 여러 spray reagent 정색, bio-autography 등에 대하여 활성물질의 spot를 확인한다.

② 분취 TLC(preparative TLC, PTLC): 목적하는 물질과 불순물의 분리가 가능한 용매 계를 선택한 후 필요에 따라 분취 TLC를 행하여 직접 단리한다. 이 방법은 매우 간단하면서 신속한 활성물질의 확인 및 소량의 물질의 분리에 자주 이용된다. PTLC는 간단하고 경제적인 방법으로 두께 0.5mm 또는 1mm, 크기 20×20mm의 plate를 사용한다. 시료는 약 5～10% 용액으로 하여 capillary, syringe 또는 TLC applicator를 사용하여 band로 apply한다. 용매는 가능한 한 휘발성이 큰 용매를 사용해야 band의 확산을 줄일 수 있다. 만약 band가 넓을 경우 극성이 큰 용매로 plate를 약 2cm 전개시켜 band의 폭을 줄인 후 건조시켜 원하는 전개용매로 전개시킨다. 용매는 분석용 TLC(analytical TLC)에서 사용한 용매를 그대로 사용할 수 있으며 활성 물질이 산성물질인 경우 acetic acid, formic acid 또는 염기성물질인 경우 diethylamine, $NH_4OH$ 등을 소량 가하여 양호한 분리를 얻는 경우가 많다.

[방 법]

ⓐ 분취용 TLC plate(20×20cm, 두께 0.5mm: 30～40mg의 시료, 1mm: 50～70mg의 시료)에 시료용액을 band로 도포한다. 도포위치는 미리 plate상에 연필로 선을 그어 놓는다.

ⓑ plate상의 용매를 제거한 후 미리 사용할 전개용매로 포화시킨 TLC chamber에 넣어 전개시킨다. 분리가 충분하지 않은 경우에는 2회 전개를 행한다. 첫 번째 전개 시 용매선단(solvent front)이 plate의 1/3되는 지점까지 올라갔을 때 꺼내어 완전히 용매를 날려보낸 후 재차 chamber에 넣어 전개시켜 실질적으로 plate를 길게 한 것과 같은 결과로 분리능을 높일 수 있다.

ⓒ 전개 후 용매를 즉시 날려보내고 UV lamp로 흡수대를 연필로 표시한 후 각 band를 긁어모아 분말로 하여 유리관에 넣고 극성용매로 목적물질을 완전히 용출시켜 농축한다. UV흡수가 없는 물질의 경우 plated에 물을 spray하거나, plate의 한쪽 끝 부분만을 발색시키거나, 물질의 위치를 쉽게 알 수 있는 다른 reference 화합물을 첨가해 주는 방법 등을 이용하여 목적하는 band를 긁어모아 적당한 용매로 추출한다.

이렇게 하여 얻어진 시료는 순도가 높으나 silica gel에 흡착, 용출 과정 중에 분해되는 경우가 자주 있기 때문에 TLC(또는 2차원 TLC) 또는 HPLC로서 순도를 확인할 필요가 있다. 또한 TLC plate에는 형광지시약, binder 등이 들어있고 용매추출 시 이들 불순물이 용해되는 경우가 있기 때문에 가능한 극성이 작은 용매로 추출하고 추출 후에는 Sephadex LH-20이나 HPLC 등을 이용하여 다시 한번 정제하는 것이 좋다.

### (4) Silica gel column chromatography

효과적인 silica gel chromatography를 행할 경우 silica gel의 양, 전개용매, 유속(flow rate)이 중요하다.

① Column에 충진하는 silica gel의 양과 시료 량과의 관계: 보통의 경우 silica gel의 양은 시료양의 20~30배, 불순물이 적게 함유된 목적물질을 단리 하는 경우 15~20배, 대량의 시료를 크게 분획하는 경우 10~15배, 정교한 분리, 정제를 행하는 경우 30~50배가 일반적으로 사용된다.

② 용출 용매의 선택: 극성용매(예를 들면 methanol, acetone)와 비극성용매($CHCl_3$ benzene, ethylacetate, n-hexane 등)의 두 종류를 조합하여 사용하는 것이 일반적이다. 가장 자주 사용되는 용매계로는 [1] chloroform: methanol(가장 많이 사용됨) [2] benzene: acetone [3] chloroform: ethylacetate [4] benzene: methanol [5] n-hexane: ethylacetate 등이 있다. 기본적으로는 TLC로서 각종의 전개용매를 검토하여 분리능이 양호한 전개용매를 결정한다.

Chloroform을 전개용매로 사용하는 경우 다른 용매에 비해 비중이 크기 때문에 유출속도가 빨라지게 된다. TLC와 column chromatography와의 용매극성 관계는 TLC에서 $R_f = 0.1 \sim 0.2$를 나타내는 용매로서 column chromatography를 행하는 것이 적당하다. 마지막에는 극성용매인 methanol로서 silica gel에 흡착되어 있는 물질을 완전히 용출한다.

③ 용출 속도는 column의 크기에 따라 다르나 일반적으로 조물질을 크게 분획하는 경우에는 유속을 빠르게, 작은 규모로 분리하는 경우는 유속을 느리게 한다. 지나치게 유속을 천천히 하는 경우 시료의 확산으로 band의 폭이 넓어지는 현상이 발생되어 분리능의 감소가 일어난다.

④ 얻어진 분획은 어느 분획에 활성이 있는가를 TLC로서 확인한다. 이때 반드시 column에 적용한 조추출물도 함께 TLC에 spotting하여 활성물질을 확인하다. 활성 분획을 모아 농축하여 차가운 곳(냉소)에 보관한다.

TLC 및 HPLC로서 순도를 확인하고 필요하다면 다시 column chromatography 또는 HPLC로서 정제하여 순수물질을 얻는다.

(5) Gel permeation 또는 gel filtration chromatography

유기용매의 사용이 가능한 Sephadex LH-20이나 Toyopearl HW-40이 자주 이용되고 있다. 이러한 resin은 극성이 높은 alcohol 등의 유기용매에 잘 녹는 물질의 정제에 특히 유효해서 최종정제 수단으로 이용되는 경우가 많다. Gel여과제로 개발된 Toyopearl HW-40은 유기용매에 안정하며 Sephadex LH-20과 동일한 목적으로 사용된다. 이는 구형의 다공성을 갖는 vinyl polymer로 유기용매에 따라 resin의 체적변화가 일어난다.

[방 법]

ⓐ 보통 용매는 MeOH를 사용한다. 필요에 따라 chloroform, chloroform-methanol, ethanol, acetone 등이 사용될 수 있다.

ⓑ 사용하는 resin의 양은 시료의 중량 비로 Sephadex LH-20의 경우 50～200배, Toyopearl의 경우 30～90배 량이 적당하다. resin에 용매를 가하여 swelling시킨 다음 vaccum degassing을 행하여 천천히 균일하게 column에 채운다. 가늘고 긴 column을 사용하는 것이 분리능이 양호하다.

ⓒ 일반적으로 silica gel column보다는 작은 유속으로 용출시킨다.

ⓓ Sephadex는 분자체 작용에 의해 혼합물 시료중의 각 시료성분을 분자 크기별로 분리 용출시키는 방법으로 약간의 흡착분배의 가능성도 시사되고 있으나, silica gel과 같은 물질의 흡착, 변화의 가능성은 적다.

## 2. 수용성물질의 분리 정제 방법

수용성 물질의 분획이나 분리가 지용성물질에 비해 어려웠으나 천연물화학이 생명현상과 연결되면서 수용성 생리활성물질의 분획법, 분리정제의 중요성이 지적되었다. 현재는 수용성 물질의 정제에 필요한 각종 resin이 여러 회사로부터 개발되었고, HPLC의 발전과 수용성물질에 대한 분리능이 양호한 column의 개발로 불가능하다고 생각했던 수용성물질의 정제가 가능하게 되었다.

수용성물질의 분획에 대하여 먼저 분자량이 1000 이상인가 그리고 산, alkali에 안정한가 불안정한가를 조사한 다음, 이온교환수지를 이용하여 전체를 산성, alkali성, 양성(아미노산 등) 및 중성 분획으로 분획하여 목적성분이 어디에 속하는가를 명확히 해 놓는다. 또 활성탄에 의한 흡착성을 검토하고 목적성분의 확인에 필요한 각종 TLC 및 정색반응에 대하여 알고 있어야 한다.

본 항에서는 수용성 물질의 일반적인 취급 방법, 분획 기술에 대하여 기본적인 방법을 서술하고 소량의 시료를 사용하여 물질의 성질에 대하여 조사해 나가는 구체적인 방법도 병행하여 기술한다.

### 1) 기본적인 technique

#### (1) 동결건조법

수계용매(水系溶媒)의 농축에는 동결건조법이 유용하다. 이 방법을 적용하기 위해서는 동결을 저해하는 유기용매(methanol, ethanol, butanol 등)가 남아 있지 않도록 주의할 필요가 있다. 이 방법은 열에 불안정한 물질의 농축에 효과적이다.

#### (2) 용매추출(pH를 변화시킴)

중성조건에서 유기용매에 이행되지 않는 수용성물질이 pH를 변화시킬 때 유기용매에 이행되는 경우도 있다.

#### (3) 수용액의 농축법

수용액을 농축하기 위해 rotary evaporator를 사용할 때 butanol을 첨가하여 농축하면 물과 공비현상으로 낮은 온도에서 빨리 농축되며, 돌비현상을 방지하는 효과도 있다.

### 2) 각종 chromatography에 대하여

#### (1) 흡착크로마토그래피

① 활성탄의 이용: 다량의 배양 상등액에서 목적물질을 활성탄에 흡착하여 농축하는 수단으로서 다음 두 가지의 방법이 사용된다.

ⓐ batch 법: 배양액에 활성탄(보통 100㎖에 0.5～1g)을 넣고 교반하여 목적물질을 흡착시키고, 여과에 의해 활성탄을 모은다. 활성탄에 흡착된 물질을 적당한 용매(methanol, acetone)로 용출시키고 용출액을 농축하는 방법.

ⓑ 크로마토그래피법: 물에 현탁시킨 활성탄 약 5～20㎖을 column에 채우고 배양액 약 100㎖를 column에 통과시킨다. 다음으로 활성탄과 동량의 증류수로 씻어 낸 후 methanol, acetone 또는 물을 함유한 용매로 세정하여 크로마토그래피를 행한다.

목적물질이 활성탄에 흡착되지 않거나 혹은 흡착되어도 용매에 용출되지 않는 경우도 있어 주의를 요한다. 저분자 peptide, 염기성, 산성 수용성 물질 등 후술하는 이온교환수지(ion exchanger)와 병행하여 널리 이용되고 있다. 크로마토그래피용으로 각종 활성탄이 시판되고 있어 목적하는 바에 따라 종류를 선택할 필요가 있다. 또 이온교환크로마토그래피를 행한 경우 용출액에 염(salt)이 함유되어 있어 이것을 제거하는 단계에서 활성탄이나 Diaion HP-20이 사용되고 있다.

② 합성 흡착제 column: 활성탄보다 흡착력이 약한 resin으로서 Diaion HP-20과 한 층 더 약한 Amberlite XAD-2, XAD-4 등이 있고 이들은 polystylene과 divinyl bezene의 중합체로 되어 있다. Diaion HP-20은 처음 사용할 때 UV 흡수물질이 용출되지 않을 때까지 methanol로 충분히 씻어낸 후 증류수로 methanol을 충분히 씻은 다음 column에 채운다. 흡착된 물질을 용출할 때는 50% acetone을 사용한다. 그래도 용출되지 않는 물질은 0.005N HCl를 포함한 50% acetone 또는 100% acetone으로 용출한다. 목적물질의 흡착이 불완전한 경우 시료용액에 1～5% NaCl을 가하여 흡착시키면 잘 흡착된다. 사용한 후 resin의 재생은 0.5N NaOH, 다음으로 0.5N HCl로 세정한 후 씻어낸 액의 pH가 중성이 될 때까지 증류수로 충분히 씻어준다. 또한 resin의 오염도가 심할 경우에는 0.5N NaOH 및 0.5N HCl을 함유한 50% acetone으로 씻어준다.

### (2) 이온교환 크로마토그래피(ion exchange chromatography)

배양액중의 활성성분이 수용성물질로 판단되고 산, alkali, 열에 대한 안정성이 확인되면 수용성 분획 중의 목적물질의 성질(염기성물질, 산성물질, 양성물질, 중성물질)을 조사하는 것이 극히 중요하다. ion exchange chromatography로서 수용성 물질을 염기성, 산성, 양성, 중성물질로 나누는 동시에 물질의 성상도 알 수 있다. 이 크로마토그래피는 담체(supporting material)에 결합되어 있는 ion의 성질에 따라 양이온 교환체(cation exchanger)와 음이온 교환체(anion exchanger)로 대별되며 대표적인 것을 〈표 2-3〉에 나타내었다. 또 Sephadex계의 이온 교환체는 어느 정도 정제가 진행된 단계에서 사용하는 것이 좋다. 따라서 먼저 Dowex나 Amberlite와 같은 이온교환 수지로서 용출을 행한 후에 Sephadex계 이온 교환체를 사용하는 것이 좋다. 또 Dowex계 resin의 경우 배양 상등액을 ×2～×4 정도의 입자크기의 resin에 흡착시켜 알칼리나 산으로 용출한 후 ×8 정도의 입자의 크기가 작은 resin을 이용하여 크로마토그래피 행한다. 사용한 후의 이온 교환수지(Spehadex계 이외의 것)의 재생은 1～2N HCl로 씻은 다음 씻은 액의 pH가 중성부근이 되도록 증류수로 씻는다. 이렇게 하여 양이온 교환 수지는 H type으로 음이온 교환수지는 Cl type으로 된다.

〈표 2-3〉 주로 사용되는 이온 교환체의 종류 및 성질

| 이온교환수지 | 종 류 | Functional group | 유효 pH범위 |
|---|---|---|---|
| (a) 양이온 교환수지 | | | |
| 강산성 | Amberlite IRC-120 | $-SO_3-$ | 0～14 |
| | Dowex 50W | $-SO_{3-}$ | 0～14 |
| | SP-Sephadex C-25 | $-O(CH2)_3SO_3$ | 2～10 |
| 강염기성 | Amberlite ORC-50 | -COO- | 5～14 |
| | Dowex CCR-2 | -COO- | 5～14 |
| | CM-Sephadex C-25 | $-OCH_2COO-$ | 6～10 |
| (b) 음이온 교환수지 | | | |
| 약산성 | Amberlite IRA-400 | $-CH_2N^+(CH_3)_3$ | 0～14 |
| | Dowex 1 | $-CH_2N^+(CH_3)_3$ | 0～14 |
| | QAE-Sephadex A-25 | $-N^+(C_2H_5)_2$ | 2～10 |
| | | $-CH_2CH(OH)CH_3$ | |
| 약염기성 | Amberlite IR-93 | $-N^+H(CH_3)_2$ | 0～9 |
| | Dowex WGR | $-CH_2N^+H(R)_2$ | 0～9 |
| | DEAE-Sephadex A-25 | $-O(CH_2)_2N^+H(C_2H_5)_2$ | 2～9 |

〈Amberlite IR-120을 사용한 분획조작의 실험 예〉

① 재생하지 않은 resin 100㎖를 비커에 넣고 2N HCl 500㎖을 가하여 5분간 잘 섞은 후 HCl을 제거하고 증류수를 가하여 5분간 잘 휘저어 씻어내는 조작을 5회 반복한다.

② 이번에는 2N HCl대신 2N NaOH 500㎖를 가하여 ①번과 같은 조작을 반복한다.

③ 계속해서 다시 2N HCl을 가하여 ①번과 같은 조작을 반복한다. 이것으로 resin은 사용할 수 있는 상태로 된다.

④ resin 2㎖를 작은 column에 채우고 여기에 시료(또는 배양액) 10㎖을 조금씩 가한다. 이온교환 수지를 통하여 전부 흘려 보낸 후 증류수 10㎖로 column을 세정하여 1차로 통과한 부분과 합한다.

⑤ Column에 1N $NH_4OH$ 10㎖를 조심스럽게 흘려 resin에 흡착된 성분을 용출한다.

⑥ 통과부분과 1N $NH_4OH$에 의해 용출된 분획을 따로 농축한 후 중화하여 각각에 대한 생리활성을 조사한다.

〈Amberlite IRA-400을 사용한 분획조작의 실험 예〉

① 재생하지 않은 resin 100㎖를 비커에 넣고 2N NaOH 500㎖을 가하여 5분간 잘 섞은 후 NaOH를 제거하고 증류수를 가하여 5분간 잘 휘저어 씻어내는 조작을 5회 반복한다.

② 이번에는 2N NaOH대신 HCl 500㎖를 가하여 ①번과 같은 조작을 반복한다.

③ 계속해서 다시 2N NaOH을 가하여 ①번과 같은 조작을 반복한다. 이것으로 resin은 사용할 수 있는 상태로 된다.

④ resin 2㎖를 작은 column에 채우고 여기에 시료(또는 배양액) 10㎖을 조금씩 가한다. 이온교환 수지를 통하여 전부 흘려 보낸 후 증류수 10㎖로 column을 세정하여 1차로 통과한 부분과 합한다.
⑤ Column에 1N $NH_4OH$ 10㎖를 조심스럽게 흘려 resin에 흡착된 성분을 용출한다.
⑥ 통과부분과 1N $NH_4OH$에 의해 용출된 분획을 따로 농축한 후 중화하여 각각에 대한 생리활성을 조사한다.

위의 Amberlite IR-120 및 Amberlite IRA-400에 흡착되는 물질은 각각, 산성물질, 염기성물질이다. 양쪽 모두 흡착하는 물질은 양성물질(아미노산 등)이며 통과하는 물질은 중성물질(중성 당 등)로 생각할 수 있다.

### (3) 대용량의 배양액을 처리하는 경우

1L 이상의 배양액을 활성탄, Diaion HP-20, 이온교환 column chromatography로 정제하는 경우의 column의 조건을 경험적으로 아래에 나타내었다.

| 조 건 | 활성탄 | Diaion HP-20 | 이온교환 |
|---|---|---|---|
| column용량/배양상등액용량 | 2 | 5 | 5 |
| column 길이/내경 | 2~5 | 3~6 | 4~8 |
| 용출액총용량 | 3V | 3~5V | 3~5V |
| 용출속도(SV) | 3~10 | 1~2 | 1~2 |
| 분획용량 | 0.5~1V | 0.5~1V | 0.5~1V |

*V = column의 bed volume

SV(space velocity)=용출액의 용출속도/V, V를 1로 했을 때 시간당 용출량을 나타냄.

### (4) Centrifugal Partition Chromatography

CPC는 향류분배 크로마토그래피(Countercurrent Choromatography)의 일종으로서 지용성, 수용성물질의 분리정제에 경우에 따라 매력적인 결과를 줄 수 있다. 이 방법은 도입한 시료의 양호한 회수율, 비가역적 흡착배제, tailing의 최소화, 시료의 물리화학적 변화의 최소화, 경제적인 용매사용 등의 이점을 가지고 있어, 특히 정제수단이 많지 않은 수용성 물질의 분리에 유효하게 사용될 수 있다. CPC에 대한 이론과 실제에 대해서는 Water D. Conway의 [Modern Countercurrent Chromatography](1995)를 참조하기 바란다.

수용성물질의 분리에 사용되는 대표적인 용매로는 BuOH : AcOH : $H_2O$ = 10:1:10과 BuOH : EtOH : $H_2O$ = 10:1:10 등이 있다.

(5) Silica gel, Aluminacolumn

수용성물질의 분획에는 현재 silica gel, avicel, alumina가 사용되는 것이 드물지만 대량의 시료를 처리할 수 있다는 점에서 가끔 사용되고 있다. 이들의 크로마토그래피는 TLC와 동일한 용매를 사용하며 일반적으로 methanol/$H_2O$의 혼합용매가 사용된다. 특히 수용성 아미노산의 경우에는 n-BuOH : AcOH : $H_2O$ = 4 : 1 : 2나 $CHCl_3$ : MeOH : 7% aq. $NH_4OH$ : EtOH = 2 : 2 : 2 : 1의 용매가, 또 당(sugar)의 분획에는 n-PrOH : $H_2O$ = 85 : 15 등이 사용된다. column의 충진, 분획법 등은 앞에서 서술한 지용성물질의 크로마토그래피와 동일한 방법으로 행하면 된다. 그러나 silica gel을 사용할 경우 실리카겔의 일부가 용출되는 경우도 있어 주의가 필요하다.

(6) 겔 여과 크로마토그래피

① Sephadex LH-20 : 극성이 큰 물질로서 불안정한 물질, 특히 phenol성 물질의 분리에 매력이 있다. 용매 계로서는 수계로부터 유기용매 계까지 광범위하게 사용되고 있으나 보통은 methanol-물의 혼합용매 계가 자주 사용된다. LH-20은 다음에 기술하는 G-10, G-15, 이온교환 column으로부터 용출한 후 salt를 함유하는 용액의 탈염에도 유용하게 사용된다.

② Sephadex G-10, Sephadex G-15 : G-10은 분자량 약 700, G-15는 분자량 약 1500까지의 물질분리에 유효하다. 유기용매는 사용할 수 없기에 물로서 용출한다. 이들은 사용하기에 따라 수회 사용이 가능하기 때문에 어느 정도 정제된 시료에 대하여 적용하는 편이 좋다.

(7) 역상크로마토그래피

Silica gel은 반응성이 강한 물질이므로 여러 가지 관능기가 부착되거나 결합할 수 있다. 즉, silica gel의 극성표면(silanol group)을 화학적 처리를 하여 관능기($C_{18}$, $C_8$, 방향족인 페닐기, cyano기, amine기 등)를 결합시켜 그것을 고정상으로 이용한 것으로 화학수식형 또는 bonded phase로 불린다. Silica gel에 비극성의 관능기가 결합되면 입자의 표면은 비극성으로 바뀌게 되어 hydrophobic interaction에 의해서 물질이 두상(고정상과 이동상)사이에서 분리되며 이동상으로 사용되는 용매로는 methanol 등의 극성용매가 이용된다.

일반적으로 이동상이 고정상보다 극성이 큰 경우를 순상(normal phase)크로마토그래피라고 하는데 반해 이동상이 고정상보다 극성이 큰 경우를 역상(reverse phase)크로마토그래피라고 한다. 〈표 2-4〉는 순상과 역상크로마토그래피의 차이를 나타내고 있다.

역상 크로마토그래피에서는 시료 중 극성이 작은 성분일수록 극성이 큰 시료성분보다 늦게 용출되며 물, methanol, acetonitril, tetrahydrofuran(THF), 완충용액 등과 이들의 혼합 용액을 이동상으로 사용한다.

〈표 2-4〉 순상과 역상크로마토그래피의 차이

| Type of chromatograpy | Polarity of stationary phase | Polarity of mobile phase | Order of elution Polar/non-polar | Effect of increase of polarity of mobile phase |
|---|---|---|---|---|
| Normal phase | Polar | Weak to medium polarity | More polar eluted last | Retention time decrease |
| Reverse | Non-polar | Strong to medium polarity | More polar eluted first | Retention time increase |

① 역상TLC: Silica gel의 표면은 극성을 띠고 있어 극성물질의 경우 수소결합에 의해 강하게 결합하기 때문에 분리하는 데 극성이 큰 용매 계 또는 산, 염기가 함유된 용매를 사용해야 하며, 일반적으로 분리능도 양호하지 못하고 흡착에 의한 물질의 손실 등의 이유 때문에 역상 TLC RP-18, HPTLC RP-18이 자주 사용되며 용매 계로서는 MeOH-$H_2O$, $CH_3CN$-$H_2O$계가 통상 사용된다.

② HPTLC(high performance thin layer chromatography): HPTLC의 경우 입자크기(particle size)가 5～10㎛로 종래에 사용된 TLC(입자크기: 5～25㎛)보다 작고 입자의 분포가 균일하기 때문에 분리가 양호하며 박층이 얇고 충진밀도가 높으며 표면이 균질하여 재현성이 높다. 이론단수가 20㎛의 두께에서 1000～4000로 HPLC에 가까운 분리가 얻어진다. 역상(reverse phase)담체가 사용되는 예가 많다.

### (8) TLC, paper chromatography

물질의 분리, 검출, 순도의 검정, 성질의 검색 등에 이 수단이 이용된다. 특히 TLC는 각종 plate가 시판되고 있어 그 이용가치가 날로 상승하고 있다. 한편 paper chromatography는 TLC의 다양성과 양호한 분리능에 의해 거의 사용되지 않게 되었다.

수용성 물질의 silica gel TLC의 용매에 관해서, 특히 아미노산, 아민의 분석에 적용한 용매 계로서 n-butanol-AcOH-$H_2O$(4 : 1 : 2), chloroform-methanol-17% aq. $NH_4OH$-ethanol(2 : 2 : 1 : 1)이, 또 당의 분석에 적당한 용매로서 n-propylalcohol-$H_2O$(85 : 15)가 자주 사용된다.

### (9) 정색시약(silica gel TLC plate를 사용한 경우)

분리하고자 하는 물질의 성질을 아는 것은 매우 중요한 일이다. 대표적인 수용성 물질인 아미노산, 아민, 당 등이 있으며 이들 물질의 검출시약으로서 아미노산의 경우, ninhydrin 시약, 3급, 4급 질소(아민, 알칼로이드)의 검출에 Dragendorff 시약, 당의 검출시약으로는 Orcinol-$H_2SO_4$ 등이 각각 사용된다.

그 이외에 일반적으로 사용되는 universal spray reagent로는 10～20% $H_2SO_4$ anisaldehyde-$H_2SO$ 정도의 선택적인 spray reagent가 사용되고 있으며 이들에 관한 정보

는 여러 T4, phosphomolybdic acid, $I_2$ vapor 등이 있으며, 물질의 종류 및 관능기에 따라 관련 책자를 참조하기 바란다.

## 4 분리 정제의 실험예

### 1. Promothiocin A와 B 및 thiotipin의 정제과정

미생물 배양액으로부터 tipA promotor 활성화 물질을 탐색하는 과정에서 *Streptomyces* sp. 2741 및 *Streptomyces* sp. DT31로 명명된 방선균의 배양산물로부터 각각 promothiocins와 thiotipin을 분리 정제하였다. 이들 화합물은 모두 thiopeptide 그룹의 화합물이다. Peptide 화합물들은 일반적으로 수용성이고 정제도 쉽지 않은 것이 대부분이지만 thiopeptide 그룹의 화합물은 그들의 구조 중에 비극성 이상아미노산(unusual amino acid)을 함유하는 환상(cyclic)의 화합물로 대부분은 ethyl acetate, BuOH 등에 의한 용매추출이 가능하여 정제 또한 천연 저분자 화합물 중에서는 비교적 큰 화합물이므로 Sephadex LH-20과 같은 겔 여과 크로마토그래피를 잘 이용하면 시료의 손실없이 쉽게 분리 정제할 수 있다. 실 예로써 thiopeptide 화합물 중 promothiocin과 thiotipin의 분리정제 과정을 알아본다.

Promothiocin의 생산 균주인 *Streptomyces* sp. 2741균주를 2,000 L용 jar fermenter를 이용하여 1,000 L를 배양하였다. 배양산물은 filter press를 이용하여 배양액과 균체로 나누었으며 균체는 다시 아세톤으로 추출하였다. 균체 아세톤 추출물을 진공 농축하여 아세톤을 제거하고, 농축액의 pH를 4.0(1N HCl)으로 조절한 후 ethylacetate를 부가, 2회 용매 추출하였다. Ethyl acetate층에 $Na_2SO_4$를 가하여 용매 층의 수분을 제거하고 농축한 후 $SiO_2$ column 크로마토그래피를 수행하였다. 먼저 $CHCl_3$/MeOH(2/1)의 용매를 이용하여 Sephadex LH-20 column 크로마토그래피를 수행하였으며 활성분획은 다시 농축하였다. 농축한 활성분획은 최종적으로 preparative TLC를 이용하여 정제하였으며 TLC 전개용매로는 $CHCl_3$/MeCO(1/1.3)을 이용하였다. $R_f$ 값이 각각 0.4, 0.3인 두 활성물질을 회수하여 promothiocin A(30mg) 및 B(225mg)로 명명하였다.

Thiotipin의 생산균주인 *Streptomyces* sp. DT31균주를 50L용 jar fermenter를 이용하여 30L를 배양하였다. 배양산물은 원심 분리하여 배양액과 균체로 나누었으며 균체는 다시 아세톤으로 추출하였다. 균체 아세톤 추출물을 진공 농축하여 아세톤을 제거하고, 농축액의 pH를 4.0으로 조절 한 후 ethyl acetate로 용매 추출하였다. Ethylacetate층에 $Na_2SO_4$를 가하여 용매 층의 수분을 제거하고 농축한 후 stepwise $SiO_2$ column 크로마토그래피를 수행하였다. $CHCl_3$/MeOH(50/1)로 비극성 물질을 제거한 후 $CHCl_3$/MeOH(5/1)의 용매를 이용하여 활성물질을 용출하여 진공 농축하였다. 농축한 활성분획은 preparative TLC를 이용하여 정제하였으며 TLC 전개용매로는 $CHCl_3/Me_2CO/MeOH$(8/8/7)을 이용하였다. 활성물질을 회수한 후 HPLC를 이용하여 정제하였다. HPLC에는 Capcell-pak $C_{18}$(20×250㎜) column을 사용하였으며 전개용매는 $CH_3CN/H_2O$(42/58)/20mM $H_3PO_4$를 사용하였다. Retention time 11분의 활성피크를 분취하고, $CH_3CN$을 제거하기 위하여 농축한 후 ethylacetate를 가하여 추출하였다. Ethylacetate층을 농축하여 정제된 thioptipin 40㎎을 획득하였다.

각 화합물의 구조는 "방선균의 유전자 발현을 유도하는 분자 물질 탐색" 부분을 참조하기 바란다.

## 2. Phosmidosine의 분리정제 과정

방선균의 2차 대사산물로서 분리되어 오이, 토마토, 딸기 등의 잿빛 곰팡이 병의 원인균인 *Botrytis cinwerea*에 선택적인 항균활성을 갖는 수용성의 nucleotide계열의 물질인 phosmidosine의 분리정제 과정을 알아본다.

최초의 배양액 48L에 celite를 첨가하고 여과하여 배양여액 40L를 얻었다. 이 여액을 양이온 교환수지인 IRC-50($H^+$)에 통과시키고 활성분획을 0.5N $NH_4OH$로 용출시킨 뒤 즉시 3N HCl로 중화시키고 Diaion HP-20 column에 흡착시켰다. 이를 다시 물로 충분히 씻은 후 활성부분을 70% methanol 수용액으로 용출시키고 농축한 후 활성탄에 흡착시켰다. 이를 다시 물로 씻은 후 50% acetone 수용액으로 활성물질을 용출시킨 후 농축하여 450㎎의 조시료를 얻었다. 이를 소량의 butanol-methanol-water(4 : 1 : 2) 용매에 녹인 후 동일 용매계의 cellulose column상에서 전개시켜 30㎎의 조시료를 얻고 이를 Senshu pack ODS-H-4251(10×250㎜) column과 0.004M citrate buffer(pH 4.5)-methanol(85 : 15)용매 계를 이용한 HPLC 상에서 분리하고 최종적으로 활성탄으로 탈염하는 과정을 거쳐 6㎎의 순수한 phosmodosine을 얻고 각종 기기 분석을 통하여 구조를 결정하였다.

이와 같이 phosmidosine은 전형적인 수용성 물질로서 이온교환 수지, 흡착 및 분배크로마토그래피, HPLC를 이용하여 잘 분리되었던 실험 예가 되겠다.

## 3. 11-Hydroxy aclacinomycin A(1), -B(2), -X(3), -T(4)의 분리정제 과정

방선균 배양액으로부터 항암 활성을 갖는 anthracycline계 물질인 11-Hydroxy aclacinomycin A, -B, -X, -T를 분리정제 하였다. *Streptomyces galilaeus* ATCC 31133에 aklavinone 11-hydroxyalse gene(*derF*)을 도입하여 형질변환 시켰을 때 많은 양의 붉은 색소를 생산했으며 이들로부터 11번 위치에 hydroxyl group이 도입된 새로운 aclacinomycin을 얻을 수 있었다.

10 L배양액을 원심 분리하여 상등액과 균사체로 나누었다. 균사체는 acetone으로 추출하고 상등액은 ethylacetate로 추출하여 합하여 농축한 후 용매를 제거한 다음 chloro-

form으로 추출하였다. 이 추출물을 두 부분으로 나누어 두 개의 전개용매계[$CHCl_3$-$CH_3OH$(20 : 1)과 $CHCl_3$- $CH_3OH$-$CH_3COOH$-$H_2O$-$Et_3N$(68 : 20 : 10 : 2 : 0.01)]를 사용하여 분취 TLC(MERK Art. 5744)를 행하여 붉은색의 색소 band를 긁어낸 다음 methanol로 추출하였다. 계속해서 HPLC[column ECONOSIL SILICA column(i.d. 22.5×250mm, 10μm), flow rate; 8ml/min, detector; UV 289nm]를 이용하여 물질 1(42mg), 2(35mg), 3(7mg), 4(56mg)를 순수분리 하였다.

## 4. Okadaic acid의 분리정제 과정

이 물질은 해양생물로부터 분리된 약리 활성이 강하고 구조적으로 특이한 polyether계 물질로서 P388, L1210, KB 세포 주에 강한 세포독성과 평활근의 독특한 수축작용을 나타내고 있으며 최근에는 protein serine/threonine phosphatase의 저해제로 알려져 있다. 정제과정을 살펴보면 다음과 같다.

3.6kg의 *Halichondria melanodocia*를 isopropyl alcohol(15liter)로 추출하고 rotary evaporator로 대부분의 alcohol을 제거하고 계속해서 dichlomethane($CH_2Cl_2$)으로 추출 농축했다. 이것을 500ml의 methanol-물(9 : 1)에 용해하여 hexane으로 3회(각각 500, 200, 250ml씩) 추출하였다. 남은 aqueous methanol 용액에 물 50ml을 가하고 carbon tetrachloride($CCl_4$)로 3회(각각 500, 250, 250ml씩) 추출한 다음, aqueous methanol에 73ml의 물을 가하여 chloroform으로 3회(각각 500, 250, 250ml씩) 추출하여 $CHCl_3$ 추출물 6.06g을 얻었다. 이 중 5.8g을 chloroform-methanol(98 : 2)를 용매로 하여 Sephadex LH-20 column(2in. × 38in.) chromatography를 행하여 활성분획 1.3g을 얻었다. 이 중 1g을 silica gel column에 loading하고 chloroform, ethylacetate, methanol순으로 용출시킨 다음 ethylacetate 용출물을 TLC mesh silica gel(25g)로 다시 column chromatography를 실시했다. 용매는 chloroform-methanol(98 : 2)를 사용했으며 활성 분획을 모아 chloroform-benzene(1 : 4) 혼합용매로 재결정을 하여 25mg의 okadaic acid를 얻었다.

## 5. Altemicidin의 분리정제 과정

이 물질은 쇠비름, 명아주에 강한 제초활성을 갖는 물질로서 방선균 배양액으로부터 분리 정제되었다. altemicidin은 수용성의 양쪽성 물질로서 ninhydrin시약과 bromocresol greeen에 양성, $FeCl_3$ 용액과 Dragendorff's reagent에는 음성으로 나타났으며 EtOH, BuOH, EtOAc에는 불용, $H_2O$에는 용해되는 성질을 보인다.

방선균 배양액의 상등액을 5N HCl로 pH 4로 조절하여 단백질을 침전시킨 뒤 재차 6,000rpm에서 10분간 원심 분리하여 단백질 침전층을 제거하였다. 이 상등액은 활성탄을 통과시켜 흡착된 부분을 50% methanol, 50% acetone, 80% acetone 순서로 용출시키고 각 활성 분획을 감압 농축한 후 anion exchange(음이온 교환) chromatography를 실시하였다. 약산성 음이온 교환수지인 Amberlite IRA-68 column에 시료를 통과시키고 gradient chamber를 이용하여 15mM citrate phosphate buffer를 pH 5～3으로 하여 용출, 활성 분획을 모았다.

염(salt)을 제거한 후 감압 농축한 후 시료를 다시 강산성 양이온 교환수지인 Dowex 50 column을 통과시켜 0.5 $NH_4OH$ 용액으로 용출시켰다. 용출액의 pH를 4로 조절한 후 활성탄을 통과시킨 후 50% acetone으로 용출시킨 분획을 MCl-gel column에 이행하고 증류수로 용출되는 활성분획을 모아 TLC로서 순수 정제하여 20㎎의 altermicidin을 얻었다. 이 때 cellulose F plate(MERK)를 사용했으며 전개용매로는 butanol-methanol-$H_2O$(3 : 1 : 2)를 사용했다.

Chapter 3

# 기기분석에 의한 생리활성물질의 구조해석

## 1 구조결정과 분광학적 방법

하나의 생리활성물질이 추출, 정제되어 순수한 형태로 되면 그 다음으로는 분리된 물질의 분자구조를 결정하는 과정을 거치게 된다. 1940년대까지는 구조 결정을 하기 위해서는 상당한 노력이 요구되었으며 분해반응으로부터 얻어진 결정성 물질이나 결정성 유도체에 대하여 원소분석의 결과와 함께 융점, 정색반응 등의 비교로부터 부분구조를 얻고, 이러한 부분구조들을 종합하여 전체 분자구조를 얻는 방식이었다. 그러나 제2차 세계대전을 전후하여 발달한 물리학과 전자공학의 발전은 물질의 분자구조 결정방법을 획기적으로 변화시켰으며, 이는 유기화학의 방법론에 있어서 혁명적이었으며 계속하여 분석에 이용되는 다양한 분석기기 들이 많이 등장하였다.

이러한 분석수단은 크게 나누어 전자파(光)의 분자에 의한 흡수, 발광을 분광(分光)하는 현상을 이용한 분석방법(자외-가시흡수, 적외흡수, 핵자기공명 등)과 그 외의 방법(원소분석, 질량분석, X-선회절 등)이 있다(〈표 3-1〉 참조). 즉 유기화학에 있어서 분광학적 방법이라는 것은 유기화합물에 radio파, 적외선, 가시광선, 자외선 등의 전자파를 조사(照射)하여 그 결과로 일어나는 에너지의 흡수를 증폭기로 감지하여 그 에너지로 excite되는 구조단위가 분석화합물에 존재하고 있는지를 조사하는 것이다. 전자파의 종류 및 그 전자파를 흡수하였을 때 일어나는 분자의 에너지 상태의 전이(transition state)와 그것을 이용한 분광학적 분석법을 나타내었다.

이 외에 화합물의 구조분석에 이용되는 분석법으로는 전자선을 유기화합물에 조사하였을 때 발생하는 결합의 개열(開裂)을 관찰하는 질량 분석법(mass spectroscopy)과 결정성 화합물의 경우 X-선을 결정에 조사하여 결정에 의한 회절현상을 관찰하는 X-선 결정해석법 등이 있다.

분자식이 판명되고 나면 다음 단계는 그 화합물이 가지는 관능기(functional group)의 종류와 탄소골격을 명확하게 하는 것이다. 각각의 원자 또는 원자단의 특징적인 공통의 화학적 성질을 가지는 기를 관능기라 하며, 할로겐(halogen : -F, -Cl, -Br, -I), 수산기(hydroxy group: -OH), carbonyl group(〉C=O), carbonyl group(-COOH), nitro group(-$NO_2$), amino group(-$NH_2$), 이중결합(〉C=C〈), 삼중결합(-C≡C-) 등이 있으며, 유기화합물의 성질은 그 물질이 가지고 있는 관능기에 의해 규정되는 경우가 대부분이다.

〈표 3-1〉 Characteristics of the spectrum

| 구 분 | | IR | $^{1}$H NMR | $^{13}$C NMR | MS | mMS | UV |
|---|---|---|---|---|---|---|---|
| 기 지 화합물 | 동정, 확인 | ◎ | ◎ | ○ | △ | △ | △ |
| | 정량, 순도 | ◎ | ○ | × | △ | × | ◎ |
| 미 지 화합물 | 분자량 | × | × | × | ◎ | ◎ | × |
| | 분자식 | △ | ○ | ○ | ◎ | ◎ | × |
| | 관능기 | ◎ | ○ | ○ | ○ | ○ | △ |
| | 불포화결합 | ◎ | ◎ | ○ | × | × | ◎ |
| | 탄소골격 지방족 | ○ | ◎ | ◎ | ○ | ○ | × |
| | 탄소골격 지환족 | ○ | ○ | ◎ | ○ | ○ | × |
| | 탄소골격 방향족 | ◎ | ◎ | ○ | ○ | ○ | ◎ |
| | 탄소골격 이절환 | △ | ○ | △ | ○ | ○ | △ |
| | 치환양식 | ◎ | ◎ | ○ | △ | △ | △ |
| | 입체구조 | △ | ○ | ◎ | ○ | ○ | △ |
| 기 타 | 고분자 | ◎ | ○ | ◎ | △ | △ | △ |
| | 반응중간체 (이온, 라디컬) | △ | ◎ | ◎ | ○ | ○ | × |
| | 복잡한화합물 (천연물 등) | △ | △ | ○ | ◎ | ◎ | × |

◎: 매우 우수, ○: 우수, △: 양호, ×: 부적당

분자의 불포화구조는 자외-가시흡수 분광법으로 특이적 관능기의 존재는 적외흡수 분광법으로 파악할 수 있다. 그리고 현대화학에 있어서 가장 중요한 방법의 하나로서 $^{1}$H 이나 $^{13}$C 등과 같이 핵 spin을 가지는 원자핵이 자장 중에서 흡수나 발광을 나타내는 것을 이용한 핵자기 공명 분광법을 들 수 있다. 핵자기 공명 분광법은 방법만으로도 분자의 구조를 판명할 수 있는 아주 우수한 분석수단이라 할 수 있다.

# 2 자외선 흡수분광법(Ultraviolet absorption spectroscopy: UV)

## 1. 원리

유기화합물의 가시광선이나 자외광의 광자의 흡수는 유기화합물의 외각전자의 에너지를 고준위로 밀어 올린다. 들뜬 상태(excited state)의 전자는 그보다 에너지 준위가 낮은 들뜬 상태(excited state)나 바닥 상태(ground state)로 떨어지며 흡수되어 있던 에너지는 광의 상태로 방출된다. 자외광을 유기화합물에 조사하여 그 흡수의 정도와 파장과의 관계를 조사하여 물질에 관한 지식을 얻는 분석법을 자외흡수 분광법(Ultraviolet absorption spectroscopy: UV로 약칭)이라 한다.

## 2. 측정

UV 측정에 이용되는 분광계에서 파장 180～400nm의 광원으로서는 중수소 방전관을, 그리고 파장 400～800nm의 광원으로는 텅스텐램프를 사용한다. 측정시료는 UV를 흡수하지 않는 특급의 에틸 알코올, 증류수, n-핵산 등에 녹여서 석영으로 된 측정관(cell)에 넣어 측정한다.

측정결과는 곡선으로 나타나며, 횡축은 파장 $\lambda$(nm)이고 종축은 흡광도(absorbancy, optical density) A를 나타낸다. 흡광도 A의 정의는 $A=\log(I_0/I)$로 Io는 입사광의 강도, I는 투과광의 강도이다. 흡광도는 동일 화합물이라도 농도가 높으면 커지고, cell의 길이가 길면 커진다. 즉, UV의 흡광도와 용질분자의 수와의 사이에는 비례관계가 성립하며 다음의 Lambert-Beer의 법칙이 성립한다.

$$\varepsilon = [\log(Io/I)]/c.1 = A/c.1$$

$$A = \varepsilon c.1$$

$\varepsilon$ : 분자흡광계수(molar extinction coefficient)

c: 시료의 mole 농도

I: cell의 길이(cell의 두께, cm)

식에 나타난 juvabione의 UV 흡수에서 보는 바와 같이 흡수곡선은 통상 간단한 형태로 나타나며, 흡수 강도가 최대인 파장을 극대흡수파장이라 하며 $\lambda_{max}$(nm)로 표시한다. 극대흡수강도는 $\varepsilon_{max}$로 나타낸다.

UV 흡수의 측정결과의 표시법의 한 예를 살펴보면 다음과 같다. 식의 juvabione의 UV 흡수는 0.111mg의 시료를 10ml의 ethanol에 녹여 측정한 것이다. Juvabione의 분자량이 $C_{16}H_{26}O_3$ = 266.37이므로 시료 용액의 mole 농도는 0.111mg/10ml=11.1mg/1=1.22×$10^2$g/1=4.2×$10^{-5}$mol/1이다. Cell의 두께 1cm로 측정할 때 $\lambda_{max}$값이 218nm, A=0.325이므

로 $\varepsilon$=0.325/(4.2×10-5)=7740이 된다. 그러므로 juvabione의 UV흡수는 $\lambda_{max}$(EtOH)218 nm($\varepsilon$ 7740)로 표시한다.

## 3. 발색단의 자외부 흡수

UV와 가시부에서 흡수를 나타내는 관능기를 발색단(chromophore)이라 한다. 발색단의 종류와 그들의 UV흡수의 $\lambda_{max}$과 $\varepsilon$를 〈표 3-2〉에 나타내었다.

〈표 3-2〉 발색단의 자외부 흡수

| 발색기 | 구 조 | 실제예 | $\lambda_{max}$(nm) | ε | 용 매 |
|---|---|---|---|---|---|
| Alkene | RCH=CHR' | Ethylene | 193 | 10,000 | (기체) |
| Alkyne | RC≡CR | Acetylene | 173 | 6,000 | (기체) |
| Carbonyl | RR'C=O | Acetone | 188<br>279 | 900<br>15 | n-Hexane |
| Carbonyl | RHC=O | Acetaldehyde | 293.4 | 11.8 | Ethanol |
| Carboxyl | RCOOH | Acetic acid | 204 | 60 | $H_2O$ |
| Azo | -N=N- | Diazomethane | 347 | 4.5 | - |
| Nitroso | -N=O | Nitrosobutane | 300<br>665 | 100<br>20 | Ether |
| Nitric ester | $-ONO_2$ | Ethyl nitrate | 270 | 12 | Dioxane |
| Nitro | $-NO_2$ | Nitromethane | 271 | 18.6 | Ethanol |
| Nitrous ester | -ONO | Amyl nitrite | 218.5<br>356.5 | 1,120<br>56 | Petroleum ether |

〈표 3-2〉에서 보는 바와 같이 각 발색단은 각각의 고유의 $\lambda_{max}$을 가지고 있다. 그리고 이들 발색단이 2개 이상 공역(conjugated)하면 전자가 이동하기 쉽게 되어 $\lambda_{max}$값이 장파장 쪽으로 이동한다. 이러한 현상을 적색이동(red shift or bathochromic shift)이라 한다. 이와는 역으로 $\lambda_{max}$이 단파장 쪽으로 이동하는 것을 청색이동 (blue shift or hypsochromic shift)이라 한다.

**발색단과 조색단**

분자내에 자외-가시광은 흡수하는 관능기 즉, 다중결합(불포화 결합을 가지는 원자단, 〉C=C〈, 〉C=O, -N=N-, -N=O, -N+(O-)=O 등을 발색단(chromophore)이라하며, 발색단은 모체화합물의 전자흡수 spectrum의 흡수파장을 장파장으로 이동시켜 발색의 원이이 됨. 그자신은 자외-가시영역에서 흡수를 나타내지 않지만 발색단에 결합함으로해서 그 흡수위치 및 강도를 변화시키는 관능기 즉, -OH, -OR, $-NH_2$, -NHR, $-NR_2$, $-SO_3H$, -COOH 등.

## 4. 공역계의 자외흡수

Ethylene의 $\lambda_{max}$는 193nm이지만 공역에 의한 red shift로 인하여 1,3-butadiene의 $\lambda_{max}$는 217nm이다. 그리고 같은 공역 디엔(conjugate diene)이라도 A와 B와 같이 $\lambda_{max}$값이 상당한 차이를 보여준다.

A와 같은 type을 이환디엔(hereroannular diene)이라 하며 B와 같은 type를 동환 디엔(homoannular diene)이라 한다. Diene의 UV 흡수의 $\lambda_{max}$과 구조와의 상관관계는 R.B. Woodward가 상세히 조사하였지만 그 뒤 L.F. Fieser가 Woodward 규칙을 약간 개량하여 〈표 3-3〉에 나타낸 것과 같은 새로운 Woodward규칙을 만들었으며 이 규칙은 double bond 4개 이하의 conjugated system에 잘 적용된다.

〈표 3-3〉 Rules of diene absorption(Woodward's rule)

| | |
|---|---|
| Base value for heteroannular diene | 214nm |
| Base value for homoannular diene | 253 |
| Increment for | |
| Double bond extending conjugation | +30 |
| Alkyl substituent or ring residue | +5 |
| Exocyclic double bond | +5 |

그리고 double bond가 4개 이상인 conjugated polyene system에서는 $\lambda_{max}$과 $\varepsilon_{max}$이 double bond의 수에 관계되는 Fieser-Kuhn 규칙이 적용된다.

$$\lambda_{max} = 114 + 5M + n(48.0 - 1.7n) - 16.5R_{endo} - 10R_{exo}$$

$$\varepsilon_{max} = (1.74 \times 10^4)n$$

where

n = number of conjugated double bond

M = number of alkyl or alkyl like substituents on the conjugated system

Rendo = number of rings with endocyclic double bonds in the conjugated system

$R_{exo}$ = number of rings with exocyclic double bonds

$$\lambda_{max}^{calc} = 114 + 5(8) + 11[48.0 - 1.7(11)] - 0 - 0 = 476nm$$

$$\lambda_{max}^{obs} = 474nm$$

$$\varepsilon_{max}^{cal} = 1.74 \times 10^4(11) = 19.1 \times 10^4$$

$$\varepsilon_{max}^{obs} = 18.6 \times 10^4(hexane)$$

Conjugated polyene system의 또 다른 한 예로, 주로 *Streptomyces*속 방선균에서 생산되는 polyene계 antifungal 항생물질들은 대체로 공역 이중결합의 수에 따라 tetraene, pentaene, hexaene, heptaene 등으로 분류되며 이들이 가지는 전형적인 UV흡수 $\lambda_{max}$는 다음과 같다(〈표 3-4〉 참조).

〈표 3-4〉 Absorption data for polyene antifungal antibiotics

| Polyenes | $\lambda_{max\ 1}$(nm) | $\lambda_{max\ 2}$(nm) | $\lambda_{max\ 3}$(nm) |
|---|---|---|---|
| Tetraene | 289 - 291 | 302 - 304 | 310 - 319 |
| Pentaene | 318 - 321 | 333 - 337 | 350 - 354 |
| Hexaene | 339 - 340 | 356 - 357 | 377 - 378 |
| Heptaene | 358 - 360 | 378 - 380 | 399 - 403 |

한편 Woodward 팀은 공역 불포화 케톤($\alpha, \beta$-unsaturated carbonyl compounds)에 대하여도 UV 흡수를 조사하여 $\lambda_{max}$과 구조와의 상관관계 규칙을 〈표 3-5〉와 같이 나타내었다. 그 외 기타 unsaturated carbonylic acid and esters, $\alpha, \beta$-unsaturated acids, aromatic compounds, 5-membered heteroaromatic compounds들의 UV흡수 spectrum값을 〈표 3-6〉과 〈표 3-7〉에 나타내었다.

〈표 3-5〉 Absorption maxima of unsaturated carboxylic acids and esters

| Unsaturated carboxylic acids and esters | $\lambda_{max}$(±5nm) |
|---|---|
| α or βMonosubstitued | 208 |
| α,β or β,β Disubstituted | 217 |
| α,β,β Trisubstituted | 225 |
| • exocyclic α,β double bond | +5 |
| • endocyclic α,β double bond in five or seven-membered ring | +5 |

〈표 3-6〉 Correlation of aromatic absorption

| Compounds | $\lambda_{max}$(nm) ($\varepsilon_{max}$) | $\lambda_{max}$(nm) ($\varepsilon_{max}$) | $\lambda_{max}$(nm) ($\varepsilon_{max}$) | $\lambda_{max}$(nm) ($\varepsilon_{max}$) |
|---|---|---|---|---|
| Benzene | 188 (60,000) | 204 (7,900) | 256 (200) | |
| Naphthalene | 221 (133,000) | 286 (9,300) | 312 (289) | |
| Anthracene | 256 (188,000) | 375 (9,000) | Submerged | 221 (14,500) |

〈표 3-7〉 Absorption data for some five-membered heteroaromatics

| Compounds | $\lambda_{max}$(nm) | $\varepsilon_{max}$ | $\lambda_{max}$(nm) | $\varepsilon_{max}$ | Solvent |
|---|---|---|---|---|---|
| Cyclopentadiene | 200 | 10,000 | 238.5 | 3,400 | Hexane |
| Furan | 200 | 10,000 | 252 | 1 | Cyclohexane |
| Pyrrole | 209 | 6,730 | 240 | 300 | Hexane |
| Thiophene | 231 | 7,100 | 269.5 | 1.5 | Hexane |
| Pyrazole | 214 | 3,160 | | | Ethanol |

# 3 적외흡수 분광법(Infrared absorption spectroscopy: IR)

## 1. 서론

원자들의 결합으로 이루어진 분자는 각 결합원자들 사이에 각각 고유의 진동을 하고 있다. 이러한 분자에 파장을 변화시킨 적외선(infrared: IR)을 연속적으로 조사(照射)해 나가면 분자고유의 진동 energy에 대응하는 적외선이 흡수되어 분자의 구조에 대응하는 특유의 spectrum이 얻어진다.

이 적외선 흡수 spectrum으로부터 분자의 구조를 해석하는 방법을 적외선 흡수 분광법(infrared absorption spectroscopy)이라 하며, 어떤 화합물이 가지는 관능기의 종류를 밝히는데 가장 적당한 방법이라 할 수 있다.

분자 내 원자의 진동에는 신축진동(stretching vibration)과 변각 진동(bending vibration) 2종류로 대별할 수 있다. 신축진동은 원자간의 거리가 증감하는 진동이고 변각 진동은 원자의 위치가 결합 축으로부터 벗어나는 진동이다. 이러한 진동과 동일한 진동수의 적외선이 분자에 조사되면 그 광자의 에너지가 흡수되어 분자는 들뜬 상태(exited state)가 된다. 이것이 IR흡수의 원리이며 관능기에 따라 흡수되는 적외선의 파장이 틀리므로 이러한 성질을 분석에 이용하는 것이다.

이 원자나 분자가 어떤 주파수에서 진동하는지에 대한 기본 모형은 질량 $m_1$과 $m_2$가 거리 $r_0$ 만큼 떨어져 스프링으로 연결된 조화진동자(Hook의 법칙)의 모델을 기본으로 한다(〈그림 2〉 참조). Hook의 법칙으로부터 유도된 다음의 시은 파수, 원자의 질량 및 결합력 간의 관계를 나타낸다.

$\nu$ = frequency in cm1

c = velocity of light

K = force constant

(5×$10^5$dynes/cm, 2중 결합과 3중 결합일 때는 각각 2배와 3배로 계산)

$\mu = m_1 m_2 / m_1 m_2$(masses of atoms)

C와 H에 대한 질량치를 각각 $19.8 \times 10^{-24}$g(또는 12)과 $1.64 \times 10^{-24}$g(또는 1)으로 하여 위의 식을 C-H 신축진동수에 응용하면 C-H 결합간의 진동주파수가 $3040cm^{-1}$로 계산된다. $-CH_3$과 $-CH_2-$기에서의 실제 C-H 신축진동은 일반적으로 2960～$1850cm^{-1}$의 영역에서 관찰된다. 그리고 일반적으로 결합세기가 강하면 K(force constant) 값이 증가하며, 변각진동이 신축진동보다 더 쉽게 일어나므로 변각진동의 K 값이 더 작은 값을 가진다.

| C ≡ C | C = C | C - C |
|---|---|---|
| *sp* | $sp^2$ | $sp^3$ |
| ≡C-H | =C-H | -C-H |
| $3300cm^{-1}$ | $3100cm^{-1}$ | $2900cm^{-1}$ |
| CH stretching | | CH bending |
| ～$3000cm^{-1}$ | | ～1340cm |

← increasing K

| C-I | C-Br | C-Cl | C-O | C-C | C-H |
|---|---|---|---|---|---|
| ～$500cm^{-1}$ | $550cm^{-1}$ | $800cm^{-1}$ | $1100cm^{-1}$ | $1200cm^{-1}$ | $3000cm^{-1}$ |

← increasing μ

※신축진동수(stratching frequencies) 실제 계산예

## 2. IR 분광기

적외선 분광기에는 분산형과 간섭형이 있다. 분산형 분광기는 광을 분산시켜 파장에 따른 광의 투과율을 측정하는 것이고 간섭형 분광기는 광의 간섭현상을 이용하고 투과광의 spectrum을 얻기 위하여 Fourier 변환을 행하는데 이러한 분광기에 의한 분광분석법을 Fourier transform infrared spectroscopy: FT-IR)라 부르며 근년에는 computer의 발달로 FT-IR의 사용이 보편화 되어있다.

| 분산형분광기에 의한 적외선분광법(IR 법) |
|---|
| 광원으로부터 나온 광을 prism과 회절격자를 이용하여 광을 분광시켜 파장을 순차적으로 변화하면서 시료에 조사시켜 투과율을 측정하여 적외선 흡수 spectrum을 얻는 방법 |
| **간섭형분광기에 의한 적외선분광법(FT-IR 법)** |
| FT-IR은 간섭계를 이용하여 광원으로부터 나온 연속광의 일부에 광로타를 주어서 얻어지는 간섭파를 Fourier 변환(Fourier transformation)시켜 성분파의 spectrum을 얻는 분광법 |

## 3. 시료의 조제

적외흡수 분광법은 다양한 종류의 기체, 액체, 고체시료에 대하여 측정이 가능하다. 여러 시료 제조법 중 일반적으로 많이 사용되는 대표적인 시료 제조법으로는 액막법, 용액법, nujol법, KBr법 등을 들 수 있으며 간단히 설명하면 다음과 같다.

- 액막법: 휘발성이 낮은 저비점(bp 약 80℃ 이하)의 액체시료에 적당하며, 간단히 측정 가능하기 때문에 가장 많이 사용되는 방법중의 하나이다. Neat의 액체시료를 그대로 KBr plate에 1～2방울 떨어뜨린 후 또 다른 한 장의 KBr plate를 겹치게 하여 KBr plate 사이에 액체 시료막을 형성시켜 측정하는 방법이다.
- 용액법: 액체 또는 고체시료를 용매에 녹여서 고정 cell을 이용하여 용액상태로 측정하는 방법이며, 정량분석에 자주 이용된다.
- Nujol법: 고체분말 이나 결정성 시료의 경우 시료를 고운 분말 상태로 하여 여기에 nujol 1～2 방울을 떨어뜨려 잘 혼합한 후 위 액막법과 같은 방법으로 측정한다. 측정시료의 흡수가 nujol의 흡수와 겹치는 경우에는 nujol 대신 hexachlorobutadiene을 자주 이용한다.
- KBr법: 일반적인 고체시료에 대하여 범용적으로 사용되는 방법으로써 시료(KBr 무게비 대비 1～2%)를 고운 분말 상으로 분쇄한 후 KBr 분말을 혼합하여 균질의 분말을 만든 후 가압하여 KBr disc의 형태로 제조하여 측정한다.

## 4. IR spectrum에서는 무엇을 알 수 있는가?

### 1) 물질의 구조동정이 가능하다.

예상되는 기지물질의 spectrum과 비교해서 구조의 동정이나 확인이 가능하다.

### 2) 구조의 특징을 알 수 있다.

IR spectrum으로부터 얻어지는 중요한 정보는 다중결합이나 관능기의 종류를 들 수 있고, 그 외 cis-trans 이성체, 환의 치환위치, 수소결합 및 chelation 등도 규명할 수 있다. 이러한 정보들로부터 분자구조를 추정하는 것이 가능은 하지만 IR spectrum만으로 미지시료의 구조를 결정하는 것은 곤란하며, 일반적으로 원소 분석치, 질량분석, UV spectrum 및 NMR spectrum 등의 정보를 병용해서 구조를 분석한다.

### 3) 정량분석이 가능하다.

순도의 검정이나 혼합물의 분석이 가능하며, 이를 이용하여 반응속도의 측정이 가능하다. 일반적으로 IR에 의한 정량분석에는 숙련성을 요구하므로 다른 분석법이 부적당할 경우에 이용된다.

## 5. Spectrum의 해석법

IR spectrum의 해석에는 특별히 정해진 방법이 없고 일반적으로 경험에 의해 기지화합물의 spectrum과 비교함으로써 구조동정과 추정에 응용하여 왔다. 그러나 FT-IR의 보급에 따라 computer에 의한 부분 구조해석이나 추정되는 물질의 경우 구조동정을 위한 data library 검색이 가능해져 spectrum의 해석이 과거보다는 용이하게 되었지만 정확한 구조 해석결과를 얻기에는 경험과 숙련성을 요구한다. 전혀 새로운 신규물질의 경우 IR spectrum 만으로 구조를 추정하기는 곤란하며 다른 기기 분석의 정보를 병용하여야 한다.

IR spectrum에서 4,000cm$^{-1}$에서 1,450cm$^{-1}$ 정도에 있는 IR 흡수대는 어떤 특정 화학결합에서 유래된 것으로 관능기와 관련이 있고, 이 영역을 특성흡수대(characteristic band)라 한다. 그리고 1,450cm$^{-1}$～650cm$^{-1}$ 정도까지의 흡수대는 분자전체의 각각의 결합과 관련된 복잡한 진동양상을 나타내며 화합물에 따라 서로 다른 spectrum을 나타낸다. 이 영역을 보통 지문영역(finger-print region)이라 한다. 미지시료의 spectrum을 해석하기 위해서는 가장 먼저 중요한 관능기의 유무를 결정하여야 한다. 중요한 관능기로는 C=O, O-H, N-H, C-O, C=C, C≡C, C≡N, $NO_2$ group 등을 들 수 있으며, 흡수 spectrum에서 이들 peak의 특징을 살펴보면 다음과 같다.

- carbonyl기(C=O)의 유무 -C=O기는 1820～1660cm$^{-1}$에서 강한 흡수를 나타내는 가장 대표적인 관능기이다.
- Carbonyl기가 있으면 acid(-OH: 약 3,400cm$^{-1}$에서 넓은 흡수), amide(NH: 3,500cm$^{-1}$ 근처에서 보통강도의 넓은 흡수, 때에 따라 2중 peak), ester(C-O: 1,300～1,000 cm$^{-1}$사이에서 강한 흡수), aldehyde(aldehyde 성 C-H: 일반적인 C-H 신축정도보다 오른쪽인 2,850～2,750cm$^{-1}$ 근처에서 약한 2개의 peak), anhydride(1810과 1760cm$^{-1}$ 근처에서 2개의 C=O peak), ketone(위의 흡수 peak들이 나타나지 않음) 등의 특징을 나타내는 흡수 peak를 조사한다.
- Carbonyl 기가 없으면 alcohol성, phenol성 -OH 및 amide의 N-H를 확인한다(C-O, C-N 흡수를 함께 조사).
- Double bond 및 aromatic ring 확인(C=C는 1,650cm$^{-1}$에서 약한 흡수, aromatic ring은 1,650～1,450cm$^{-1}$ 사이에서 보통의 흡수, 이와 함께 3000cm$^{-1}$보다 약간 왼쪽에서의 aromatic 또는 vinylic C-H 흡수)
- Triple bond 확인 - Alkyne의 C≡C(2,150cm$^{-1}$ 근처의 날카로운 보통 흡수) 확인.
- Nitro group 확인(1,600～1,500cm$^{-1}$과 1,390～1,300cm$^{-1}$에서 2개의 강한 흡수 peak)

이상 대표적인 관능기에 대하여 간단한 spectrum 해석법을 언급하였지만 구조가 단순하지 않은 항생물질이나 천연물 등에 있어서는 IR spectrum으로 구조결정은 무리이지만 spectrum이 구조 해석과 구조동정에는 좋은 정보를 제공하여 준다. Spectrum의 해석에는 결합된 두 원자의 주위 환경에 따라 peak들이 약간씩 shift하므로 정확한 공식을 얻을 수 없으며, 각 peak들을 조합해서 해석하고 다른 기기 분석 정보들과 병용해서 부분 구조를 조립하여 추정 구조를 만들고 이를 다시 원래의 spectrum으로 확인하는 과정이 좋은 해결 방법이라 하겠다.

## 4 핵자기 공명법(Nuclear magnetic resonance spectroscopy: NMR)

### 1. 서론

분자와 광(전자파) 중에서도 자장 중의 분자와 radio파 사이의 상호작용은 분자에 관해 상당히 많은 정보를 제공한다. 이 자장 중에서 분자의 거동을 나타내는 것이 핵자기 공명법(nuclear magnetic resonance, NMR)이다. 이 방법은 보통 유기분자의 구조결정 뿐만 아니라 측정장치나 computer의 발전에 의하여 단백질이나 다당류의 구조, 반응에 따라서 시시각각으로 변화하는 화합물 등의 측정 등 화학의 넓은 분야에서 적용되고 있다. 핵자기 공명 스펙트럼은 핵의 자성을 이용해서 분자의 구조를 조사하는 것이기 때문에 측정대상이 되는 핵 종은 자성을 나타내는 것에 국한되며, 원자번호 또는 질량수가 홀수인 $^{13}C$, $^{1}H$, $^{14}N$, $^{17}O$ 등이 주로 이용된다. 통상 NMR의 측정을 위해서는 시료의 용해성에 따라 $CDCl_3$, $CCl_4$, $C_6D_6$, $(CD_3)_2SO$, $D_2O$ 등의 용매를 사용하여 시료를 녹여 측정관에 넣은 후, 이 측정관을 자장 중에 넣어 자장의 크기를 변화시켜 가면서 전파를 발신하여 전파의 흡수 정도를 측정한다. 핵자기 공명 분광법에서 얻을 수 있는 정보로는 chemical shift, peak의 적분강도, spin-spin coupling에 의한 peak의 분열 등으로 이를 종합하여 화합물의 구조를 결정할 수 있다(〈표 3-8〉 참조).

### 2. 원리

관찰하고자 하는 화합물이 자기자중에 놓이면 시료중의 핵이 자기장의 방향에 따라서 배열한다. $^{1}H$이나 $^{13}C$처럼 spin양자수가 1/2의 경우는 자장의 방향과 같은 방향과 역방향의 energy상태로 분열하며, 이러한 차에 해당하는 energy를 갖는 전자파가 올 경우 디 energy를 흡수하여 spin이 반전한다. 이것이 핵자기 공명이라는 현상으로 다른 spectrum의 흡수에 해당한다. 핵에 걸리는 자장이 크면 이것이 비례해서 전자파의 energy(진동수)도 크게 된다. 전자파에 의하여 전이된 핵 spin은 relaxation과정을 거쳐서 다시 열평형 상태로 되돌아오게 되며 이사이에 방출되는 energy를 receiver coil에 검출하여 FID를 얻고, 이것을 Fourier transform하여 NMR spectrum을 얻는다.

## 3. 시료측정의 준비

### 1) 시료관

가늘고 긴 유리로 만든 시험관(직경 5mm, 길이 180mm)에 용매에 녹인 시료를 넣는다. 시료관의 길이와 용액량의 balance를 맞추어서 일정한 조건으로 조제한다. 이것을 장치에 setting하여 고속으로 회전시키면서 data를 얻는다. 사용 후는 시료의 용해도가 높은 용매로 세정하고 다시 acetone으로 씻은 후 건조시킨다.

### 2) 용매

FT NMR에서 사용하는 용매로는 중수소화용매를 쓴다. 측정시 주파수를 기록해 줄 필요가 있기 때문에 반드시 용매 종류를 기록해 주어야 한다. 가격이나 용해성에서 $CDCl_3$가 가장 많이 쓰인다.

*용매 사용시 주의사항

① 용해성이 높을 것(수 %의 농도)

② 용액의 점도가 낮을 것(점도가 낮은 용매-acetone, 높은 용매-benzene)

③ 시료와 상호작용이 적을 것(시료와의 반응성과 용매의 배위성 등을 고려)

④ 불순물의 혼입에 주의: - 시판 용매의 중수소화율은 99.5～99.95%

- $^1H$ NMR 에서 잔존수소의 peak나 $H_2O$의 혼입에 의한 signal에 주의
- 고가이거나 사용빈도가 적은 것은 개봉 시에 ample에 분주하여 밀봉해 둠

⑤ 수소화 용매에는 시료의 활성화수소와 D-H교환 반응을 할 경우가 많음

⑥ $^{13}C$ NMR에서는 D와 탄소와의 spin결합에 의해서 나타나는 signal에 주의

〈표 3-8〉 NMR용 중수소화 용매의 성질 및 chemical shift

| 용 매 | mp(℃) | bp(℃) | δ($^1H$) | δ($^{13}C$) |
|---|---|---|---|---|
| acetone | -93.8 | 55.5 | 2.05 | 206.0, 29.8 |
| acetonitrile | -48.0 | 80.7 | 1.95 | 118.2, 1.3 |
| benzene | 6.8 | 79.1 | 7.16 | 128.0 |
| chloroform | -64.0 | 60.9 | 7.27 | 77.0 |
| dichloromethane | -97.0 | 40.0 | 5.32 | 53.8 |
| DMF | -61.0 | 153.0 | 8.01, 2.91, 2.74 | 167.7, 35.2, 30.1 |
| DMSO | 18.0 | 190.0 | 2.50 | 39.5 |
| dioxane | 12.0 | 100.0 | 3.53 | 66.5 |
| methanol | -98.0 | 65.4 | 3.31 | 49.0 |
| THF | -106.0 | 65.0 | 3.58, 1.73 | 67.4, 25.2 |
| toluene | -93.0 | 111.0 | 7.09, 7.00<br>6.98, 2.09 | 128.0, 125.2, 20.4 |
| water | 3.8 | 101.4 | 4.63 | - |

### 3) 기준물질

기준물질은 시료용액에 넣어서 측정하고, 얻어진 spectrum에서 기준물질의 peak를 기초로 하여 signal의 위치를 결정한다. Signal의 위치는 $^1$H, $^{13}$C NMR 모두 TMS(tetramethylsilane)을 $\delta=0$으로 하여 그 차를 저자장 측에 +의 수치로 나타낸다. $CDCl_3$ 용매의 경우는 미리 TMS를 첨가한 것을 시판하고 있다. $^{13}$C NMR 측정에서는 특별한 경우 이외에는 중수소화용매의 탄소 signal 위치를 기준으로 하는 것이 편리하다.

### 4) 실험방법

① 시료의 조제: 중소포화 용매에 시료를 녹여서 시료관의 높이가 35~40㎜가 되도록 용액을 조제한다. Tube는 통상 teflon 마개를 이용하여 capping한다. 용액중의 불용물은 여과하여 제거해 줄 필요가 있으며 특히 상자성(常磁性)의 불순물이 혼입되지 않도록 주의한다.

② 적정한 농도: $^1$H NMR의 경우 시료의 농도는 0.1wt% 정도도 측정가능하나 數wt% 정도의 농도가 일반적이다. 그러나 $^{13}$C NMR 측정의 경우는 농도가 진한 경우가 좋으며 단시간에 data를 얻기 위해서는 10wt% 이상의 농도가 필요하다. 측정 종료후 시료는 쉽게 회수할 수 있기 때문에 귀중한 자료는 반드시 NMR 측정을 하고 나서 다른 분석을 행하는 것이 좋다. 시료가 적을 경우에는 액량을 줄여서 고농도로 측정하며, micro-cell 등을 이용할 수도 있다.

③ 용매의 선택: 점도가 높은 경우는 적당한 용매를 선택하여 가능한 희석해서 감도가 높은 강자장의 장치로 측정한다.

④ NMR 측정의뢰 시 기재사항

- 시료번호, 소속, 성명, 의뢰 년월일
- 시료의 추정구조, 구조가 불명확한 경우 반응식 혹은 시료의 성질 등을 기재
- 사용용매, 농도 및 TMS 등의 기준물질의 유무
- 희망 측정내용(적분, 저자장 영역의 측정 확대 등)

## 4. $^1$H NMR

### 1) $^1$H NMR에서 얻을 수 있는 정보

① Chemical chift로부터 수소의 결합 형식

② Signal의 면적으로부터 수소의 상대수

③ Spin-spin 결합에 의한 signal의 분열수와 분열폭(coupling constant)으로부터 각 수소의 위치관계

④ 기지물질의 spectrum과 비교해서 화합물의 동정이 가능

⑤ 분자구조를 추정(탄소골격, 탄소다중결합, 입체화학, 관능기의 위치 추정)

⑥ 혼합물의 정량분석이 가능

⑦ $^{13}$C이나 그 외 최근 개발된 technique과 병용하면 복잡한 화합물의 구조, 반응중간체, 입체배위, 온도나 용매에 의한 결합상태의 변화 등 다른 방법으로 입수 곤란한 많은 정보의 획득이 가능

### 2) Chart를 보는 방법

① Chemical shift: NMR spectrum에서 chart의 종축은 signal의 상대강도, 횡축은 주파수를 나타내며, 주파수는 사용한 자장의 강도에 따라 변한다. Chemical shift는 핵 주변의 전자운의 밀도와 다른 핵의 원자의 영향, 분자전체의 환전류, 입체효과의 영향 등이 종합적으로 작용하여 결정되며, 시료와 기준시료인 TMS와의 공명주파수의 차를 장치발진기의 주파수로 나누어서 얻은 값을 $\delta$ (ppm)으로 표시한다. 주자장에 의해 야기되는 $^{1}$H 핵 주변의 전자의 순환이 2차 적으로 소자장을 만들어 proton의 chemical shift의 차를 만들어 낸다. 이러한 $\delta$ 치는 분자중의 proton 주변의 화학적 환경을 반영하고 있기 때문에 분자구조를 결정하는 유력한 수단이 되고 있다. 실제로 외부자장을 강하게 하면 signal의 분리가 좋아지고 감도가 향상된다. 아래 그림에서와 같이 60㎒와 360㎒에서 얻은 spectrum을 비교해보면, 60㎒에서는 A와 B피크가 중첩되어 나타났으나 360㎒에서는 두 피크가 완전히 분리되어 나타난 것을 볼 수가 있다. $^{1}$H NMR의 경우 대부분 화합물의 spectrum이 $\delta$ = 0～10의 범위에 있다.

② Coupling constant(spin 결합정수)(J): 분자 중에 동일한 위치관계인 proton은 등가라고 하며, 이것은 동일한 공명주파수를 나타내고 signal로 나타난다. 분자 내에 있는 핵이 근처에 있는 다른 핵과 상호 영향을 받으면 spectrum상에서 다중선(doublet, triplet, multiplet)으로 나타난다. 이것을 spin-spin결합 또는 spin결합이라고 한다. 상대편의 spin양자 수를 I라고 하면 분열 spectrum은 2I+1로 된다. 분열간격은 ㎐로 나타내고 spin 결합정수 또는 coupling constant(J)라고 한다. n개의 등가인 proton(I = ½)에 의한 분열은 2n(½)+1=n+1로 되어 그 강도비는$(a+b)^n$의 전개식의 계수비로 된다. Coupling constant(J)는 chemical shift( $\delta$ )와는 달리 외부자장의 크기와는 무관하며, 강한 자장(고 주파수)의 장치로 측정하면 peak의 분해능이 좋아져서 spin 결합정수를 측정하기 쉽다. $^{1}$H NMR에 의한 화합물의 입체구조의 결정에서 가장 중요한 정보를 주는 것이 결합정수의 측정이다.

### 3) Spectrum 해석의 순서

① 구조가 추정되는 경우: 시료의 구조가 알려져 있으며 그 화합물이 기존의 spectrum data book이나 문헌에 있는 경우 이와 비교하면 쉽게 확인된다. 그 화합물의 spectrum이 실려있지 않거나 구조의 일부만이 추정되는 경우는 유사구조 화합물의

spectrum에 대하여 검토한다. 기존에 많이 이용되는 spectrum 문헌으로는 다음과 같은 것이 있다.

- C. J. Pouchert, "The Aldrich Library of NMR Spectra", Edition Ⅱ Aldrich, Mil Waukee(1983). [8,000건, 60㎒]
- C. J. Pouchert, "The Aldrich Library of $^{13}$C NMR and $^{1}$H FT NMR Spectra", Aldrich Mil Waukee(1992). [12,000건, 300건 ㎒].
- S. Sasaki. "Handbook of Proton-NMR Spectra and Data", Vol. 1-5, Academic, New York(1985). [4,000건].
- NMR Spectra List No 1-7(日本 化學會 NMR Data 委員會, 1973～76). [2,100건].

② 구조가 추정되지 않는 경우

$^{1}$H NMR과 $^{13}$C NMR을 병용해서 아래의 수순으로 구조를 해석한다.

a) 적분곡선에서 H의 개수비를 구한다.

b) 다중도를 해석하여 $\delta$ 치와 J치를 구한다.

c) 일차 spin 결합의 signal에 대해서 구조요소를 추정한다.

d) 고차 spin 결합의 signal은 그 pattern을 보고 판단한다.

e) IR, UV, MS 등의 다른 정보와 병행하여 구조를 추정한다.

## 5. $^{13}$C NMR

$^{13}$C핵은 천연 중에 존재비가 총 탄소의 1.1%에 불과하고, NMR에 대한 상대적 감도도 낮아서(수소의 1/5700) noise가 적은 spectrum을 얻기 위해서 보통 수소에 대한 완전 decoupling을 실시한다.

### 1) $^{13}$C NMR에서 얻는 정보

① 모든 탄소의 chemical shift가 확정된다. 즉 chemical shift의 범위가 250ppm 정도로 넓어서 각 탄소의 피크가 잘 분리되고, 용액에 의한 영향(최대 5ppm 정도)이 비교적 적어서 문헌 치와 비교하는 이론적 계산에 의한 signal의 귀속이 가능하다.

② 탄소골격의 직접 정보가 얻어진다. 즉, 여러 가지 탄소 관련 측정법에 의해서(다음 장에서 설명됨) 각 탄소의 결합상태가 밝혀지고 구조 추적이 가능해진다.

③ 거대분자나 식별하기 힘든 입체구조를 갖는 분자의 구조, 분자의 움직임 등도 알 수 있다. 즉, $^{1}$H NMR과의 병용으로 다음과 같은 물질의 해석에도 응용된다.

- 관능기를 갖는 long chain methylene이나 다중결합을 갖는 화합물들
- 고분자물질(입체규칙성, oligomer)
- 천연물질(복잡한 구조, 입체배위)

· 반응 중간체의 이온이나 유기금속화합물의 배위 이온 등
· 특별한 측정법에 의한 분자의 움직임 등

### 2) 장치 및 측정 주파수

$^{13}C$ NMR의 장치는 $^{1}H$ NMR의 것과 함께 공용하며, 편의상 $^{1}H$ NMR의 측정 주파수를 표기하는 경우가 많다. 측정 주파수는 동일 장치에서 수소의 약 1/4 정도로 계산하면 된다.

| 자장의 강도(T) | 2.35 | 6.34 | 7.05 | 9.40 | 11.7 | 17.6 |
|---|---|---|---|---|---|---|
| $^{1}H$ 측정 주파수(㎒) | 100 | 270 | 300 | 400 | 500 | 750 |
| $^{13}C$ 측정 주파수(㎒) | 25 | 68 | 75 | 100 | 125 | 187 |

### 3) 시료의 조제 및 측정

$^{13}C$ NMR의 측정은 수소의 경우와 함께 측정하는 경우가 많다. 시료 준비 과정은 $^{1}H$ NMR의 경우와 유사하기 때문에 그 항을 참고하기 바란다.

[시료의 조제]

① 시료의 양: 분자량 300 정도의 경우는 10∼50mg 정도가 필요 그러나, 시료의 분자량, 구조, 사용 기기에 따라 달라지며, 사용 자장의 강도가 클수록 시료의 최소량은 작아지고 1mg까지도 가능하다.
② 용매 lock-signal용으로 중수소용매를 사용: 중수소는 1H NMR에서는 나타나지 않지만 $^{13}C$ NMR에서는 $^{13}C$와 coupling하여 다중피크로 나타난다. 일반적으로 탄소와 수소의 수가 적은 $CDCl_3$를 많이 사용한다. 용매의 signal이 큰 경우에는 $CCl_4$나 $CS_2$로 희석하고, 용매의 signal이 시료의 피크를 방해할 때는 $^{13}C$가 함유되지 않은 $(^{12}CD)_3SO$ 등을 사용한다.
③ 농도: 일반적으로 점도가 크지 않는 이상 고농도일수록 좋다.
④ 기준물질: $^{1}H$의 경우와 같다. TMS를 가한다.
⑤ 기체 제거: 저 농도의 시료나 고분자 시료의 경우 분해능을 높이기 위해서 행하는 경우가 있다.

[측 정]

측정장치의 기종에 따라서 대개는 자동화되어 있어서 문제가 없으나, 자신의 시료에 따라 측정온도, 적산회수, 측정범위, relaxation time(pulse repetition time(Tr), pulse delay time) 등을 고려하여 측정한다.

[chart의 해석]

① 일반적인 $^{13}$C의 각 특성에 따른 chemical shift의 범위는 다음과 같다.

② 구조가 측정되는 경우: 기지의 spectrum과 비교를 해서 유사구조를 찾는다.

i) data book 이용: Sadtler "Standard $^{13}$C NMR Spectra" vol.90(1976~). Breitmaier 등 "Atlas Sadtler사 "Standard $^{13}$C NMR Data" Vol.2 Heyden(1975~1979). W.Bremser 등 "Chemical shifts Range in Carbon-13 NMR Spectroscopy" Verlag Chemie(1981). W.Bremser 등 "Carbon-13 NMR Spectral Data" 3rd. Ed., Verlag Chemie(1981)

ii) On-line database와 CD-ROM 이용:

- BASF사 제작: "C-13 NMR Data Bank" STN으로 Access된다. 75,000화합물수록. 구조식, 피크귀속.
- Sadtler사 제작: $^{13}$C NMR Spectral Search Libraries. 30,000화합물수록. 20MHz로 측정한 $^{13}$C signal data
- (일본)화학기술연구소 작성: $^{13}$C NMR Database(CDS). SDBS(Spectral Database System, 6종의 spectrum)의 하나. 7,200화합물수록. 구조식, 피크귀속.

③ 구조 추정이 되지 않는 경우 : 다음 순서에 따라 해석한다.

i) Signal의 수와 강도로부터 탄소의 수와 chemical shift를 구한다. 등가 탄소의 수는 피크의 강도로부터 추정한다. 용매의 불순물의 피크에 주의.

ii) Chemical shift로부터 각 탄소의 특성(signal)을 분류한다. $sp^3$, $sp^2$, sp, 방향족 탄소, carbonyl 탄소 등을 구분, 결합된 hetero atom을 추정.

iii) 특수한 측정법으로 각 탄소에 결합된 수소 수를 구한다. EDPT, APT, SFORD 측정.

iv) 이상의 결과를 모아서 구조를 추정하고, 유사구조와 data를 비교한다.

④ 필요에 따라서는 각 signal의 귀속을 검토 : 추정구조의 chemical shift를 계산식에 따라 구하여 실측치와 비교한다.

### 4) 탄소 관련 spectrum

- NOE(Nuclear Overhauser Effect): Decoupling 측정 시, $^{1}$H핵을 irradiation시키면 조사된 수소 핵이 포화되고, 포화된 에너지가 인접한 탄소에 영향을 주어 그 탄소의 피크가 증대된다. 그 현상을 $^{13}$C-$^{1}$H간의 NOE라고 한다.
- INEPT(Insensitive Nuclei Enhanced by Polarization Transfer): $^{13}$C핵의 signal 강도를 결합된 수소 핵의 분극이동에 의해서 선택적으로 증대되거나 반전된다. 이 현상을 이용해서 methyl, methylene, methine, quaternary carbon 등을 구분할 수 있다.
- DEPT(Distortionless Enhancement by Polarzation Transfer): INEPT와 동일한

목적으로 동일하게 측정하지만 측정치를 computer에서 편집할 때 각 종류의 탄소별로 sub-spectrum을 얻는다. 또 각 spectrum의 각 signal 강도는 통상적인 측정치와 비교하면 왜곡되어 나타나기도 한다. 각 탄소별 signal의 상대적 강도는 서로 달라서 이들의 3가지의 sub-spectrum을 구할 때는 계산에 의해 sub-spectrum을 얻는다.

· 기타 측정법

㉠ 차이(Difference) spectrum: 특징의 수소를 irradiation하여 얻은 spectrum에서 조사하지 않은 정상 spectrum을 빼서 얻은 것으로 복잡한 signal의 변화를 명확하게 알 수 있다.

㉡ HOHAHA(Homonuclear Hartman-Hahn spectrocopy): 특정 수소 핵에 spin-lock pulse를 일정시간 조사하여 그것에 결합되어 있는 다른 핵을 magnetization하는 측정법으로, 조사시간을 길게 하면 계속해서 연결된 핵에 순차적으로 magnetization이 전달되면서 spin-network가 얻어진다.

## 6. 2D-NMR의 이용

| HOMONUCLEAR COSY SPECTRUM |
|---|

1) J-resolve spectrum

2) NOESY 스펙트럼

1차원 spectrum에서는 NOE를 관찰하려할 때 각 피크를 하나씩 조사하여 그 data를 얻는다. 이것을 동시에 볼 수 있도록 2차원으로 관측한 것이 NOESY이다. NOE는 분자 내 수소간의 거리에 관한 중요한 정보를 포함하고 있기 때문에 분자구조 해석에 유용하다.

3) C-C COSY(2D-INADEQUATE) spectrum

2D-INADEQUATE(Incredible Natural Abundance Double Quantum Transfer Experiment) spectrum은 인접한 $^{13}C$ - $^{13}C$ 짝을 결정하여 탄소원자의 연결상태(connectivity)를 알 수 있으므로 유기화합물의 탄소골격을 그릴 수 있다.

인접한 탄소는 AB형과 AX형이 있으므로 상관피크는 이중피크(2개의 피크)로 나타난다. 그림의 해석방법은 매우 단순하다. 즉 인접한 탄소에 대응하는 상관피크는 대각선에 대하여 대칭적으로 나타난다. 적당한 탄소 피크를 출발점으로 해서 차례로 인접한 탄소를 연결해 감으로써 그 분자의 탄소골격을 결정한다. 이와 같이 상관피크를 망라하여 탄소골격을 기계적으로 결정할 수가 있다. 더욱이 탄소원자들이 몇 개의 수소와 결합되었는지는 DEPT법에 의해서 쉽게 결정할 수가 있고, 분자식과 2D-INADEQUATE, DEPT spectrum에 의해 큰 어려움이 없이 L-menthol의 구조를 결정할 수가 있다. 이 기법은 유기화합물의 구조결정에 최고의 수단이라고 할 수 있으나 현재 단계로는 극복해야할 몇 개의 문제점이 있다. 첫째는 천연에는 NMR 활성인 $^{13}C$는 $^{12}C$의 1/100 정도만 존재하므로 $^{13}C$가 인접할 확률은 1/10,000 정도에 지나지 않기 때문에 측정시료가 대량(100mg 이상)으로 필요하다는 것이고, 둘째는 인접 $^{13}C$가 존재하지 않는 보통의 $^{13}C$의 강한 피크를 제거하기 위해 pulse sequence가 매우 복잡하고 측정조건이 까다로우며, 더욱이 결과를 얻기까지는 장시간(때로는 2일 이상)이 소요된다는 것이다. 이러한 결점만 보완이 된다면 2D-ADEQUATE 기법은 유기화합물의 구조결정 방법을 근본적으로 바꾸어 놓을 수 있을 것이다.

### HETERONUCLEAR COSY SPECTRUM

한쪽 축은 $^{1}H$ spectrum을, 다른 축에는 $^{13}C$ spectrum을 그린 것이 C-H COSY spectrum이다. 결합하고 있는 수소와 탄소는 탄소의 궤도 상태에 따라서 크게 coupling [$^{1}JCH$= ~125Hz($sp^3$), ~150Hz($sp^2$), ~250Hz(sp)] 한다. 보통 C-H COSY에서는 주로 $^{1}JCH$만을 관측하는데, 두 개의 스펙트럼의 피크가 교차하는 지점에 상관피크가 나타난다. C-H COSY spectrum은 탄소의 동정뿐만 아니라 수소의 확인에도 유용하다.

#### 1) Long-range C-H COSY spectrum

수소-수소간의 스핀결합의 경우 4개 이상의 화학결합을 통한 스핀-스핀 상호 작용을 원거리 스핀결합이라 하는데 비하여 탄소-수소간의 경우는 두 개 이상의 결합을 통한 경우를 원거리(long-range) 스핀결합이라 한다. 이것은 $^{1}JCH$가 150Hz 전후인데 반해 $^{2}JCH$는 1/10 정도인 ~10Hz이기 때문이다.

## 5 질량분석법(Mass spectrometry: MS)

### 1. 서론

고진공 하에서 기화한 시료분자는 원자간의 결합을 끊을 수 있는 충분한 energy를 가지고 전자선(electron beam of high-energy electron: 50-70eV = 5000-6800kJ $mol^{-1}$; 분자의 결합해리 energy는 150-600kJ $mol^{-1}$)을 충격시키면 분자는 전자(결합전자 또는 비결합전자)를 하나 잃은 radical cation($M^+$)을 생성하거나, 전자를 하나 포착하여 radical anion($M^+$)을 생성한다.

| M | + | e | → | $M^+$ | + | 2e |
|---|---|---|---|---|---|---|
| molecule | | high-energy electron | | molecular ion | | |

이들 ion을 분자이온(molecular ion)이라 부르며 molecular ion은 또다시 중성분자 또는 radical을 방출하여 작은 ion(fragment ion)으로 분해한다. 이들 혼합하전 ion들을 자기장내나 전기장내를 통과시키면 역학적운동의 차이가 생기며 이를 질량(m)과 전하(Z)의 비(m/z)의 순으로 분리 기록하여 얻어진 spectrum을 mass spectrum이라 한다. 따라서 질량분석법에서는 분자이온(molecular ion)의 질량수로부터 분자량을 알 수 있으며, 각 fragment ion의 생성 양상(분열양식 또는 개열양식)으로부터 분자구조에 관련된 중요한 정보를 얻을 수 있다. Mass spectrum을 측정하는 데 있어서 필요한 고체 또는 액체의 시료 량은 시료의 이온화를 위한 시료도입법과 검출기에 따라 각기 다르지만 수 mg에서 1ng 이하에서도 가능하며, 저분자 량의 화합물뿐만이 아니라 고분자 화합물의 분석에도 응용 가능하다. 질량분석기의 구성은 이온화실(시료도입부-이온화부) - 이온분리부(질량분석부)-이온검출부-기록부로 나누어져 있으며 기기 장치의 전 부분이 고진공 상태를 필요로 하는 특징을 가지고 있다. 이는 이온화한 분자이온이나 공존하는 각종 분자나 fragment ion들이 상호 작용하는 것을 방지하여 질량 m, 하전 z의 하전입자의 거동을 정확하게 관찰하기 위함이다.

시료의 형태는 기체가 일반적이고 고체 또는 액체일 때는 기화 가능한 것이면 적당한 시료 도입장치를 사용하여 측정할 수 있다. 최근 여러 시료도입법과 각종 이온화법의 개발과 computer의 발달에 힘입어 휘발성이 없다든지, 생체 고분자등과 같이 열에 불안정한 난휘발성의 물질들에 대해서도 mass spectrum을 측정할 수 있게 되었다. 기계장치를 살펴보면 질량분석부의 질량 분리 방법에 따라 질량분석부에 자석을 사용하여 자기장 내에서 ion을 분리하는 자장형 질량분석계(현재 제조 시판되고 있는 대부분의 대형 질량분석계)와 질량분석부에 자석 대신에 2쌍의 전극을 이용한 사중극 질량분석계(장치가 소형으로 제작될 수 있어 범용형의 탁상 질량분석계로 널리 이용되고 있음)로 대별할 수 있다.

그러면 질량분석법에서 무엇을 알 수 있는가?

- 정확한 분자량을 알 수 있다.
- 화합물의 동정이 가능하다.
- 화합물의 구조가 추정 가능하다.
- 분자중의 Cl, Br 등의 원자 수를 알 수 있다.

## 2. 시료도입부

· 가열시료 도입법: 기체, 휘발성 고체 또는 액체 시료를 가열하여 기체상태로 만든 다음 이온화부에 도입한다. 이때 기체상태를 유지하며 이온화부로 도입해야 하므로

이온화부까지의 통로부분을 적당한 온도로 가열하여 시료가 도중에 냉각되어 응축되는 것을 방지하여야 한다.

- 직접시료 도입법: 휘발성이 적고 열에 약한 시료의 경우 이온하부의 고진공상태를 크게 변화시키지 않게 고안된 기구를 이용하여 시료를 직접 이온화실에 도입한다. 시료의 온도를 잘 조절할 수 있도록 온도 조절장치를 가지고 있다.
- 크로마토그래피의 직접도입법: 질량분석법은 유기화합물의 분자량과 구조에 관한 정보를 주는 분석법이다. 유기화학 분야뿐만 아니라 생화학, 환경화학, 의약-약학, 천연물화학, 화학공업 등 다양한 분야에 있어서 없어서는 안될 기기 분석 수단이다. 그러나 이의 약점으로 혼합물의 경우에는 혼합물의 각 성분으로부터 생성된 여러 fragment ion들이 모두 검출되므로 혼합물의 분석이 곤란하다는 점을 들 수 있다. 그래서 이의 약점을 해결하기 위하여 혼합물의 정성, 정량분석 방법이 뛰어난 각종 크로마토그래피와 직접 결합하여 사용하는 방법이다. 크로마토그래피에서 분리된 각 성분의 질량스펙트럼을 측정하는 것으로 즉, 크로마토그래피의 UV 검출기 대신 질량분석기가 검출기로 사용되는 것이다. 대표적으로 기체크로마토그래피-질량분석법(GC-MS)과 액체크로마토그래피-질량분석법(LC-MS)을 들 수 있다.

## 3. 서론

질량을 측정하기 위해서는 우선 시료분자를 이온화시키지 않으면 안된다. 이온화는 일종의 화학반응으로 볼 수 있으며, 그 방법에 따라 얻어지는 질량 spectrum에는 차이가 있으므로 spectrum의 해석에 있어서 사용한 이온화법의 특징을 사전에 이해해둘 필요가 있다. 여기서는 유기화합물의 분석에 상용되고 있는 EI, CI, FD, FAB, SIMS에 대하여 간단히 살펴보기로 한다. 이외에도 ESI, TSI, APCI 등의 여러 이온화법이 있다(〈표 3-8〉 참조).

### 1) EI(electronionization -전자이온화법)

가장 오래된(1921년 개발) 일반적인 이온화 방법으로 안정하며 재현성이 좋은 이온원을 제공한다. 이 이온화법에 의한 spectrum data의 축적은 대단하며, spectrum의 해석법 즉, fragment ion pattern의 일반규칙도 알려져 있다. 고온(100-300℃), 고진공($10^{-5}$-$10^{-6}$ Torr)의 이온화실에서 기화된 시료분자에 약 70eV의 energy를 갖는 전자선을 충격시켜 이온화시킨다. 이 조건에서 ion의 생성율이 최대이고 시료의 분자구조를 특징짓는 다양한 종류의 ion이 생성된다. 분자이온이 불안정하여 분자이온 peak가 작거나 감지되지 않을 경우에는 대부분의 유기분자의 이온화 에너지(IE-ionization energy)에 가까운 10eV 전후의 전가 beam으로 이온화시키면 분자이온 peak가 잘 나타난다. 열전자의 energy가 분자이온의 결합 해리 energy 이상이 되면 fragment ion이 생성되며, 이때의 전압을 출현전압(AP-appearance potential)이라 한다.

### 2) CI(chemical ionization-화학이온화법)

Soft 이온화법의 대표적인 방법이다. Methane 이나 isobutate, ammonia와 같은 반응가스(또는 시약가스)를 약 1Torr에서 전자 충격시키면 반응가스의 이온화와 계속해서 이온분자 간의 반응에 의해 이차반응이온이 생성한다. 예를 들어 methane의 경우에는 $CH_5^+$, $C_2H_5^+$, $C_3H_5^+$ 등이 생성된다. 생성된 이차반응이온들이 기화된 기체상태의 시료분자 M에 대해 Lewis acid 또는 Bronsted acid로 작용하여 $[M+H]^+$, $[M-H]^+$ 등의 이온을 생성한다.

$$M + CH_5^+ \rightarrow [M+H]^+ + CH_4$$
$$M + C_2H_5^+ \rightarrow [M+H]^+ + C_2H_4$$
$$M + C_2H_5^+ \rightarrow [M-H]^+ + C_2H_6$$

결국 CI 반응제어는 양성자의 부가, 시약기체의 부가 및 수소의 이탈에 의해 시료분자로부터 유사분자이온(quasi molecular ion, $QM^+$)이 생성된다. $QM^+$은 EI에서 생긴 $M^+$ 이온과는 다르고 홀수전자를 가지는 안정한 이온이고 이온화과정에서 결합의 끊어짐이 생기기 어렵다. 따라서 $QM^+$의 상대세기가 크고 fragment ion이 적은 단순한 spectrum이 얻어진다. $[M+H]^+$ 이온생성의 용이함의 정도는 시료분자 M과 반응가스분자의 proton 친화력(PA)의 차이에 의존하며 M의 PARK 반응가스분자의 PA보다 크지 않으면 안 된다. 따라서 M의 PA에 대응하는 반응가스의 선택을 필요로 한다.

〈표 3-8〉 여러 종류의 질량측정 방법의 예

| 각종 이온화법의 비교 | | |
|---|---|---|
| 이온화법 | 특 징 | 적 용 |
| EI electron impact ionization | - 다수의 fragment ion이 관찰됨<br>- fragment ion의 개열양상으로부터 구조추정이 가능<br>- 조작이 간단하고 재현성이 좋음 | 일반 유기화합물 |
| CI chemical ionization | - 1% 정도의 시료를 함유한 반응가스를 이온원에 도입<br>- fragment peak가 작다.<br>- EI법에 비해 100배 정도의 감도 | EI법으로 분자이온 peak를 감지하기 어려울 때 |
| FD field desorption | - 시료용액을 emitter상에 도포해서 용매를 제거 후 이온화에 이용<br>- fragment peak가 상당히 작다.<br>- 극성이 높은 시료는 흡착에 이용한 용매로부터 proton 이동으로 $[M+H]^+$ 생성이 용이 | 난휘발성화합물<br>불안정한화합물<br>- 생체관련화합물 |

| 각종 이온화법의 비교 | | |
|---|---|---|
| 이온화법 | 특 징 | 적 용 |
| FAB fast atom bomb bardment<br>SIMS secondary ion mass spectrometry | - 시료용액을 glycerin등의 matrix에 용해시켜 이온화<br>- matrix로부터 유래된 peak가 spectrum에 나타나므로 주의 요함<br>- 일반적으로 FAB, SIMS법으로 얻어지는 spectrum은 별 차이 없음<br>- FD법과 FAB, SIMS법의 선택은 일반적으로 시료가 용해되는 용매에 의함. $CH_3Cl$, EtOAc 등에 녹으면 FD, alcohol이나 물, DMSO에 쉽게 녹으면 FAB나 SIMS가 일반적 | - 약물과 그 대사물<br>- 고분자화합물<br>- 유기산의 염 |

3) FD 이온화(field desorption ionization)

직경 10㎛ 정도의 tungsten 선상에 미세한 침상 carbon(또는 silicon) 결정을 석출시킨 방출기(emitter)에 시료를 부착시켜 놓고 고 전기장하(10KV)의 방출기에 전류를 흘려보내면서 가열한다. 어느 일정 온도에 도달하면 시료분자는 금속의 뾰족한 부분에 전자를 빼앗기고 이온화하여 양이온이 방출기로부터 이탈하여 이온흐름(ion beam)을 형성한다. 이 방법을 FD법이라 하며 시료를 기화시킬 필요가 없기 때문에 휘발성이 적은 물질이나 열에 불안정한 시료에 유효하다. 휘발성 물질에서는 $M^+$ 이온이, 난 휘발성물질에서는 $[M+H]^+$나 $[M+Na]^+$ 이온의 생성이 용이하다. 무극성 화합물의 경우에 FAB 보다 유리하다.

4) FAB(fast atom bombardment-고속원자충돌법)

EI로 생성된 $Ar^+$ 이온을 수 keV로 가속시켜 Ar 중을 통과시키면 전하교환 반응에 의해 중성의 고속Ar 원자흐름(beam)이 얻어진다. Glycerin과 같은 고비점, 고점도의 액체(matrix)에 용해시킨 측정 대상 화합물에 고속원자beam을 충돌시키면 $M^+$ 대신에 $[M+H]^+$나 $[M+Na]^+$, $[M+K]^+$, $[M+glycerin]^+$이 생성된다. FD와는 다르게 분자량 10,000 정도의 극성 화합물(생체시료 등)의 측정이 가능하다. 분자이온의 확인을 위하여 Na 이온이나 K 이온을 첨가하여 측정한다. 특히 고분해능 질량분석계와 결합시키면 분자식을 구하는 것도 가능하다.

## 4. Spectrum의 해독

- Spectrum의 최고 질량부의 peak군으로부터 질량분석법에서 가장 중요한 정보라 할 수 있는 분자이온 peak를 찾는다.

- 이온화 전압을 낮게 해서 얻은 spectrum에서는 각 fragment ion peak가 작게 나타나지만 상대적으로 분자이온 peak의 강도는 강하게 나타난다.
- 가정한 분자이온의 질량 M에 대하여 (M-4)~(M-14), (M-21)~(M-25), (M-37), (M-38)의 fragment ion은 유기화학 적으로 생각할 수 없는 질량이다. 그리고 (M-19)는 F를 포함한 화합물에서만 가능하다.
- 시료분자 중에 N원자의 유무와 홀수개 함유 또는 짝수개 함유를 알 수 있다.
- 분자이온 peak의 안정성 순번: 방향족〉 공역 olefin〉 지방족고리화합물〉 직선형탄화수소〉 mercaptan〉 ketone〉 amine〉 ester〉 ether〉 carboxylic acid〉 side chain형 탄화수소〉 alcohol
- 동위체 이온 peak의 강도로부터 분자의 원소조성을 추정할 수 있다.
- Fragment ion peak의 질량으로부터 가능한 분열 양식을 적용시켜 분자구조를 조립할 수 있다.

## 5. 화합물의 형태와 분열양식

간단한 화합물에 대해서는 분열이나 전위의 형식을 익혀둘 필요가 있다. 화합물의 type 별로 대표적인 예를 들어 간단히 설명하면 다음과 같다.

| *일반적으로 어떤 결합으로부터 어떤 fragment ion이 생성되기 용이 한가는 다음과 같은 요인에 기인하다. |
|---|
| 1) 결합의 상대강도(결합 energy) |
| 2) 생성되는 이온의 안정성-3급 이온을 생성하는 분열이 용이 |
| 3) 방출되는 중성 fragment ion의 안정성-$H_2O$, CO, $CO_2$, $SO_2$, ROH, HX 등을 방출하는 분열이 용이 |

### 1) 포화탄화수소

- 일반적으로 $M^+$의 확인이 가능하며, $R_3C^+$에 대응하는 $C_nH_{2n+1}$이 주 peak로 나타난다. $CH_3$가 떨어져 나간 (M-15) $[M-CH_3]^+$은 극히 약하거나 잘 나타나지 않는 경우가 많고 $CH_2$를 단위로 하는 14질량의 규칙적인 fragment가 나타난다.
- Side chain을 가진 탄화수소에서는 $C_nH_{2n+1}{}^+$ 이온군 중에서 side chain 부분이 갈라져 나간 fragment ion peak가 강하게 나타난다(Side chain이 갈라져나간 부분에 양전하가 남으면 2급 또는 3급 이온이 되어 안정화되기 때문).
- 일반적으로 m/z 43, 57이 base peak로 나타남(m/z 43 fragment ion은 protonated cyclopropane 구조에 의해 안정화되기 때문).

### 2) 불포화탄화수소

- $C_nH_{2n+1}$에서부터 차례로 $CH_2$가 떨어져 나간 fragment ion이 주 peak로 나타남.

- McLafferty 전위가 일어남.
- 2중 결합이 6원환에 포함되어 있을 때는 다음과 같은 분열반응이 우선적으로 일어남 (역 Diels-Alder 분해)
- 방향족 탄화수소에는 $M^+$ 이온이 세게 잘 나타남

| 전위 ion<br>Fragment에는 분자이온 또는 fragment ion과 같은 단순한 결합의 분열에 의한 것 뿐만이 아니라 전위반응에 의해 생성되는 것으로 생각되는 fragment가 상당히 있으며 잘 나타나는 예로는 다음과 같은 수소의 분자내 전위가 있다.<br>(a) McLafferty 전위: 6원환전위상태를 거쳐 수소가 전위<br>(b) 4원환전위상태를 거치는 전위 |
|---|

### 3) 지방족 alcohol

- $\alpha$-결합의 분열($\alpha$-분열): 산소의 양전하를 중화시키기 위하여 $\alpha$-결합의 가전자가 흘러가서 결과적으로 $\alpha$-결합이 약하게 된다고 생각됨.
- $H_2O$의 이탈
- McLafferty 전위
- $\alpha$-분열로 생성된 fragment ion의 4원환 전위상태를 거치는 전위

### 4) 지방족 thiol

- 알코올과 거의 같은 양상으로 분열
- S의 동위원소의 존재에 의해 $[M+2]^+$가 잘 나타남

### 5) 지방족 ether

- $\alpha$-분열
- 가장 무거운 alkyl 기가 우선적으로 분열하며, 다른 alkyl 기나 수소가 떨어져 나간 fragment ion도 생성됨
- $\alpha$-분열로 생성된 fragment ion의 4원환 전위상태를 거치는 전위
- 탄소-산소 결합의 단순분열

### 6) 지방족 ketone 및 aldehyde

- $\alpha$-분열
- McLafferty 전위
- 수소전위를 동반하는 $\beta$-분열
- 수소전위를 동반하지 않는 $\beta$-분열

7) 지방족 carboxylic acid, ester, amide

- $\alpha$-분열
- McLafferty 전위: 구조에 따라 다음과 같은 이중 McLafferty 전위가 일어남.

8) Alkyl halide

- Cl, Br 함유 화합물은 다량의 동위체에 의해 특징적인 분자이온 peak가 생성
- Halogen-carbon 결합의 분열
- $\alpha$-분열
- $C_4H_8X^+$ 이온(X=Cl, Br)의 생성

9) 방향족 화합물

- 분자이온 peak가 강하게 나타나는 특징이 있으며, 지방족 화합물보다 spectrum이 단순하다(방향환이 양전하를 안정화시킴)
- 방향환에 대한 $\beta$-위치의 탄소-탄소 결합분열
- McLafferty 전위
- Benzene환이 열려 저 질량의 fragment ion peak가 약하게 나타남.
  방향족 화합물에서 잘 나타나는 fragment ion으로 $C_6H_5^+$(m/z 77), $C_6H_6^+$(m/z 78), $C_7H_7^+$(m/z 91), $C_7H_8^+$(m/z 92), $C_6H_5CO^+$(m/z 105), $CH_3$-$C_6H_4CH_2^+$(m/z 105) 등이 있다.

10) 실제 mass spectrum 예

상기 여러 경우의 mass spectrum을 〈표 3-9〉에 나타내었다.

〈표 3-9〉 고분자질량분석의 특성

| Exact Masses of Isotopes | | | | |
|---|---|---|---|---|
| Element | Atomic Weight | Nuclide | Mass | Relative Abundance |
| Hydrogen | 1.00794 | $^{1}H$<br>$^{2}H(D)$ | 1.00783<br>2.01410 | 100<br>0.016 |
| Carbon | 12.01115 | $^{12}C$<br>$^{13}C$ | 12.00000<br>13.00336 | 100<br>1.11 |
| Nitrogen | 14.0067 | $^{14}N$<br>$^{15}N$ | 14.0031<br>15.0001 | 100<br>0.38 |

| Exact Masses of Isotopes | | | | |
|---|---|---|---|---|
| Element | Atomic Weight | Nuclide | Mass | Relative Abundance |
| Oxygen | 15.9994 | $^{16}O$ | 15.9949 | 100 |
| | | $^{17}O$ | 16.9991 | 0.04 |
| | | $^{18}O$ | 17.9992 | 0.02 |
| Fluorine | 18.9984 | $^{19}F$ | 19.9984 | 100 |
| Silicon | 28.0855 | $^{28}Si$ | 27.9769 | 100 |
| | | $^{29}Si$ | 28.9765 | 501. |
| | | $^{30}Si$ | 29.9737 | 3.35 |
| Phosphorus | 30.9738 | $^{31}P$ | 30.9738 | 100 |
| Sulfur | 32.066 | $^{32}S$ | 31.9721 | 100 |
| | | $^{33}S$ | 32.9715 | 0.78 |
| | | $^{34}S$ | 33.9679 | 4.40 |
| Chloride | 35-4527 | $^{35}C$ | 34.9689 | 100 |
| | | $^{37}C$ | 36.9659 | 32.5 |
| Bromine | 79.9094 | $^{79}Br$ | 78.9183 | 100 |
| | | $^{81}Br$ | 80.9163 | 98.0 |
| Iodine | 126.9045 | $^{127}I$ | 126.9045 | 100 |

## 6. 고분해능 질량분석(High resolution mass spectrometry)

Double focusing mass spectrometer를 이용하여 이온의 질량수를 소수점 4자리까지 측정하여 그 이온의 조성을 정확하게 결정하는 방법. 이 방법은 질량분석에서 $^{12}C$의 질량을 12.00000으로 하였을 때 각 원소 및 그 원소의 안정한 동위체의 상대질량을 이용하여 이온의 질량 m을 구하기 때문에 질량의 정수부분이 같아도 원소의 조성이 틀리면 소수점 이하 부분이 틀리기 때문이다.

- $N_2H_4$ = 32.0375, $CH_4O$ = 32.0262
- $C_{43}H_{50}O_6N_4$ = 718.373 $C_{42}H_{46}O_7N_4$ = 718.337

# Chapter 4 데이터베이스의 활용

## 1 서 론

전술한 바와 같이 다양한 분리정제용 수지(resin)를 이용하여 목적으로 하는 활성물질을 정제한 후 생물학적, 물리화학적 특성을 어느 정도 파악하게 되면 물질에 관한 신규성 여부를 각종 database를 활용하여 확인하여야 한다. 사용할 database는 가능한 한 활성물질의 성질에 관한 정보가 많을수록, 그리고 정확할수록 그 결과에 대한 신뢰성이 높아지겠지만 특히 UV 흡수특성, 분자량, 분자식 등에 관한 실험결과가 얻어지면 한 두 가지 정보만으로도 database를 빨리 활용하는 것이 필요하다. Database 안에 수록된 생리활성물질의 일반적인 특성들을 〈표 4-1〉에 나타내었다. 활성물질탐색의 초기단계부터 물질 database를 자주 활용하여야만 많은 노력을 들여서 기지물질을 재 탐색하는 잘못을 적게 범할 수 있다.

현재 세계적으로 신물질탐색을 위하여 사용중인 물질 database는 여러 가지가 있으며 이 중에는 각 연구자들이 독자적으로 개발한 것도 많이 있고 그 내용도 여러 가지가 있다. 여기에서는 신물질탐색을 하는 데 있어서 탐색 단계에서 활용이 가능한 database 중 상업적으로 접근이 가능한 것에 국한하여 몇 가지 소개하기로 한다.

〈표 4-1〉 Characteristics included in the antibiotic database

| | |
|---|---|
| Antibiotic name, synonyms | |
| Chemical group | Chromatography(PPC, TLC) |
| Chemical formula | Stability |
| Elementary analysis | Test organisms |
| Structure | Toxicity data |
| Producing organisms | Activity |
| Molecular/Equivalent weight | Isoation method |
| Appearance | : Filtration |
| Optical roation | Extraction |
| Melting point | Ion-exchange chromatography |
| Ultraviolet spectra | Adsorption chromatography |
| Solubility | Crystallization |
| Color reaction | |

## 2 활용 방법

### 1) KMC(Kitazato Microbial Chemistry)-Plus database

이 database는 일본 Kitazato 연구소에서 개발한 것으로서 USACO사에서 판매를 담당하고 있다. 방선균, 곰팡이, 세균, 해양생물 등으로부터 분리된 17,000여건(1993년 현재)의 각종 생리활성물질에 관한 생물학적, 물리적, 화학적 정보를 망라한 것이다.

J. Antibiotics 등 30여 전문학술지, chemical abstracts 등 3종의 2차 자료, 관련 연구소의 연보 5종 그리고 각종 특허자료로부터 입수된 각 신규물질에 대한 물질 명, 생산 균주, 분자식, 분자량, UV 흡수특성, 생리활성 등 총 14항목의 정보가 입력되어 있고 이 중 8항목에 대하여 단수 또는 복수로 검색이 가능하다. 그리고 어느 정도의 오차범위를 지정하여 검색할 수 있어 탐색 연구 시 활성물질의 신규성 확인에 유용한 database이다. 매년 2회씩 update 되고 있다.

### 2) ACTFUND(Antibiotics from Actinomycetes & Fungi Database)

이 database는 일본의 한 연구자가 개인적으로 개발하였는데 Technomics사에서 판매를 담당하고 있다. KMC-Plus database와 유사하나 방선균과 곰팡이에서 분리된 8,000여 생리활성물질(1992년 현재)에 관한 총 18항목의 정보가 입력되어 있고 세균 등에서 분리된 물질에 관한 정보는 없다. UV 흡수특성, 분자식, 분자량 등 7항목에 대하여 검색이 가능하며 UV 흡수특성에 있어서는 오차범위의 지정이 가능하고 매년 1회씩 update 되고 있다.

3) BNPD(Bioactive Natural Products Database)

이 database는 헝가리의 Institute of Drug Research에서 개발되어 Szenzor사에서 판매를 담당하고 있다. 미생물유래 10,900건, 식물유래 3,800건, 동물유래 1,100건, 해양생물유래 700건 등 총 16,500건(1989년 현재)이 물질 명, 상업적 물질 명, 분자식, 분자량, 원소분석, 생산 균주, 광학활성도, UV 흡수특성, 용해도, 항균활성 등 총 21항목으로 나누어 입력되어 있으며 항목별 검색이 가능하다.

4) Chapman & Hall Chemical Database(Dictionary of Natural Products)

Chapman & Hall 출판사의 Dictionary of Natural Products를 1장의 CD-ROM에 수록한 것이다. 33,500개의 목록 속에 체계화된 105,000개 이상의(1995년말 현재)의 각종 천연물에 관한 정보와 name index, molecular formula index, CAS(Chemical Abstract Services) index, species index, type of compound index로 나누어 입력되어 있다. 각 항목별로 검색이 가능하고 특히 활성물질의 부분구조나 골격을 알고 있는 경우의 검색에 유용하다. 매년 update되고 있다.

# 제II부 총론

## 화장품 소재의 분리 및 구조결정

1. 유지·왁스·탄화수소류
2. 에스테르·알코올류
3. 보습제
4. 계면활성제
5. 색재류
6. 효소, 생체 유래 성분
7. 식물 유래 성분
8. 수용성 고분자
9. 첨가제(비타민, 호르몬 등)
10. 기타

Chapter 1

# 유지·왁스·탄화수소류

## 1 호호바유(Jojoba oil)

### 1. 물성

성상 무색-황색의 투명한 액체로서 냄새는 없거나 약간의 특이한 냄새가 있다.

| | |
|---|---|
| 비 중 | 0.859-0.869(제 1법) |
| 굴절율 | 1.464-1.469 |
| 산 가 | 1 이하(제 1법, 5g) |
| 검화가 | 88～98 |
| 요소가 | 77～87 |

### 2. 개요

호호바유는 호호바의 종자로부터 얻어지는 액상 에스테르유이다. 호호바는 미국서남부 및 멕시코북부의 사막지대에 자생하고 있는 관목이지만 최근에는 재배가 대규모로 이루어져 가격도 떨어지고 있다. 호호바유는 원주민에 의해 옛날부터 피부의 치료제로 사용되어져 왔고, 각종 약용의 목적으로 사용되어지고 있다. 현재에도 인디언은 상처의 아픔을 억제해주는 진통제로서 이용하고 있다. 호호바유는 다른 식물유와는 다르게 천연식물성 유지로서 유일하게 액상 에스테르유이다. 불포화고급지방산과 불포화고급알코올의 에스테르 혼합물이고 탄소수의 합계가 34-50에 이르고, 탄소수 38-44의 에스테르가 전체의

95% 이상을 차지하고 있다. 주성분은 탄소수 42의 도코세닐에이코세노에트이다(37%, 〈표 1-1〉 참조).

또 호호바유는 마우스에 대한 급성독성시험결과, 생리적 한계를 훨씬 초월한 투여량에서도 사망한 예가 없고, 또한 눈 점막 자극이나 피부자극성도 없는 매우 안정성이 높은 유지이다. 또한 호호바유는 산화가 어렵고 내온성이 매우 우수하다. 285℃까지 반복 가열하거나 혹은 370℃에서 4일간 가열해서도 거의 변화하지 않는다. 더욱이 점도의 온도 변화가 거의 없는 유지이다.

〈표 1-1〉 호호바유의 지방산과 알코올의 결합상태

| 탄소수 | 알코올/지방산 | % | 탄소수 | 알코올/지방산 | % |
|---|---|---|---|---|---|
| 34 | 18/16 | 0.1 | 42 | 18/24 | 1.5 |
| | | | | 20/22 | 10.5 |
| | | | | 22/20 | 37.0 |
| | | | | 24/18 | 1.0 |
| 36 | 18/18 | 0.1 | 44 | 20/24 | 0.9 |
| | 20/16 | 1.8 | | 22/22 | 2.1 |
| | | | | 24/20 | 7.0 |
| 38 | 16/22 | 0.2 | 46 | 24/22 | 0.8 |
| | 18/20 | 1.0 | | | |
| | 20/18 | 5.4 | | | |
| | 22/16 | 0.2 | | | |
| 40 | 16/24 | 0.6 | 48 | 24/24 | 0.1 |
| | 18/22 | 1.5 | | | |
| | 20/20 | 24.3 | | | |
| | 22/18 | 3.6 | | | |
| | 24/16 | 0.3 | | | |

## 3. 응용

천연 식물유로서 안전성, 안정성, 감촉 면에서 우수하고, 기초화장품을 중심으로서 유상원료로서 널리 사용되고 있다.

호호바유는 다른 식물유에 비해 유성감이 적은 유지로서, 피지의 한 성분인 왁스에스테르의 구조를 갖고 있기 때문에, 피부와 친숙하기 쉽다. 그 때문에 유액, 크림, 바디오일, 핸드로션 등의 스킨케어 제품, 립스틱, 파운데이션 등의 메이크업 제품에 유상성분으로서 사용되고 있다. 또 샴푸, 린스, 비누 등의 첨가 유분으로도 사용되어진다. 호호바유는 여드름 치료에 효과가 있는데, 이것은 피지와 유사한 호호바유를 피부에 도포함으로서 피지선에서 피지의 분비를 억제한다는 사실에 기인하고 있다.

또한 호호바유는 비듬을 방지하는 효과도 있고 모발의 성장을 촉진한다고도 한다. 이것은 호호바유가 두피에 흡수가 쉽고 피부의 유연성을 주어 피지의 과분비를 억제하기 때문이다. 호호바유는 포경 금지에 의한 고래유의 대체품으로서 주목을 받고 식물자원으로서 계획재배가 가능하고, 가격도 안정해지고 있다. 뿌리가 강한 천연지향에 어울리고 덧붙여서 피부과학적으로도 피지와 유사해서 안전성, 안정성 면에서도 우수하다고 생각되어지며 호호바유는 앞으로 화장품용 유상성분으로서 중요한 한 성분으로 생각된다.

## 2 마카데미아 너트유(Macadamia nut oil)

### 1. 물성

성상 염황색 액체로써 약간은 대두유의 냄새가 있다.

| | |
|---|---|
| 비 중 | 0.909-0.915(제1법) |
| 굴절율 | 1.467-1.470 |
| 점 도(20°) | 65-75cps(제 2법) |
| 산 가 | 0.5 이하(제 1법, 5g) |
| 검화가 | 192-198 |
| 요 산 | 73-78 |
| 불검화물 | 1.5% 이하 |

### 2. 개요

마카데미아유는 호주을 원산지로 하는 상록 중고목으로 마카데미아 나무의 과실로부터 얻어지는 액상유이다. 과실은 그대로, 또는 지방분과 유분으로 분산해서 식용으로 이용되고 있다. 마카데미아유는 식물유 트리글리세라이드로서 그 구성지방산의 주성분은 올레인산이다. 그러나 25%에 이르는 팔미트레인산을 함유하고 있고 다른 식물유에서는 볼 수 없는 특징을 갖고 있다(〈표 1-2〉 참조).

〈표 1-2〉 마카데미아 너트유 지방산 조성 예

| 포화지방산 | | 불포화지방산 | |
|---|---|---|---|
| 미리스틴산 | 0.55% | 팔미트레인산 | 24.59% |
| 팔미틴산 | 7.76 | 올레인산 | 56.98 |
| 스테아린산 | 2.53 | 리놀산 | 2.12 |
| 아라킨산 | 2.12 | 곤도인산 | 2.30 |
| 베헨산 | 0.66 | | |

〈그림 1-1〉에 나타난 것과 같이 마카데미아 너트유의 지방산성분은 피지의 글리세라이드의 지방산성분과 아주 비슷해서, 피부에 잘 맞는 유성이다. 또 리놀산은 소량이 들어 있으나 리놀렌산을 함유하지 않기 때문에 산화에 대해 안정하다.

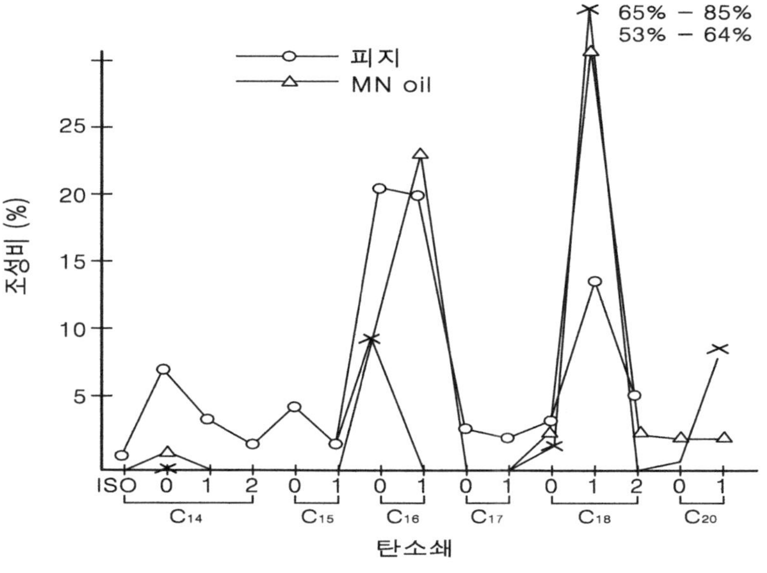


〈그림 1-1〉 마카데미아 너트유, 피지의 글리세라이드의 지방산조성비

## 3. 응용

주로 스킨케어 제품의 유상성분으로서 이용되고 있고 최근 피지에 가깝고 촉감이 좋은 유분으로서 주목받고 있다. 마카데미아 너트유에 다량으로 함유되어 있는 팔미트레인산은 피부의 노화와 매우 관계가 깊다. 즉 젊은 피부에는 팔미트레인산이 많이 함유되어 있으나 30대를 지나면서 연령과 함께 감소한다.

게다가 팔미트레인산이 뇌졸중을 방지한다는 것이 최근에 발표되고 있다. 시마네 의과대학의 이에모리(家森幸南) 교수 등의 발표에 의하면 뇌졸중 랏트를 사용한 실험에서, 팔미트레인산은 혈관벽 세포에 침투하여 괴사되고 있는 혈관을 재생시킬 수 있는 활성화 영양물로 전환하는 것으로 확인하였다.

팔미트레인산은 고래유, 청어유, 유지방, 올리브유, 어유 등에서도 1~10% 정도 함유되어 있으나, 마카데미아 너트유 만큼 많이 함유되어 있는 것은 없어서, 화장품용 유상원료로서 단순히 촉감이 우수한 것 뿐만 아니라 여러 가지 역할이 기대되고 있다.

최근에는 피부과학적 관점에서 화장품원료의 재평가가 행하여지고 있으나, 마카데미아유는 새로운 평가를 받고 있다. 앞으로 보다 수요가 늘 것으로 생각되며 건강식품으로서도 최적의 유분으로 각광을 받을 것 같다.

# 3 아보카도유(Avocado oil)

## 1. 물성

성상 염황색-암록색의 투명한 유액으로 약간은 특이한 냄새가 있다.

| | |
|---|---|
| 비 중 | 0.905-0.923(제1법) |
| 굴절율 | 1.460-1.474 |
| 산 가 | 5 이하(제1법, 5g) |
| 검화가 | 180-200 |
| 요소가 | 65-110 |
| 불검화물 | 4% 이하 |

## 2. 개요

아보카도유는 아보카도나무(*Persea American* Mill)의 열매로부터 착유한 기름이다. 불포화지방산을 주체로 한 트리글리세라이드이고 특히 올레인산을 80% 전후 함유하고 있다(〈표 1-3〉 참조). 아보카도유는 다른 식물유와 비교해서 비타민류를 많이 함유하고 있고 비타민 A, D, E, 피토스테롤 등을 함유하고 있다. 또 아보카도유는 자외선 흡수작용을 갖고 있다. 아보카도유와 다른 식물유의 자외선 흡수력 비교를 〈표 1-4〉에 나타내었다. 아보카도유는 안전성과 산화안정성이 높은 기름이다.

## 3. 응용

아보카도유는 각종 비티민을 함유하고 있으며 또한 각종 피토스테롤을 함유하고 있기 때문에 화장품 원료로서 우수한 유상성분이라고 말할 수 있다. 크림, 유액 등의 스킨케어 제품의 유상성분으로서 비누(특히 베이비 소프)의 첨가유지제로서 사용되고 있다. 또 이 자외선 흡수 효과를 이용해서 썬텐 오일의 기본재료로 사용되고 있다. 샴푸, 린스, 트리트먼트 컨디셔닝제로서도 사용되고 있다.

〈표 1-3〉 아보카도유의 지방산조성

| 지방산 종류 | 조성비(%) |
|---|---|
| 팔미틴산 | 4-16 |
| 팔미트레인산 | 0.5-7 |
| 스테아린산 | 0-흔적 |
| 올레인산 | 64-90 |
| 리놀산 | 2-12 |
| 리놀렌산 | 0-흔적 |
| 아라키돈산 | 0-흔적 |

〈표 1-4〉 아보카도유와 다른 식물유의 자외선 흡수력의 비교

| 식 물 유 | 흡 수 력 |
|---|---|
| 아보카도유 | 100 |
| 아몬드유 | 84 |
| 면실유 | 68 |
| 땅콩유 | 48 |
| 대두유 | 33 |
| 사플라워유 | 22 |

## 4 포도유(Grape seed oil)

### 1. 물성

성상 황색 투명한 유액으로서 약간은 특이한 냄새가 있다.

| | |
|---|---|
| 비 중 | 0.917-0.925(제1법) |
| 굴절율 | 1.475-1.478 |
| 산 가 | 0.5 이하(제 1법, 5g) |
| 검화가 | 187-200 |
| 요소가 | 135-150 |

### 2. 개요

포도유는 포도주에 사용되어지고 있는 포도의 종자로부터 착유한 기름을 정제한 것이다. 리놀산을 주성분으로 하는 트리글리세라이드로서 다른 식물유와 비교해서 토코페롤 함유량이 많은 기름이다. 유럽에서는 매우 오래 전부터 식용유, 조리용기름으로 사용되고 있다. 다른 식물유와 비교해서 토코페롤을 많이 함유하고 있으므로 기름의 안전성이 높다. 포도유의 지방산조성은 다음과 같다. 팔미틴산 5-8%, 스테아린산 2-6%, 올레인산 15-19%, 리놀산 68-74%로 리놀산을 다량으로 함유하고 있기 때문에, 매우 가볍고 상쾌한 감촉을 주는 기름이다.

### 3. 응용

유럽이나 미국에서는 기초화장품의 유성성분으로 사용되어져 왔으나, 일본에서도 최근 사용되기 시작했다. 특히 미국에서는 하이포아렌겐 크림에 널리 배합해서 자극성과 알레르기성이 없는 기름으로서 사용되고 있다.

덧붙여서 포도를 생각나게 하는 향, 포도주에서 연상되는 고급 이미지와 토코페롤 함유량이 많은 기름으로 피부 건강에 좋은 점과 합쳐져서, 스킨케어 제품의 유상원료로서 사용되고 있다. 리놀산을 함유량이 많기 때문에 콜레스테롤 제거에 효과가 있고 건강식품으로서 또는 병원에서도 사용되고 있다.

## 5 거북이유(Turtle oil)

### 1. 물성

성상 염황색-황색, 투명 혹은 백색의 유액으로 특이취가 있다.

| | |
|---|---|
| 비 중 | 0.912-0.922(제 1법) |
| 굴절율 | 1.460-1.475 |
| 산 가 | 1 이하 |
| 검화가 | 200-220 |
| 요소가 | 60-70 |

### 2. 개요

거북이유는 바다거북의 체지방 및 생식기관에서 채취한 기름을 정제한 것이다. 포화, 불포화지방산으로 된 트리글리세라이드가 주성분으로서 리놀산이 30-40%, 미리스트레인산, 팔미오레인산이 수 십 퍼센트 함유되어 있는 것이 특징이다. 약 2% 미만의 불검화물을 함유하고 스테롤, 스쿠알렌, 지질, $\alpha$-토코페롤 등을 함유하고 있다. 조유는 불쾌취가 있기 때문에 화장품에서는 탈겸, 탈색, 탈취, 미량의 물첨가처리를 한 정제품이 사용되고 있다. JCID-I 에 기록되어 있다. 피부 상에서의 퍼짐성, 피부내부로의 침투성이 뛰어나서 유효성분의 케리어로서도 유효하다. 물리화학적 특성, 지방산분포, 불검화물의 조성 및 비타민 E의 정량치은 〈표 1-5〉, 〈표 1-6〉, 〈표 1-7〉, 〈표 1-8〉에 각각 나타나 있다.

### 3. 응용

고도불포화지방산, 스테롤, 스쿠알렌, 비타민 E를 함유하고 있기 때문에 피부에는 유용하다고 생각되며 주름살을 펴고, 흡수성, 에모리엔트성을 기대한 각종 크림, 유액, 연고에 사용되고 있다. 그러나 화장품 원료로서 볼 경우 품질, 가격, 공급안정성 등의 문제가 있고 특수한 경우를 제외하고는 최근에서는 거의 사용되고 있지 않다.

〈표 1-5〉 거북이유의 물리화학적 특성

| 상 품 | 외 관 | 굴절율 | 산 가 | 검화가 | 요소가 |
|---|---|---|---|---|---|
| Ⅰ | 염황색, 투명 | 1.4673 | 1.05 | 201.16 | 67.3 |
| Ⅱ | 황색, 투명 | 1.4700 | 1.22 | 197.05 | 88.3 |
| Ⅲ | 황색, 혼탁 | 1.4718 | 0.80 | 196.20 | 90.8 |
| Ⅳ | 황색, 투명 | 1.4718 | 0.62 | 194.46 | 90.3 |
| Ⅴ | 염황색, 투명 | 1.4710 | 0.75 | 197.50 | 86.2 |

〈표 1-6〉 지방산 분포

| 상 품 | C12% | C14 | C14:1 | C16 | C16:1 | C18 | C18:1 | C18:2 | C18:3 |
|---|---|---|---|---|---|---|---|---|---|
| Ⅰ | 11.60 | 8.37 | 0.57 | 15.77 | 6.32 | 4.79 | 43.61 | 8.43 | 0.43 |
| Ⅱ | 7.53 | 5.30 | 0.32 | 13.78 | 5.04 | 4.08 | 29.55 | 30.44 | 3.96 |
| Ⅲ | 4.97 | 3.87 | 흔적 | 13.43 | 3.56 | 4.07 | 35.95 | 38.99 | 5.37 |
| Ⅳ | 4.28 | 3.13 | 흔적 | 13.80 | 2.53 | 2.59 | 28.93 | 43.88 | 0.84 |
| Ⅴ | 5.31 | 4.80 | 흔적 | 14.42 | 5.00 | 3.85 | 27.40 | 36.37 | 2.85 |

〈표 1-7〉 불검화물 및 토코페롤

| 상 품 | 불검화물% | 토코페롤mg/g |
|---|---|---|
| Ⅰ | 1.6 | 0.22 |
| Ⅱ | 1.4 | 0.16 |
| Ⅲ | 1.8 | 0.27 |
| Ⅳ | 1.9 | 0.25 |
| Ⅴ | 1.6 | 0.30 |

〈표 1-8〉 불검화물의 성분

| $R_f$ | 시 약 | 평 가 | 함 량 |
|---|---|---|---|
| 0-0.25 | 갈-자색 | 지질 | 약 30% |
| 0.29 | 자색 | 콜레스테롤 | 약 30% |
| 0.35 | 자색 | 세틸알코올 | 흔적 |
| 0.40 | 적-자색 | δ-토코페롤 | 흔적 |
| 0.45 | 황 | 동정가능 | 흔적 |
| 0.52 | 적-자색 | β-토코페롤 | 흔적 |
| 0.58 | 자색 | 동정가능 | 흔적 |
| 0.70 | 적-자색 | α-토코페롤 | 약 20% |
| 0.75 | 자색 | 스쿠알렌 | 약 20% |

# 6 밍크유(Mink oil)

## 1. 물성

성상 염황색의 투명한 유액으로서 약간은 특이한 냄새가 있다.

| | |
|---|---|
| 비 중 | 0.900-.0.925(제 1법) |
| 굴절율 | 1.467-1.472 |
| 산 가 | 1.0 이하(제 1법, 5g) |
| 검화가 | 190-210 |
| 요소가 | 75-90 |
| 불검화물 | 1.0% 이하 |

## 2. 개요

밍크는 학명으로 *Mustela vison*(Mustelidae)이며 이 피하지방조직으로부터 얻어진 지방유이다. 조유는 불쾌취가 있으므로 화장품에서는 탈껌, 탈산, 탈색, 미량의 물첨가 처리한 정제품을 사용한다. C16 및 C18의 포화, 불포화지방산을 주체로한 트리글리세라이드로 화장품에 사용되는 다른 동식물유지와 비교해서 팔미트레인산의 함유량이 높고, 저자극성인 것이 특징이다. 또 표면장력이 작고, 피부표면에서의 퍼짐성이 우수하다. 또 다른 물질과 상용성이 좋다. 〈표 1-9〉에 미정제유, 시판정제유의 지방산조성의 분석치를 나타내었다. 원료로 하는 지방을 밍크의 등 부분으로 한정하고 단일 추출공정으로 생산된 무색, 무취 정제품도 시판되고 있다.

## 3. 응용

천연물유래, 저자극성, 퍼짐성, 침투성을 특징으로 하는 화장품기초재료로 사용되고 있다. 일본에서는 썬텐 제제 및 두발 제제의 용도로 주로 사용되고 있으며 핸드로션, 보디로션, 에모리엔트크림, 두발용 광택제(에어졸), 바스 오일, 쉐이빙 크림(에어졸을 함유) 등에도 사용되고 있다.

〈표 1-9〉 밍크유의 지방산 조성의 예

| 지방산탄소수 | 미정제유 | | 정제 밍크유 | | |
|---|---|---|---|---|---|
| | 日興원료유(%) | 타사(외국,%) | 타사(외국,%) | 粧原基(%) | 日興밍크유(%) |
| C12 | 0.3 | | | | 0.7 |
| C14 | 5.9 | 3.0 | 3.5 | 5.0 | 4.7 |
| C14F1 | 1.2 | 0.8 | 0.6 | 1.0 | 1.3 |
| C15 | 0.2 | | | | 0.2 |
| C16 | 21.4 | 18.1 | 16.9 | 21.0 | 16.5 |
| C16F1 | 20.9 | 19.4 | 17.0 | 18.0 | 21.6 |
| C16F2 | 0.3 | | | | 0.2 |
| C17 | 0.5 | | | | 0.4 |
| C18 | 2.8 | 3.5 | 2.0 | 5.0 | 2.3 |
| C18F1 | 40.0 | 41.5 | 45.3 | 42.0 | 44.2 |
| C18F2 | 5.1 | 13.7 | 14.7 | 6.0 | 5.7 |
| C18F3 | 0.5 | 흔적 | 흔적 | | 흔작 |
| C20F1 | 1.9 | | | 2.0 | 2.2 |

## 7 오렌지 라피유(Orange roughy oil)

### 1. 물성

성상 무색-미황색의 투명한 유액으로서 냄새는 거의 없다.

| | |
|---|---|
| 비 중 | 0.862-0.872(제 1법) |
| 굴절율 | 1.463-1.468 |
| 산 가 | 1 이하(제 1법, 5g) |
| 검화가 | 98-108 |
| 요소가 | 73-83 |
| 수 분 | 1% 이하 |
| 강열잔분 | 0.1% 이하(제 1법, 10g) |

### 2. 개요

호주 남부, 뉴질랜드 주변, 주로 남반구의 심해(80-1000m)에 생존하는 빙어과의 어류(통칭 오렌지 라피)로부터 얻어지는 기름이다. 조유는 어취, 오렌지색이 강하므로 화장품에서는 탈껌, 탈산, 탈취, 미량의 물첨가 등으로 처리한 정제품이 이용되고 있다. JCID VI-10에 오렌지 라피유로 수록되어 있다. 주성분은 고급지방산과 고급알코올의 에스테르로서 탄소수 별 조성은 C30-C46에 분포하고 있다. 구성지방산, 알코올의 분석치는 〈표 1-10〉에 나타나 있다. 부위에 따라 함유율, 유조성은 다르다. 오렌지 라피 오일의 생산량은 확인되어있지 않지만, 약 3,500톤/년 정도의 생산은 가능할 것으로 예측된다. 따라서 부향유의 대체자원으로서 주목받고 있다. 또 호호바유와 탄소조성이 유사하고 감촉성이 우수하여 화장품의 유상기초재료로서 기대되어지고 있다.

## 3. 응용

정제 오렌지 라피유는 호호바유와 같이, 다른 동식물유지에서는 얻어지지 않는 독특한 감촉을 갖는 유상성분이다. 유액, 크림, 바디오일, 핸드로션 등의 스킨케어 제품, 립스틱, 파운데이션 등의 메이크업제품에 사용하면 팽창이 좋고, 부드럽고 깔끔한 촉감의 제품을 얻을 수 있다. 또 샴푸, 린스 등에 배합하면 모발을 부드럽게 한다. 오렌지 라피유를 완전 물첨가하면 고융점(66-70℃)의 왁스가 얻어진다. 크림에 배합하면 유성감이 적고 흰 광택의 제품이 얻어진다. 또 스틱제품에 소량 첨가하면 틱소트로피성을 주며 퍼짐성이 향상된다.

〈표 1-10〉 오렌지 라피 오일 분석치

| 지방 종류 | 탄소수 | 함유량 | 지방 종류 | 탄소수 | 함유량 |
|---|---|---|---|---|---|
| 지방산조성 (%) | C14 | 1.2 | 고급알코올 (%) | C14 | 2.0 |
| | C14:1 | 0.3 | | C15 | 0.4 |
| | C15 | 흔적 | | C15:1 | 흔적 |
| | C16 | 1.7 | | C16 | 20.4 |
| | C16:1 | 11.7 | | C16:1 | 1.9 |
| | C17 | 0.9 | | C17 | 0.5 |
| | C17:1 | 1.0 | | C17:1 | 0.8 |
| | C18 | 0.2 | | C18 | 5.4 |
| | C18:1 | 54.6 | | C18:1 | 15.2 |
| | C18:2 | 1.7 | | C18:2 | 0.4 |
| | C18:3 | 0.9 | | C18:3 | 0.4 |
| | C20:1 | 16.9 | | C18:4 | 0.2 |
| | C22:1 | 7.9 | | C20 | 0.4 |
| | C24:1 | 1.0 | | C20:1 | 27.2 |
| | | | | C22:1 | 20.7 |
| | | | | C24:1 | 3.9 |
| | | | | 미동정 | 0.2 |

# 8 밀랍(Beeswax)

## 1. 조성

밀랍의 조성은 천연품인 만큼 복잡하고 그의 개요를 나타내면 〈표 1-11〉과 같다.

〈표 1-11〉 밀랍의 조성

| 조성 \ 밀랍 | 유럽계(고산가) | 아시아계(저산가) |
|---|---|---|
| 왁스에스테르 | 62-72%<br>알코올 C24-C34<br>(지방산 C32, 이어서 C16이 많다) | 68-75% |
| 유리지방산 | 13-16% C16-C36(C24 주) | 5-9% C16-C34<br>(C32 이어서 C16이 많다) |
| 유리알코올 | 1-2% C24~C32<br>(C30이 많고 특히 저산가 밀랍은 약 70%을 점하고 있다) | |
| 탄화수소 | 10-14% C21-C35<br>(기수탄화수소가 주, 우수탄화수소는 극히 얼마되지 않음) | 16-21% C23-C35<br>(기수 및 우수탄화수소로부터 만들어지고 후자는 약 15%를 점하고 있다) |
| 기 타 | | 글리세라이드 약 4%함유<br>(C14, C16, C18) |

## 2. 성상

유럽계 밀랍과 아시아계 밀랍이 구성하고 있는 조성은 〈표 1-12〉와 〈표 1-13〉에 나타내었다.

〈표 1-12〉 유럽계 조밀랍의 성상

| 성상항목 | 최 대 | 최 소 | 평 균 |
|---|---|---|---|
| 산 화 | 35.8 | 16.8 | 19.2 |
| 검화가 | 149.0 | 89.3 | 96.7 |
| 요소가 | 16.4 | 6.8 | 10.2 |
| 융점(℃) | 65.0 | 62.0 | 64.0 |
| 응고점(℃) | 63.5 | 60.7 | 62.7 |
| 회분(%) | 0.037 | 0.005 | 0.019 |
| 굴절율 | 1.4527 | 1.4388 | 1.4407 |
| 비 중 | 0.970 | 0.927 | 0.953 |

〈표 1-13〉 아시아계 조밀랍의 성상

| 종 별 | 등 급 | 산 가 | 검화가 | 요소가 | 융점(℃) |
|---|---|---|---|---|---|
| Apis dorsata (n=23) | 최 대 | 10.2 | 105.0 | 9.9 | 67.0 |
| | 최 소 | 4.4 | 75.6 | 4.8 | 60.0 |
| | 평 균 | 7.0 | 96.2 | 6.7 | 63.1 |
| Apis florea (n=5) | 최 대 | 8.9 | 130.5 | 11.4 | 69.0 |
| | 최 소 | 6.1 | 88.5 | 6.6 | 63.0 |
| | 평 균 | 7.5 | 103.2 | 8.0 | 64.2 |
| Apis indica (n=7) | 최 대 | 8.8 | 102.5 | 9.2 | 64.0 |
| | 최 소 | 5.0 | 90.0 | 5.3 | 62.0 |
| | 평 균 | 6.8 | 96.2 | 7.4 | 63.0 |

## 3. 개요

밀랍은 꿀벌들이 꽃으로부터 모집한 당분을 효소작용에 의해 생화학적 과정을 경유해서 그 체내에서 만드는 것이다. 일벌은 하복부에 있는 분비샘에서 이런 왁스를 분비한다. 꿀벌은 많은 종류가 있고 세계 각 지역에 분포하고 있다. 현재 양봉업에서 사육되고 있는 꿀벌을 크게 분류하면 유럽계와 아시아계가 있다. 유럽계 꿀벌은 원산지가 유럽으로 고산가(산가 17-24)의 밀랍을 분비하기 때문에 몇 가지의 종*Species*가 있으나, 그 중 *Apis mellifera*는 사육 꿀벌이라고 부르며 최근에도 진화한 사회생활을 영위하고 있고 현재에도 세계 각지에서 사육하고 있다. 아시아계 꿀벌은 아시아가 원산으로 저산가(산가 5-9) 밀랍(Ghedawax라고 부름)을 분비하고 중국, 인도, 파키스탄, 인도네시아등의 산지에서 몇 종류가 있다. 밀랍을 채집하는 것은 여러 가지 방법이 있다. 밀랍은 간단히 이물질을 제거한 '황밀랍 Cara Flava'과 탈색한 '백밀랍 또는 건조밀랍 Cara Alba'이 있지만 현재에는 보다 탈취한 밀랍이 일반적으로 사용되어지고 있다(〈그림 1-2〉 참조).

탈색에는 일반적으로
(a) 천일표백
(b) 흡착탈색(활성탄, 활성백토에의함)
(c) 화학탈색(오존산화를 함유한 산화탈색)
(d) 위의 방법을 조합하여 사용하는 방법 등

위와 같은 방법이 있지만 산지에 따라 탈색에 어려운 점이 있다.

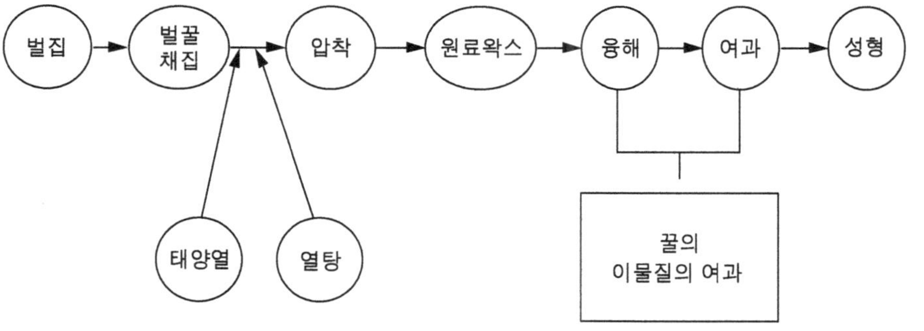


〈그림 1-2〉 밀랍의 채집

### 4. 응용

밀랍은 왁스류 중에서 화장품원료로서는 고대로부터 광범위하게 다량으로 사용되어졌으며 현재에도 중요한 유상원료로서 모든 화장품에 이용되고 있다. 고산가 밀랍은 클렌징크림, 콜드크림제품을 비롯하여, 연화계의 유상원료로서 또 립스틱, 포마드, 칙 등의 유상경화제로서 널리 사용되고 있다. 저산가 밀랍은 유상경화제로서 사용되고 있다.

립스틱, 아이 쉐도우, 칙 등과 같은 스틱상의 제품에 경화제로서 밀랍을 배합할 경우에는, 보다 융점이 높은 왁스류와 병용하면 제품에 대해서 점성과 가용성을 증대시키는 효과가 있다.

## 9 미강유(Ricebran Wax)

### 1. 조성

미강유의 주성분은 고급지방산과 고급알코올의 에스테르이고 〈표 1-14〉에 그 조성을 나타내었다.

〈표 1-14〉 미강유의 조성

| 지방의 종류 | 특 성 |
|---|---|
| 왁스에스테르 | 93-96%, 알코올(C26, 28, 30이 주)<br>지방산 C16-C34(C22, 24, 26이 주, C28, 30, 32는 소량)<br>환상 일코올과 지방산 에스테르도 있다. |
| 유리지방산 | 4-7%, C16, C18, C18:1, C18:3(C16이 주) |
| 기 타 | 인지질, 스쿠알렌-흔적 |

## 2. 성상

현재 시판되고 있는 쌀 왁스의 일본 규격 예를 <표 1-15>에 제시하였다.

<표 1-15> 라이스 왁스의 제품규격(예)

| 성 상 | Ricebran Wax | Rice Wax |
|---|---|---|
| 산 가 | 13 이하 | 7 이하 |
| 검화가 | 80-95 | 130-160 |
| 요소가 | 5 이하 | 10 이하 |
| 융점(℃) | 79-83 | 70-77 |

## 3. 개요

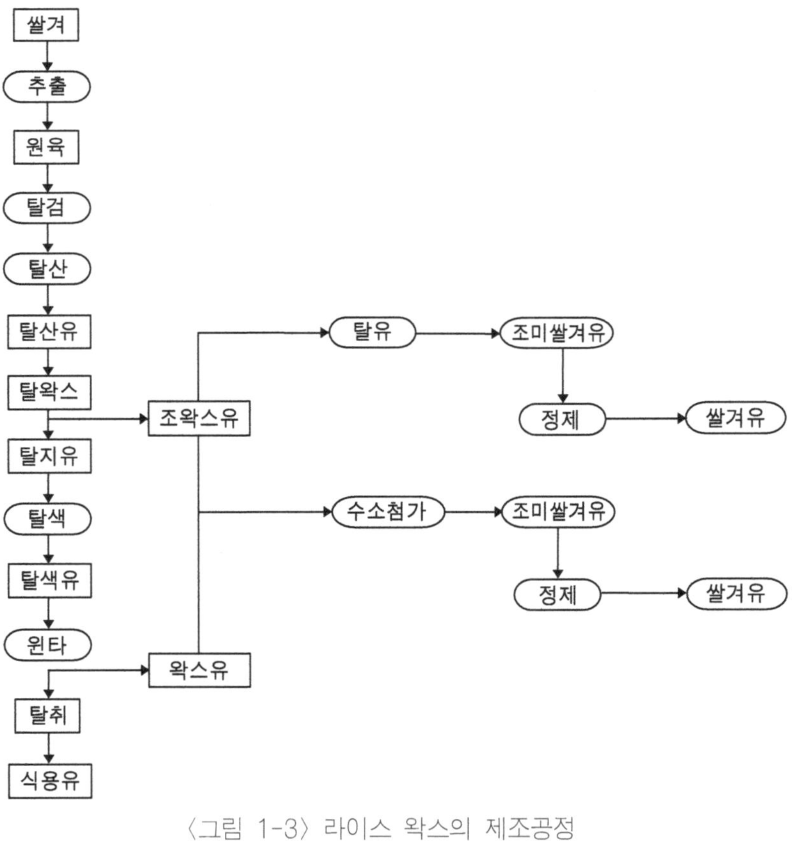


<그림 1-3> 라이스 왁스의 제조공정

미강유는 다음과 같은 대부분의 왁스와 상용성이 있다. 동식물 및 광물성, 지방산염, 글리세라이드류, 탄화수소류가 있다. 미강유의 소요 HLB 값은 6~9로 낮고, 카르나우바

왁스, 밀랍 등의 천연 왁스와 달리 유화제를 필요로 한다.

미강유는 쌀겨에서 추출한 미강유를 정제할 때, 탈왁스 또는 윈타링 공정으로 나온 조말왁스를 정제한 것이다. 일반적인 조말왁스는 껌성질, 인산지질 등을 함유하기 때문에, 이것을 제거함과 동시에 탈색, 탈취를 하여, 양질의 왁스를 얻는다. 〈그림 1-3〉은 공정 개요를 나타내고 있다.

### 4. 응용

화장품에의 응용은 그렇게 많지 않다.

## 10 카르나우바 왁스(Carnauba Wax)

### 1. 조성

카르나우바 왁스는 잎의 채취시기, 산지, 나무의 연령 등에 따라 조성은 조금 변하지만 〈표 1-16〉에 그 개요를 나타내었다.

〈표 1-16〉 카르나우바 왁스의 조성

| | |
|---|---|
| 왁스에스테르 | 80-85%<br>알코올 C20-C34<br>(C30,32,36이 주, C32이가 50～60%)<br>지방산<br>(C20,22,24,26,30이 주, 옥시산 에스테르가 50-55%로, 호유화성의 원인이 되고 있다) |
| 유리지방산 | 3～4%<br>C16-C32(C24,26,28,30 주) |
| 유리알코올 | 10-12%<br>C16-～C32 |
| 탄화수소 | 3% 이하<br>C20-C33(C27, 27, 31이 많다) |
| 기 타 | 수지분 3-4%<br>락톤 3-% |

### 2. 성상

카르나우바 왁스는 갈황색-염갈색의 경화성이 있어 부서지기 쉽다. 윤기, 광택성, 강심성, 경화성, 미세 결정성 등이 식물계 왁스 중 최고라고 말하고 있다. 〈표 1-17〉에 성상 예를 나타내었다.

〈표 1-17〉 카르나우바 왁스의 성상 예

| 실험항목 | 결 과 |
|---|---|
| 융점(℃) | 80-86 |
| 비 중 | 0.990-0.999 |
| 굴절율(90℃) | 1.4555 |
| 산 가 | 2-10 |
| 검화가 | 78-88 |
| 요소가 | 7-14 |
| 아세틸가 | 51-60 |
| 불검화물(%) | 50-55 |

## 3. 개요

카르나우바 왁스는 야자과 식물의 잎에서 얻어지고 있다. 카르나우바 야자는 평균 7-18m 높이며 주로 브라질 북부, 아르헨티나, 파라과이의 일부 건조지대에서 생육한다. 카르나우바 야자는 잎은 부채 상으로서 왁스는 그 표면 특히 뒤쪽에 분말상태로 분포되어 있다. 분말생성 및 수확의 시기를 나타내면 〈그림 1-4〉과 같다.

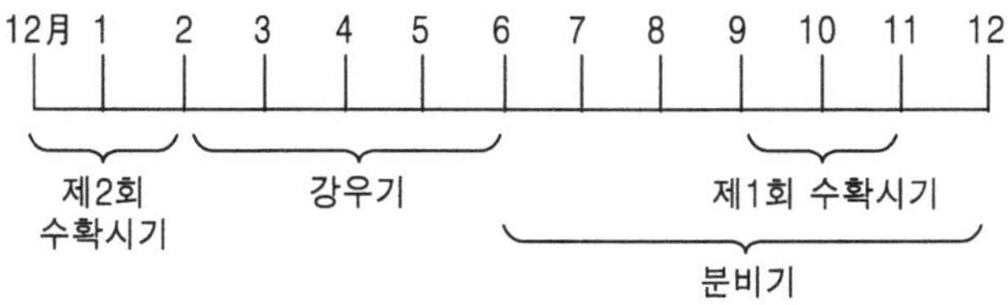


〈그림 1-4〉 카르나우바 왁스의 생성과 수확시기

카르나우바 야자나무는 나무의 끝에 있는 부드러운 잎에 있는 분말은 고급으로 전체의 약 20%의 왁스가 채집된다. 화장품에는 거의 이 부분의 것이 사용되고 있다.

잎의 채집은 고급품과 그렇지 않는 것과 구별하고, 채집된 잎은 6-8일간 일광 건조한다. 건조 후 잎 면에서 분상으로 되어있는 왁스를 두드리고, 마지막으로 열탕에 넣어 다른 이물질을 제거하고 면으로 여과해서 굳힌다.

## 4. 응용

카르나우바 왁스는 화장품원료로 이용되고 있는 왁스류 중에서는 제일 경도가 높은 왁스이다. 그 때문에 대부분의 유지, 왁스와 혼합해 융점을 높여주므로 스틱상의 제품(예를 들어 립스틱)의 제조에는 소량을 첨가해서 융점을 상승시키고 내온도성의 향상과 함께 표면의 광택도 증가시킨다. 립스틱, 고형 마스카라 등에 카르나우바 왁스의 사용은 내수성의 필름을 형성하는 이점이 있어 사용상에 있어서 상품가치를 증가시킬 수 있다.

## 11 스쿠알란(Squalan)

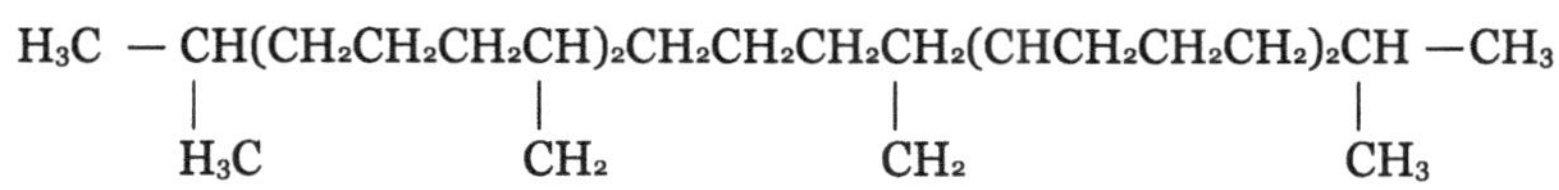

$C_{30}H_{62}$ : 422.82

2, 6, 10, 15, 19, 23 — Hexamethyltetracosane

### 1. 물성

성상 무색 투명한 유액, 무미무취

|  |  |  |  |
|---|---|---|---|
| 비 중 | 0.807-0.810(제 1법) | 산 가 | 0.5 이하(제 1법, 30g) |
| 굴절율 | 1.451-1.457 | 검화가 | 0.5 이하 |
| 응고점 | -55℃ 이하 | 요소가 | 3.5 이하 |
| 운 점 | -5℃ | | |

### 2. 개요

스쿠알란은 주로 심해산 상어류의 간유로부터 얻어진 스쿠알렌에 수소첨가로 얻어진다. 최근 공급의 안정, 품질의 유지향상의 목적으로 게라닐 아세톤에서 아세틸렌커플링법에 의해 합성된 스쿠알란도 제품화되었다.

천연품에는 프리스탄($C_{18}H_{38}$)이 약간 혼재하고 있지만 가스크로마토그래피법으로 쉽게 정량되어진다. 원료공급의 변동, 가격의 변동이 심하기 때문에 프리스탄과 유동파리핀으로 희석된 제품이 출하되기도 하지만, 모두 가스크로마토그래피법에 의해 확인이 가능하다. 유동파라핀의 혼입은 응고점의 상승에 의해서도 식별 가능하다.

합성 스쿠알란은 프리스탄을 함유하지 않고, 천연품처럼 미수소첨가의 스쿠알란 등의 불포화화합물도 극도로 적기 때문에, 일반적으로 경시적 변화가 천연품보다 더욱 적고 안전성도 매우 높은 것으로 되어 있다.

물리적으로는 응고점이 매우 낮다는 것이 특징이다. 운점도 다른 유지류에 비교해서 꽤 낮다. 또한 침투성이 라놀린 등 보다 매우 우수하다는 것도 큰 특징이다. 이처럼 스쿠알란은 다수의 우수한 특징을 함유하고 있기 때문에 화장품의 많은 분야에서 광범위한 이용 가치가 있다.

### 3. 응용

천연유래의 포화 액상유로서는 극도로 안정하고 자극성이 없기 때문에 기초 화장품, 거침을 부드럽게 해주는 화장품류에서 유상원료로 사용되고 있다. 유동파라핀에 비해서 유성감이 적고, 침투성을 함유하고 있기 때문에, 피부의 친숙함이 좋다. 긴 측쇄 에스테르는 보다 유성감이 적고 퍼짐성도 좋으며, 가벼운 촉감이지만 침투성이 적기 때문에 피부 위의 매끄러움을 지속시킬 수 있다. 밍크유, 거북이유의 정제품은 침투성은 우수하지만, 스쿠알란보다 유성감이 있다. 또 안정성 등에서도 스쿠알란보다 떨어진다. 스쿠알란의 이러한 특성은 기제 중에 몇 퍼센트 이상 배합하면 제품의 촉감에 반영된다.

또 한동안 상어간유로부터 얻어지는 프리스탄이 스쿠알란보다 가벼운 감촉으로 그 외의 특성도 스쿠알란과 비슷하고, 스쿠알란과 같은 유성원료로서 주목되었으나, 피부에 대한 자극성이 있어 최근에는 거의 사용하지 않고 있다.

스쿠알란의 침투성에 기인해서 살펴보면 기초성분으로서 이용함으로서 유효성분을 보다 효과적으로 피부에 작용하도록 하는 것이 가능하다. 이미 이러한 목적으로 의료용 연고, 좌약 등에도 이용되고 있다.

스쿠알란은 화장품유제 중에서도 다른 유성물질과의 혼화성이 좋고 또한 매우 유화가 쉬운 그렇게 많지 않는 유지 중에 하나이기 때문에 처방에서도 지극히 배합이 쉽고 여러 제형에 응용이 가능하다. 이처럼 많은 유성원료 중에서도 침투성이 우수하고 자극성이 없고 안정하며 쉽게 사용할 수 있는 오일은 그렇게 많지 않으며 한편, 피지구성성분의 하나인 스쿠알렌의 수소첨가물인 것 등을 포함해서 화장품원료로서 이상적인 오일이다.

화장품의 저자극성 쪽으로 요구가 높고 피부의 노화방지가 관심이 높은 지금 스쿠알란과  같은 우수한 특성이 새롭게 주목받고 있다.

## 12 메칠폴리시록산(Methyl Polysiloxane)

$$(CH_3)_3SiO[(CH_3)_2SiO]_nSi(CH_3)_3 \quad n:3\text{-}650$$

### 1. 물성

성상 무색투명한 액체상 또는 점막의 액상으로 냄새는 거의 없다.

| | |
|---|---|
| 비 중 | 0.850-1.050(제 1법) |
| 굴절률 | 1.385-1.410 |
| 점 도 | 2-5,000cs(제 1법) |

## 2. 개요

메칠폴리시록산은 (1)항에 시사한 것처럼 메칠시록산기를 골격으로 하는 직쇄 상의 중합물이다. 일반적으로는 디클로롤디메칠시란 및 크롤트리메칠시란의 각각 가수분해 생성물을 수산화 알칼리, 유산, 활성백토 등의 촉매를 이용해서 중축합을 행해 중화해서 얻는다. 물성적으로는 무기물구조인 SiO결합 및 유기물구조인 $SiCH_3$ 구조에서 유래한 유기계의 화장품 원료와 비교해서 〈표 1-18〉에 나타낸 성질이 특별히 우수하다. 또 〈표 1-18〉에 나타난 것처럼 용해성 파라메타, 응집에너지가 낮기 때문에 유지류, 왁스류, 에스테르류와 물에 혼합이 어렵기 때문에 화장품을 피부 및 모발에 도포했을 때, 실리콘이 분리되어 다른 성분의 표면을 덮음으로서 광택을 부여함과 동시에 달라붙는 느낌을 방지하는 역할을 한다. 또 화학적으로 불활성이고, 독성, 자극성, 감작성도 적다.

## 3. 응용

안전성이 높기 때문에 기초화장품, 마무리화장품, 두발화장품 등 모든 화장품에서 유성원료의 하나의 성분으로서 사용되고 있다. 기초화장품의 분야에서는 주로 끈적거림을 방지, 퍼짐성, 발수성의 부여를 목적으로 사용하고 있으며, 점도적으로는 100~1000cs 정도의 것이 주가 된다. 또 제조공정중의 거품제거를 목적으로 미량이 사용되는 경우도 있다. 이 경우 오일 한 가지 또는 무수 케이산과 조합한 실리콘수지형으로도 사용되고 있다. 마무리화장품의 분야에서는 산뜻한 느낌을 부여함으로 감촉을 향상시키고 화장의 흐트러짐 방지를 위한 발수성, 신장성을 좋게 하기 위한 퍼짐성을 목적으로 사용되고 있다. 사용 오일의 점도로서는 주로 2~50cs이다. 최근의 마무리화장품의 안료는 실리콘 처리된 것이 많이 사용되고 있기 때문에 유제 쪽에서도 안료와의 친숙함을 중요시해서 실리콘을 1~2% 배합하는 예가 많다(〈그림 1-5〉 참조).

두발화장품 분야에서는 감촉향상, 광택부여, 빗질 통과성 향상을 목적으로 사용되고 있다. 헤어스프레이에는 비교적 저점도(2~50cs)가, 린스와 컨디셔너에는 중점도(100-3000cs)가 주로 사용되고 있다. 각 화장품에의 메칠폴리시록산의 표준첨가량을 표 1-19에 나타내었다. 그런데 메칠폴리시록산은 옛날부터 화장품에 사용되어 왔지만 앞에서 서술한 것처럼 유기용매와의 상용성이 어렵기 때문에 배합 량에 한계가 있었다. 이러한 결점을 해소하기 위해 미리 수중에 미립자화 시킨 고농도 에멀젼페이스트와 실리콘폴리에테르코폴리머를 계면활성제로서 사용하는 등 새로운 유화방법이 소개되고 있다. 자외선흡수제와 보습제 등의 활성성분을 장시간 피부에 머물게 하기 위한 피막제로서 고점도 껌상 실리콘(CTFA명: 디메칠코놀)의 응용검토가 확대되고 있다.

〈표 1-18〉 실리콘의 특성

| SiO결합에 의한 특성 | $SiCH_3$ 결합에 의한 특성 |
|---|---|
| 내열성, 내산성, 내후성, 내방사선성, 점도변화가 적다, 저온에서 유연, 압축확대, 기체투과성 확대 | 저표면장력, 이형성, 소포성, 윤골성, 발수성 |

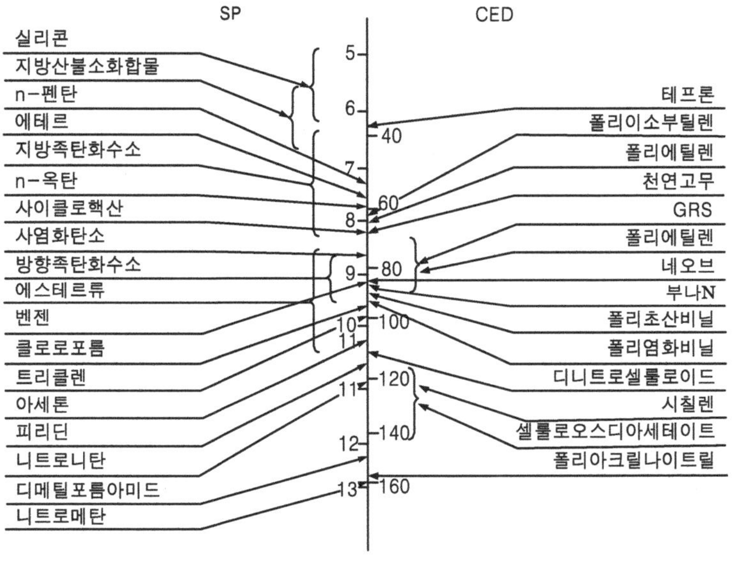


〈그림 1-5〉 각종 물질의 SP와 CED

〈표 1-19〉 메칠폴리실록산을 화장품에 넣는 표준첨가량

| 화장품의 종류 | 효 과 | 첨가량 |
|---|---|---|
| 스킨로션 | 베니싱성 | 0.1-0.5 |
| | 보호피막 | 5-10 |
| | 피부촉감 향상 | 0.5-2.0 |
| 클렌징크림 | 매끄러움 | 0.1-0.5 |
| | 촉촉함 | 0.1 |
| 제한제 | 백화방지 | 0.1-0.5 |
| | 끈적거림 방지 | 0.5-2.0 |
| 프리쉐이브로션 | 매끄러움 | 0.5-2.0 |
| 애프터쉐이브로션 | 피부촉감 향상 | 0.5-2.0 |
| 쉐이빙크림 | 면도의 매끄러움 | 0.5-2.0 |
| 메이크업 | 내수성 | 0.2-0.5 |
| | 끈적거림 방지 | 1-20 |

| 화장품의 종류 | 효 과 | 첨가량 |
|---|---|---|
| 일광방지크림 | 내수성 | 1.0-2.0 |
| 비 누 | 컨디셔닝 | 1.0-2.0 |
| | 공정조제 | 1.0-3.0 |
| 헤어스프레이 | 색, 광택, 끈적거림 방지 | 0.1-1.0 |
| 린 스 | 잘 빗김작용 | 0.5-2.0 |
| | 용해가 쉬움 | 1.0-3.0 |

## 13 메칠페닐 폴리시록산(Methylphenyl Polysiloxane)

$$(CH_3)_3SiO[\underset{CH_3}{\overset{C_6H_5}{|}}SiO]_n Si(CH_3)_3 \text{ 혹은 } (CH_3)_3Si[(CH_3)_2SiO]a[(C_6H_5)bSi(CH_3)_3]$$

### 1. 물성

성상 무색-미황색의 투명한 액상, 냄새는 거의 없음

| | |
|---|---|
| 비 중 | 0.950-1.100 |
| 굴절률 | 1.400-1.600 |
| 점 도 | 10～1,000cs(제1법) |

### 2. 개요

메칠페닐 폴리시록산은 (1), (2)항에 나타난 것처럼 메칠페닐시록시기의 골격 또는 디메칠시록시기와 디페닐시록시기를 골격으로 하는 직쇄상의 중합물이다. 그러나 이 외의 구조, 예를 들면 메칠페닐시록시기와 디메칠시록시기로 형성된 직쇄상 중합물과 트리스(트리메칠시록시)페닐시란도 메칠페닐폴리시록산의 범위에 들어간다. 일반적으로 직접법 또는 글리야르법으로 얻어진 크롤페닐시란의 가수분해생성물과 디크롤디메칠시란 및 크롤트리메칠란의 각각의 가수분해생성물을 중축합해서 얻어진다.

특성적으로는 메칠폴리 시록산의 메칠기기가 페닐기로 됨에 따라 알코올, 유지 등의 유기계 원료와 상용성이 향상되고 있지만, 한편으로 〈표 1-20〉에서 나타낸 $SiCH_3$ 결합에 의한 특성이 약간 저하한다. 굴절률은 실리콘 중에서도 가장 높은 광택을 얻기가 적합하고 안전성도 높다.

## 3. 응용

유기원료와의 상용성이 좋고 안전성도 좋기 때문에 기초, 마무리 화장, 두발의 유화화장품에서의 사용례가 많다. 기초화장품에서는 주로 끈적거림 방지를 목적으로 배합한다. 사용 점도로서는 약 50cs 이하의 것이 많다. 마무리화장품에서도 주로 감촉 향상을 목적으로 사용하고 있으며 유성화장품에서의 배합 예가 많다. 두발 화장품에서는 굴절률이 높기 때문에 광택을 부여하고 유기원료와의 상용성이 높고 가역화 효과가 있기 때문에 두발용 레진의 유연화를 목적으로 헤어스프레이에 많이 사용된다.

현재 각 화장품 메이커에서 사용되고 있는 것은 점도적으로 50cs 이하가 대부분이다. 앞으로는 고점도품도 검토되어지고 있다. 각 화장품의 메칠페닐폴리시록산의 표준 첨가량을 〈표 1-21〉에 나타내었다.

〈표 1-20〉 메칠페닐 폴리시록산의 화장품에 대한 표준 첨가량(%)

| 화장품의 종류 | 효 과 | 첨가량 |
|---|---|---|
| 스킨로션 | 피부촉감 향상 | 1.0-5.0 |
| | 보호피막 | 2.0-10.0 |
| 제한제 | 끈적거림 방지 | 5.0-10.0 |
| 프리쉐이브제 | 매끄러움 | 0.5-5.0 |
| 일광방지제 | 보호피막 | 1.0-5.0 |
| 썬텐로션 | 보호피막 | 1.0-5.0 |
| 벌레물림방지제 | 보호피막 | 1.0-5.0 |
| 헤어스프레이 | 색, 광택 | 0.5-1.0 |

〈표 1-21〉 메칠페닐 폴리시록산의 표준첨가량(%)

| 화장품의 종류 | 효 과 | 첨가량 |
|---|---|---|
| 스킨로션 | 피부촉감 향상 | 1.0-5.0 |
| | 보습피막 | 2.0-10.0 |
| 제한제 | 끈적거림 방지 | 5.0-10.0 |
| 프리쉐이브제 | 매끄러움 | 0.5-5.0 |
| 일광방지제 | 보호피막 | 1.0-5.0 |
| 썬텐로션 | 보호피막 | 1.0-5.0 |
| 벌레물림방지제 | 보호피막 | 1.0-5.0 |
| 헤어스프레이 | 색, 광택 | 0.5-1.0 |
| 메이크업 | 피부촉감 향상 | 0.5-5.0 |

# 14 환상메칠시록산(Cyclomethicone)

$$[(CH_3)_2SiO\}]_n \quad n=3\text{-}7$$

## 1. 물성

성상은 무색 투명한 액으로서 냄새는 거의 없다.

| | |
|---|---|
| 비 중 | 0.930-0.980(제1법) |
| 굴절률 | 1.390-1.403 |
| 점 도 | 12.0-8.0cs(제 1법: 25°) |

## 2. 개요

환상메칠시록산은 위에서 나타낸 것처럼 디메칠시록시기를 골격으로 하는 환상 중합물이다. 일반적으로 디크롤디메칠시란의 가수분해 생성물의 분류에 의해 얻어진다.

물성적으로는 중점도의 메칠폴리시록산과 동일하거나 저분자량이기 때문에 〈표 1-22〉, 〈표 1-23〉에 나타난 것처럼 휘발성이 있는 유기원료와의 상용성이 좋은 것이 크게 다른 점이다. 휘발때의 증발잠열은 〈표 1-24〉에 나타난 것과 같이, 소량을 피부에 발랐을 때 알코올이나 물과 같은 "찬 느낌"이 없다. 또 경구독성, 흡입독성, 피부자극 · 감작 모두 지극히 낮아서 화장품으로 최적이다.

〈표 1-22〉 휘발성

| 시 료 | 50wt%발시간, 분 | |
|---|---|---|
| | 25℃ | 36.5℃ |
| $(CH_3)_3SiOSi(CH_3)_3$ | 4 | 측정불가 |
| ethanol | 5 | 측정불가 |
| $CH_3$<br>$(CH_3)_3SiO\ SiO\ Si(CH_3)_3$<br>$CH_3$ | 8 | 3 |
| 물 | 30 | 10 |
| $CH_3$<br>$(SiO)_4$<br>$CH_3$ | 34 | 12 |

| 시 료 | 50Wt%발시간, 분 | |
|---|---|---|
| | 25℃ | 36.5℃ |
| $CH_3$ $CH_3$<br>$(SiO)_4$ $(SiO)_5$ =85/15<br>$CH_3$ CH3 | 45 | 23 |
| $CH_3$<br>$(CH_3)_3SiO\,(SiO)_2\,Si(CH_3)_3$<br>$CH_3$ | 66 | 30 |
| $CH_3$<br>$(SiO)_5$<br>$CH_3$ | 105 | 62 |
| $CH_3$ $CH_3$<br>$(SiO)_5$ $(SiO)_6$ =80/20<br>$CH_3$ $CH_3$ | 112 | 76 |
| $CH_3$<br>$(CH_3)_3SiO\,(SiO)_3\,Si(CH_3)_3$<br>$CH_3$ | 380 | 142 |

초기 시료중량: 0.1g

최근의 경향으로는 화장품 메이커의 섬세한 요구에 부응하기 위해서 실리콘 각 회사와 함께 각 중합도별로 고순도화 된 제품을 시판하고 있다.

## 3. 응용

주로 마무리화장품의 유제로서 이용되고 있다. 마무리화장품에서는 도포 시 감촉 및 도포후의 화장의 흐트러짐 방지가 처방 설계상 중시되고 있다. 환상메칠시록산은 실리콘 오일 중에서 '산뜻한 감촉'을 주는 효과가 최고로 높고, 저표면 장력이 있기 때문에 화장품의 신장력을 개선하고, 덧붙여서 휘발성이 있기 때문에 이러한 효과를 일시적으로 전할 수 있는 특성을 함유하고 있다. 최근에는 땀, 물로 인한 화장의 흐트러짐 방지를 목적으로, 기초유지로서 메칠폴리시록산 안료로서는 실리콘 처리된 것이 사용되고 그것의 친화성도 고려해 사용되고 있다.

또 유럽과 미국에서는 스틱용 제한제에 다량으로 사용되고 있고, 일본에서도 일부 메이커가 판매하기 시작했다. 몇 년 전의 제한제는 딱딱하고 도포 시 떨어지기 쉬웠지만, 환상메칠폴리시록산의 배합에 의해 이러한 점을 해결하여 소프트하고 '산뜻한 감촉'을 주는 것으로 되었다. 또 최근에는 휘발성을 이용해서 일시적인 컨디셔닝 효과를 나타내는 샴푸, 린스가 시판되기 시작했다.

기술적인 동향으로서 환상메칠폴리시록산을 기초유로 한 W/O형 에멀젼을 쉽게 생성하는 실리콘계 유화제가 주목을 받고 있다. 종래의 W/O형 화장품은 끈적거리는 감촉이 있어 유화 안정성에서도 떨어졌으나, 이 유화제의 사용으로 문제점이 개선되어 새로운 용도전개로 발전하고 있다.

〈표 1-23〉 환상디메칠폴리시록산(n=4.5)의 상용성

| 실리콘/유기원료 혼합비 | 1/9 | 5/5 | 9/1 |
|---|---|---|---|
| 에탄올 | C | C | C |
| IPM | C | C | C |
| 스테아릴 알코올 | C | C | C |
| 덩어리 밀랍 | I | I | I |
| 라놀린 | C | C | C |
| 파라핀 | C | C | C |
| IPM | C | C | C |
| 글리세린 | I | I | I |
| 물 | I | I | I |

C:용해, I: 불용

〈표 1-24〉 증발잠열의 비교

| 시 료 | 잠열(cal/g) |
|---|---|
| 물 | 539 |
| 에탄올 | 210 |
| $(CH_3)_3SiOSi(CH_3)_3$ | 46 |
| 4량체 | 32 |
| 5량체 | 28 |

## 15 실리콘폴리에테르·코폴리머(Dimethicone Copolyol)

### 1. 물성

성상 염갈색의 액체로서 특유의 냄새가 있다.

| | |
|---|---|
| 비 중 | 0.975-1.111 |
| 굴절률 | 1.390-1.463 |
| 점 도 | 20-5000 |

## 2. 개요

실리콘폴리에테르 · 코폴리머(이하 코폴리머라고 약칭함)은 처음에 나타낸 것처럼 메칠폴리시록산의 일부 메칠기를 폴리에테르기로 치환한 구조물이다. 일반적으로 디메칠시록산 · 메칠하이드로젠시록산 공중합체와 폴리옥시알킬렌아릴에테르을 백금촉매 존재 하에서 부가반응에 의해 얻어진다.

실리콘 부분의 x, y 및 폴리에테르 부분의 m, n에 따라 비중, 굴절률, 점도가 대폭 변화한다. 또 물에 대한 용해성, 수용액으로서의 표면강력, 젖음성, 포발성, 운점도 대폭 변화한다. 폴리옥시에틸렌계 코폴리머의 용해성, 그 화합물 및 수용액 계에서의 표면장력을 〈표 1-25〉에 나타내었다.

코폴리머의 현재 주용도는 우레탄폼의 기포안정화제로서, 최근에는 우레탄 합피의 안티 블로킹제, 도료의 셀로판테이프 박리향상 등의 수지표면의 개량제로서 사용되어지고 있는 예가 많다. 화장품분야에서는 지금까지 수용성 형태의 코폴리머가 두발화장품분야에서 사용되어 왔지만, 최근에서는 메칠폴리시록산 및 환상메칠시록산의 유화제 및 조제로서 기초 및 마무리화장품에 사용되고 있다.

## 3. 응용

주로 수용성 타입의 코폴리머의 기포안정화제 및 촉촉함 향상제로서 쉐이빙 폼, 무스, 샴푸, 린스 등의 제품에 배합되어 왔다. 또 에탄올계 컨디셔너의 광택 부여, 감촉향상제로서 사용 검토되고 있다(〈표 1-26〉 참조).

최근 유럽과 미국에서 세트제의 검토가 활발하여, 유기수지와 코폴리머를 조합함으로서, 모발상의 수지를 유연화 시킴과 동시에 세트력을 향상시키기 위한 검토가 진행되고 있다.

기초, 마무리화장품분야에서 사용은 적지만, 실리콘베이스의 W/O 유화화장품의 유화제로서 사용이 주목되고 있다. 이 유화제의 구조에 대해서는 〈표 1-25〉에 나타난 C, D, E 와 같은 물불용성 타입이 적합하다.

개요에 기술한 것처럼 구조변화가 자유자재로 가능하여 앞으로 새로운 특성을 가진 신제품이 출현 할 것으로 기대된다.

〈표 1-25〉 폴리옥시에칠렌계 코폴리머의 성질

| 시료명 | A | B | C | D | E |
|---|---|---|---|---|---|
| EO함유량wt% | 65 | 60 | 40 | 30 | 25 |
| 수용성 | 용해 | 용해 | 백탁 | 불용 | 불용 |
| 메칠폴리 시록산 | 불용 | 불용 | 용해 | 용해 | 용해 |
| 표면장력 | 22.0 | 21.4 | 20.7 | 20.2 | 20.2 |
| 표면장력 (1% 수용액) | 26.2 | 29.5 | 측정불가 | 측정불가 | 측정불가 |

*1% 코폴리머 각 용액일때의 용해성

〈표 1-26〉 실리콘폴리에테르코폴리머의 화장품에의 표준첨가량(%)

| | | |
|---|---|---|
| 헤어 스프레이 | 탐스러움, 광택 | 0.1~1.0 |
| | 끈적거림방지 | 0.1~1.0 |
| | 고정성 | 0.1~1.0 |
| 샴푸, 린스 | 빗기쉬움 | 0.5~5.0 |
| | 정리쉬움 | 1.0~5.0 |
| 프리 쉐이브 로션 | 부드러움 | 1.0~5.0 |
| | 미끄러짐 | 1.0~3.0 |
| | 촉감 좋음 | 1.0~3.0 |
| 면도 크림 | 미끄러짐 | 1.0~5.0 |
| | 기포안정성 | 1.0~5.0 |
| | 윤기 | 1.0~5.0 |
| | 촉감 좋음 | 1.0~5.0 |
| 스킨, 로션 | 미끄러짐 | 0.1~1.0 |
| | 윤기 | 0.1~1.0 |
| 향수, 코롱 | 퍼짐새 좋음 | 0.1~0.5 |
| | 촉감 좋음 | 0.1~0.5 |

## 16 메칠하이드로디엔폴리시록산(Methicone)

### 1. 물성

성상은 무색 투명한 액체로서 냄새는 거의 없다. 단지 겨울철에 기온이 저하될 때 백탁화 되기도 한다.

| | |
|---|---|
| 비 중 | 0.99-1.02(제1법) |
| 굴절률 | 1.394-1.398 |
| 점 도 | 10-40cst(제1법) |

## 2. 개요

메칠하이드로디엔시록산은 메칠하이드로디엔시록시기를 골격으로 하는 직쇄상의 중합물이다. 일반적으로 크롤트리메칠시란과 디크롤모노메칠시란을 공가수분해 중축함으로서 얻어진다. 실리콘 메이커는 이 시록산을 여러 제품의 원료로서 사용하고 있지만, 실리콘 메이커 이외에서는 섬유와 분체의 발수제 및 케이킹 방지제로서 용도가 주가 되고 있다. 발수성 발현기구로서는 기재표면의 수소기와 탈수소 반응을 해서 메칠기를 표면으로 배향시키는 것이다. 이 발수층은 반응에 의해 형성되기 때문에 내구성을 갖는다. 이 반응은 가열 및 스타나스옥토에이트와 같은 금속유기산염, 알칼리 등의 촉매하에서 촉진된다. 또 이 반응은 냄새가 발생하지 않아서 화장품의 안료처리에서는 적합하다. 독성적으로는 만성독성, 변이원성의 실험결과에서 매우 낮은 결과를 얻었다.

## 3. 응용

화장품에서의 용도는 마무리화장품용 안료의 발수처리 및 케이킹 방지제로서 사용되고 있다. 처리농도와 발수효과의 관계는 1%로 충분한 발수효과를 나타내고 있다. 일반적으로 시판되고 있는 처리안료의 농도는 0.5-2%의 것이 많다. 일반적으로 여름용 제품에서는 처리농도가 높고 겨울용은 낮다. 처리방법은 각 회사 노하우가 있고 상세한 것은 불명확하지만 화장품용도에서는 안전성이 높고 앞에서 기술한 촉매는 사용이 불가능하기 때문에 100-200℃로 가열해서 반응 촉진시키고 있는 것 같다. 그러나 반응은 불완전하고 이 때문에 제품에 배합될 때 케이킹 문제를 일으키기도 한다. 이 문제를 해결하기 위해서 산과 디메치코놀과 병용하는 처리방법이 제안되고 있다.

# 17 아미노변성 실리콘(Amodimethicone 또는 Trimethylsilylamodimethicone)

성상 유백색 액체, 염황색 투명액체로서 특이적인 냄새가 많다.

| | |
|---|---|
| 비 중 | 0.92-1.02(제 1법) |
| 굴절률 | 1.400-1.435 |
| 점 도 | 20-1500(제 1법) |

## 2. 개요

아미노변성 실리콘은 2종이 있지만, 디메칠시록시기와 하이드록시 · $\gamma$-아미노에칠이미노프로필시록시기(A) 또는 메칠 · $\gamma$ · 아미노에칠이미노알킬시록시기와의 공중체(B)이다. (A)는 에멀젼의 형으로 안정하고 그 제법은 아미노알콕시시란과 환상 메칠시록산을 유화중합해서 얻는다. 또 (B)는 오일 형태로서 아미노알콕시시란의 가수분해물과 디크롤디메칠시란의 공가수분해물을 알칼리 존재 하에서 중축합후 중화해서 얻는다.

이것은 지금까지 섬유의 통풍성, 유연성, 농염효과부여를 목적으로 다량으로 사용되어 왔다. 분자 중에 아미노기를 함유하기 때문에 표면에 수산기, 아미노기를 함유하는 기재와 친화가 쉽기 때문에, 내구성이 있는 위의 효과를 얻을 수 있는 큰 특징이 있다.

안전성에 관해서는 다른 실리콘 오일에 비해 자극이 있지만, 화장품에서 사용되는 수준(5wt% 이하)에서는 전혀 문제가 없기 때문에 유럽과 미국 등에서는 두발용 화장품에 널리 이용되고 있다.

## 3. 응용

두발화장품에 사용했을 경우, 분자 내 아미노기가 모발표면의 단백질과 친화해 내구성이 있는 피막을 형성한다. 이 피막은 때문에 빗질의 통과성 향상, 머리감고 난 후 건조촉진, 정전기 발생량의 저하효과가 모발에 부여된다. 이런 효과는 내세발성을 함유하고 있다. 이런 것들은 ESCA 분석에 의해서도 입증되어 있다.

아미노변성 실리콘의 또 하나의 특징은 유화가 비교적 용이하고 배합허용범위가 넓다는 것이다. 따라서 아니온, 논이온, 카치온계 처방에서도 쉽게 유화되고 그런 의미로서 두발화장품에 지극히 적절한 원료라고 할 수 있다.

유럽과 미국에서의 사용 예로서는 카치온 또는 카치온폴리머와 병용해서 컨디셔너의 분야에 널리 사용되고 있다. 또 최근의 동향으로서는 세트제에 대한 응용이 널리 검토되고 있다. 앞으로 주목될 원료중의 하나로 생각된다.

# Chapter 2 에스테르·알코올류

## 1 팔미틴산세틸(Cetyl Palmitate)

### 1. 물성

성상은 백색-반투명의 결정성 고체로서 아주 약한 특이적 냄새가 있다.

| | |
|---|---|
| 융 점 | 43-55℃ |
| 산 가 | 12 이하 |
| 검화가 | 102-122 |
| 수산기가 | 12 이하 |
| 수 분 | 1.0% 이하 |
| 강열잔분 | 0.5% 이하 |

### 2. 개요

고급지방산과 고급알코올과의 에스테르는 예로부터 고래기름, 밀랍, 카르나우바 왁스, 칸데리라 왁스로서 널리 화장품에 이용되어 왔다. 그 중에서도 고래기름은 화장품유제로서 대량으로 사용되어 왔으나, 최근 상업포경의 금지조치의 영향을 받아 안정 공급면에서 문제가 생겼다.

팔미틴산세틸이 주성분이라고 하는 것은, 지방산기로서 라우린산 6.8%, 미리스친산 19.2%, 팔미틴산 20.9%, 스테아린산 4.9%, 그 외 $C_{20}$ 이상의 장쇄 지방산과 불포화지방산을 포함하며, 알코올기에서는 미리스칠알코올 1.4%, 세틸알코올 32.1%, 스테아릴알코올 14%, 그외 $C_{20}$ 이상의 장쇄 알코올과 불포화 알코올 및 콜레스테롤 등을 포함한 다성분의 혼합에스테르이며, 또 미량의 불검화물도 혼재하고 있다.

한편, 시장에 나와 있는 팔미틴산세틸은 주성분인 팔미틴산세틸을 90% 이상 함유하고 있는 것부터 고래기름조성과 비슷한 에스테르성분의 것까지 다양하다. 이와 같이 고래기름과 팔미틴산세틸은 조성이 다르기 때문에 처방 상에서 그대로 고래기름에 대체하는 것에는 여러 가지 문제가 발생할 수 있다.

합성 왁스로서의 팔미틴산세틸은 여러 등급에 따라 조성이 일정한 것, 또 정제도가 높은 고래기름과 같이 시간의 경과에 따른 착색, 산패도 거의 없기 때문에 화장품의 품질향상 면에서 생각하면 오히려 천연품보다 뛰어난 화장품기제라고 할 수 있다.

### 3. 용도 및 응용

팔미틴산세틸은 고래기름 대체품으로서 클렌징크림, 맛사지크림, 모이스처크림, 유액 등 기초화장품의 고형유 유상원료로서 배합되고, 피부에 대한 유연효과의 증가와 제품에 광택을 부여한다고 한다. 또 크림의 경도를 제공하는 작용은 약하지만, 크림을 발랐을 때의 피부 상에서의 퍼짐을 개선한다.

그 외 유성 정발료(포마드, 헤어스틱)의 고형기제로서 또 과지방제로서 비누에 배합된다.

## 2 옥탄산세틸(Cetyl Octanoate)

### 1. 물성

성상은 무색-미황색의 액체로 아주 약한 특이적 냄새가 있다.

| | |
|---|---|
| 산 가 | 2 이하(제2법, 10g) |
| 검화가 | 135-160 |
| 수산기가 | 3 이하 |
| 강열잔분 | 0.1% 이하 |

### 2. 개요

옥탄산세틸은 측쇄 중급지방산인 2-에칠헥산산과 천연의 포화 고급알코올인 세타놀에서 조제된다. 물새가 분비하는 우모지와 비슷한 기능이 있는 액상에스테르로서 합성된 것으로, 퍼짐성이 매우 뛰어나고 피부 상에서 잘 퍼지며, 발수성의 박막을 형성한다. 응고점도 비교적 낮고 온도에 따른 점도변화가 적은 것이 특징이다.

측쇄구조를 가지기 때문에 산화, 열, 광, 가수분해에 대해 대단히 안정하다. 다른 화장품원료와의 상용성도 뛰어날 뿐 아니라, 피부에 대한 친화성도 뛰어나서 산뜻하고 가벼운 감촉을 제공한다. 에모리엔트 효과를 지닌 액상에스테르이다.

독성, 자극도 거의 없고 피부 상에서 수분투과성이 좋은 피지막을 형성해서 피부의 정상적인 대사작용을 저해하지 않는다. 이와 같이 옥탄산세틸은 여러 뛰어난 특성을 가지고 있기 때문에, 모든 화장품에 응용이 가능하다.

### 3. 응용

합성유이면서 천연의 우모지와 비슷한 기능을 갖고 있고, 팽창감이 좋고 촉감이 뛰어난 제품이 될 수 있기 때문에, 각종 크림, 유액류의 유상성분과 에모리엔트제로서 이용되고 있다.

립스틱, 아이쉐도우 등의 메이크업제품에 사용하면 다른 성분의 상용성을 높여, 균질하고 퍼짐, 광택이 좋은 제품으로 된다. 또 안료의 분산성을 향상시켜 색 변질을 방지하며 뛰어난 윤활성을 부여할 수 있다. 퍼짐이 매우 좋고 가벼운 감촉을 지니기 때문에 베이비오일, 맛사지오일 등의 유성성분으로서도 적합하다. 헤어크림 등의 두발화장품에 사용할 경우 끈적거림이 없고 머리카락을 유연하게 하며, 자연스런 광택을 내게 한다.

## 3 네오데칸산옥틸도데실(2,2-디메칠옥탄산2-옥틸도데실)

### 1. 물성

성상은 무색-미황색의 유상액체로서 냄새가 없거나 아주 약한 특이적 냄새가 있다.

| | |
|---|---|
| 굴절율 | 1.450-1.455 |
| 산 가 | 1 이하(제1법, 5g) |
| 수산기가 | 5 이하 |
| 흐린점 | -8℃ 이하 |

### 2. 개요

디메칠옥탄산과 옥틸도데카놀을 황산, 파라톨루엔스폰산 등의 산촉매를 이용하여, 무수염산가스 또는 아황산가스 기류 중에서 가열반응시켜 얻어진 에스테르를 촉매제거, 탈색 무취 등의 정제로 얻어진다. 무색 무취의 투명한 유액으로 동식물유, 광물유에 특정비율로 녹고 에탄올 및 아세톤 등에도 용해된다.

화장료 배합기제는 그 성격상 장기간에 걸쳐 안정성이 나타나야 하지만, 이 에스테르는 네오산 및 2-옥틸도데카놀의 측쇄가 크게 작용하여 산패가 없고 내열 및 산・알칼리에 대한 가수분해 안정성이 뛰어나다.

〈그림 2-1〉에 헥실알코올의 에스테르에 대해, 보통 지방산과 네오산의 안정성을 산성 및 알칼리성으로 비교한 결과를 나타내었다. 네오산의 에스테르가 매우 안정한 것이 나타나 있다.

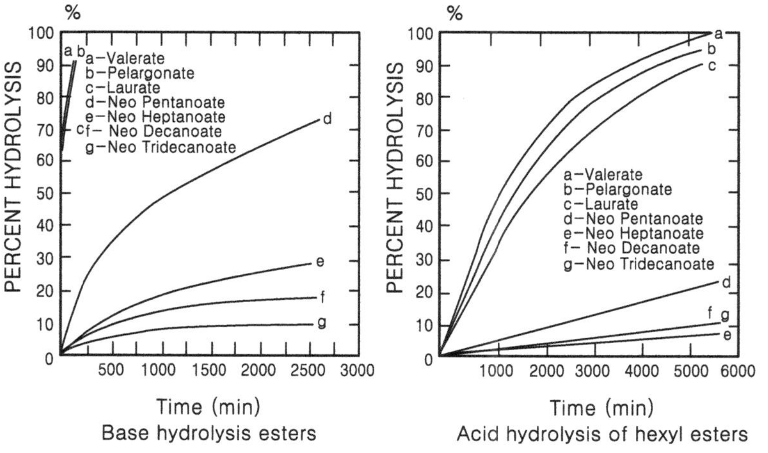


〈그림 2-1〉 보통지방산과 네오산에스테르의 가수분해도 비교

## 3. 용도

이 제품은 분자구조상에서 볼 때, 길고 짧은 측쇄가 나와 있기 때문에 분자가 입체화되어 있다. 때문에 수증기의 유막 투과성이 증가하고 피부대사작용이 저해되지 않으며, 단열・가열 등의 기능적 열제어를 방해하지 않는 등의 성질이 있다. 또 유동파라핀과 바셀린과 같은 피부호흡 및 땀의 증산을 억제하는 기름에 이 에스테르를 첨가함으로서 이것을 회복시킬 수 있다. 피부자극성에 관해서는 고분자량이기 때문에 1차자극, 누적자극 모두 인정되지 않고, 안전성이 뛰어난 에스테르이다.

이 제품의 주된 용도는 화장료 유제이지만, 외용의약품의 유성분으로서도 널리 이용되고 있다. 화장료 유제로서는 특히 기초화장품의 유상원료로서 피부에 대해 무자극적이며, 전신성이 뛰어나고 끈적임이 없고 열감이 없는 특징을 살린 각종 크림, 유액류에 사용된다. 메이크업 제품에 사용할 경우, 안료의 펴짐을 좋게하여 피부상에서 엷고 균일한 피막이 생기며, 땀이나 수분에 의한 화장손상을 방지한다.

최근 화장품유제로서 앞에서 말한 것과 같이 여러 특성을 지닌 측쇄알코올과 측쇄지방산의 에스테르가 주목되고 있고, 이것의 수요가 더욱 늘 것으로 예상된다.

# 4 미리스친산 헥실데실(Hexyldecyl myristate)

## 1. 물성

성상은 무색 투명한 유액으로 무취 또는 아주 약한 냄새가 있음.

| | |
|---|---|
| 비 중 | 0.853-0.857(제1법) |
| 굴절율 | 1.451-1.457 |
| 흐린점 | 3.0℃ 이하 |
| 산 가 | 1.0 이하(제2법, 10g) |
| 검화가 | 120-130 |
| 요소가 | 3.0 이하 |
| 강열잔분 | 0.1% 이하(제2법, 2g) |

## 2. 개요

미리스친산 헥실데실은 고급측쇄상 포화 알코올인 2-헥실데카놀과 천연의 포화지방산인 미리스친산에서 조제되고 있다. 일반적으로 지방산에스테르의 피부 1차 자극성은 그 총탄소수의 증가와 함께 감소하는 경향이 있고, 그 경계는 탄소수 24-26이라고 한다. 미리스친산 헥실데실의 총탄소수는 30이며, 완전한 포화에스테르이므로, 빛, 열 및 산화 등에 의한 경시적 변화도 적고 매우 안전성이 높은 에스테르이다. 또 화장품원료로서의 미리스친산 헥실데실은 미생물학적으로는 어느 정도의 한도에서 안정한 에스테르로 생각되고 있다.

물성적으로는 탄소수가 비교적 큰 것에도 불구하고 실온에서는 액상이며, 응고점이 매우 낮은 점(약 -40℃)이 특징이다. 분자구조적으로는 측쇄가 분자의 거의 중앙에 있고 피부 상에서 형성된 피막의 수증기투과성이 뛰어나고 피부의 정상적인 대사작용을 저해하지 않는다.

## 3. 응용

경시적 안정성이 뛰어난 높은 안전성의 포화액상에스테르이며 기초화장품의 유상원료를 비롯하여 마무리화장품 등에도 널리 사용되고 있다.

저자극성 액상 에스테르 중에서도 끈적거림이 적고 퍼짐성도 뛰어나며 피부 상에서 엷은 피막을 형성한다. 또 적당한 수증기투과성이 있기 때문에 피부의 대사작용을 저해하지 않고, 피부에 유연성을 주기 때문에 기초화장품의 주된 유성원료로서 많이 사용될 수 있다. 립스틱 등에 첨가할 경우, 안료의 퍼짐과 분산성을 좋게 하고, 다른 유상성분과 왁스류의 상용성을 좋게 하기 때문에, 색 변화나 땀 발생도 적고, 광택있고 퍼짐이 좋은 제품으로 된다. 또 무자극성, 퍼짐성이 좋아 피부호흡을 방해하지 않는 등의 특징을 살려, 썬오일과 맛사지오일 등에 응용되고 있다.

## 5 미리스친산 옥틸도데실(2-Octylodecyl myristate)

### 1. 물성

성상은 거의 무색 투명한 유액으로 냄새는 거의 없다.

| | |
|---|---|
| 비 중 | 0.850-0.860 |
| 굴절율 | 1.453-1.457 |
| 흐린점 | 10℃ 이하 |
| 산 가 | 7.0 이하 |
| 에스테르가 | 90-111 |
| 요소가 | 7.0 이하 |

### 2. 개요

미리스친산 옥틸도데실은 화장품용 유성원료로서 사용되고 있는 포화고급지방산인 미리스친산과 가베이트 반응에 의한 2분자의 데실알코올을 축합해서 얻어지는 포화 측쇄알콜의 2-올틸도데카놀과의 에스테르이다. 대표적인 액상에스테르로서, 화장품 원료기준에 기재된 이래, MOD라는 명칭으로 널리 알려져 있다. 측쇄를 지닌 합성에스테르는 직쇄에스테르에 비해 다음과 같은 특징이 있다. ① 측쇄기가 들어있기 때문에 수분과 산소의 투과성이 좋아지며 따라서 피부호흡이 방해받지 않기 때문에 생리적으로 유용한 유제이다. ② 측쇄화 함으로서 융점이 낮아지고 상온에서 액상으로 된다. ③ 산화안정성이 향상된다. ④ 내가수분해성, 안정성이 향상된다($\beta$자리 측쇄상 타입). ⑤ 색상, 향기가 좋다. ⑥ 미생물학적으로 안정하다. ⑦ 점도가 낮아짐에 따라 산뜻한 감촉으로 되는 것 등이다.

시제품은 95% 이상의 미리스친산 옥틸도데실을 함유하고 잘 정제되어 있어서 광범위한 화장품유제로서 이용되고 있다.

### 3. 용도 및 응용

미리스친산 옥틸도데실의 화장품용 유성원료로서의 특징은 ① 피부와 친숙하며 무자극이다. ② 유화제품에 유성이 적은 깨끗한 감을 제공한다. ③ 유상성분 상호간의 혼화제로 된다. ④ 피부에 대해 침투성이 좋다. ⑤ 응고점이 낮고 산・알칼리에도 안정하다. ⑥ 색소,

향료 등의 용제, 보류제로서 뛰어나다. ⑦ 색, 냄새 등도 만족할 만하다. ⑧ 국소 자극성이 없고 표피형성이 빠르다는 것 등이다.

이상의 특징에서 클렌징크림, 맛사지크림, 모이스쳐크림, 유액, 헤어크림, 액상메이크업제품, 파우더제품, 립스틱, 베이비오일, 썬텐오일의 유성기제로서 그리고 샴푸, 비누, 쉐이빙 폼 등에 과지방산제로서 사용될 수 있다.

## 6 미리스친산 이소트리데실(MITD)

### 1. 물성

성상은 무색 투명, 무미무취의 유액이다.

| | |
|---|---|
| 비 중 | 0.846-0.858(제1법) |
| 굴절율 | 1.444-1.450 |
| 응고점 | -47℃ |
| 흐린점 | -26℃ 이하 |
| 산 가 | 1.0 이하(제1법, 10g) |
| 에스테르가 | 130-140(제1법) |
| 요소가 | 1.0 이하 |

### 2. 개요

지방산에스테르는 화장품기제로서 중요한 위치를 차지하고 있으나, 옛날부터 널리 사용되어지고 있는 미리스친산 이소프로필은 최근 토끼피부 1차 자극성의 보고가 되는 등 안전성 면에서 재조명되고 있고, 안전성 및 성능이 높은 신규의 화장품기제개발이 요구되고 있다.

지방산에스테르의 안전성에 대해 총탄소수가 26 이상이 아니면 토끼피부 1차 자극성이 저하하지 않는다는 보고가 있다. 또 최근 화장품기제에 요구되고 있는 성능은 피부에 대해 끈적이지 않고 산뜻한 감촉을 주는 것이다. 이와 같은 사용감각은 측쇄상 구조를 지닌 화합물에서 얻을 수 있다고 알려져 있다. 측쇄상 화합물은 직쇄상 화합물에 비해 점도, 표면장력, 응고점이 낮기 때문에 확산성, 침투성, 유동성이 뛰어나므로 이러한 감촉이 얻어진다.

MITD는 미리스친산 이소트리데실의 약칭이며 이소프렌 2분자와 아세톤에서 합성한 2급알코올인 측쇄상 이소트리데실알코올과 미리스친산의 에스테르로서 총탄소수가 27이다. 측쇄상 2급알코올의 에스테르이기 때문에, 점도가 낮고 산뜻하며 호호바유와 같은 감촉이 있다. 또 저온특성에 뛰어난 응고점이 -47℃로서 매우 낮은 한랭지에서의 온도변화에 따른 문제가 없다. 또 내가수분해성으로 뛰어난 상용성도 좋아서 화장품의 모든 분야에서 광범위한 이용가치가 있는 유성기제이다. 특성은 아래와 같다.

① 표면장력: MITD는 다른 에스테르에 비해 매우 낮은 치를 나타낸다(〈표 2-1〉 참조).

〈표 2-1〉 표면장력(dyne/cm)

| | 20℃ | 36℃ |
|---|---|---|
| MITD | 25.0 | 24.7 |
| 미리스친산옥칠도데실 | 33.1 | 32.2 |
| 2-에칠헥산산세틸 | 32.4 | 32.2 |

② 점도변화: 미리스친산 이소프로필은 6℃, 미리스친산 옥틸도데실은 0℃, 2-에칠헥산산세틸은 -3℃에서 응고하기 시작하지만, MITD는 -47℃까지 응고되지 않고 저온에서도 물성변화가 적은 유성이다.

③ 가수분해 안정성: MITD는 가수분해에 대해 매우 양호한 안정성을 나타낸다(〈표 2-2〉 참조).

〈표 2-2〉 내알칼리성 분해율(%)

| | 5hr | 15hr | 40hr |
|---|---|---|---|
| MITD | .024 | 0.52 | 0.87 |
| 미리스친산옥칠도데실 | 0.35 | 1.21 | 2.20 |
| 미리스친산이소프로필 | 1.00 | 3.40 | 9.20 |

〈측정방법〉: 0.1N-KOH-10% EtOH 용액 50ml에 시약 약 1.5g을 첨가하고 수조상에서 환류시켜 전량을 분석해서 분해율을 측정하였다.

④ 산화안정성: MITD는 다른 에스테르에 비해 과산화물가(POV)의 변화가 거의 없고 산화에 대해 매우 안정하다(〈표 2-3〉 참조).

〈표 2-3〉 과산화물가(meg/kg)

| | 0hr | 1hr | 2hr | 3hr | 4hr | 5hr | 6hr | 7hr |
|---|---|---|---|---|---|---|---|---|
| MITD | 0.53 | 0.59 | 0.54 | 0.57 | 0.62 | 0.72 | 0.73 | 0.69 |
| 미리스친산 옥틸도데실 | 1.48 | 1.80 | 2.03 | 2.20 | 2.27 | 2.56 | 2.71 | 2.92 |
| 2-에칠헥산산 세틸 | 0.16 | 0.30 | 0.26 | 0.26 | 0.57 | 0.91 | 1.25 | 1.68 |
| 미리스친산 이소프로필 | 1.04 | 1.20 | 1.36 | 1.60 | 1.90 | 2.80 | 3.90 | 5.60 |

〈측정방법〉: AOM 테스트
100±5℃에서 air 흡입 500ml/min

## 7 호호바 알코올(Jojoba Alcohol)

### 1. 물성

성상은 무색 투명한 유상액체이다. 에탄올, 유동파라핀, 동식물유에 가용・다가알코올류나 물에는 불용이다.

| | | | |
|---|---|---|---|
| 비 중 | 0.845-0.857 | 응고점 | 9.5-15.5 |
| 산 가 | 0.5 이하 | 중금속 | 20ppm |
| 검화가 | 2 이하 | 비 소 | 2ppm |
| 수산기가 | 165-210 | 건조중량 | 0.2% 이하 |
| 요소가 | 75-95 | 강열잔분 | 0.1% 이하 |

### 2. 개요

호호바 알코올은 미국 남서부(아리조나, 캘리포니아지방), 멕시코북서부(소노라, 바하지방)의 건조지대에 자생하는 관목 호호바(*Simmondsia chinensis, Simmondsia californica*)의 건조종자에서 착유한 호호바유를(탄소수 18-24의 1가불포화알코올과 탄소수 18-24의 1가불포화지방산으로 구성되며, 주로 탄소수 36-44의 모노에스테르이고 트리글리세라이드 외의 성분은 거의 없다) 금조환원함으로서 얻어진다.

불포화알코올의 제법으로서는 검화증류법, 고압환원법, 금조환원법 등 많이 있다. 현재 시장에서 유통되고 있는 호호바 알코올의 제조방법은 주로 탄소수 18-24의 1가불포화알코올 유래이며, 그 구성알코올의 구성비는 대략 옥타데세놀 6%, 에이코세놀 62%, 도코세놀 28%, 테트라코세놀 4%이다.

반응식은

$$RCOOR_1 + 2R'OH + 4Na \rightarrow RCH_2ONa + R_1ONa + 2RONa$$

$$4H_2O \rightarrow RCH_2OH + R_1OH + 2ROH + 4NaOH$$

$RCOOR_1$ : 호호바유

$R'OH$ : 4-Methyl-2-Pentanol

으로 나타나며, 톨루엔 중에서 나트륨을 분산시킨 반응층에 4-Methyl-2-Pentanol 및 호호바유, 톨루엔의 혼합액을 첨가하면서 반응시키고, 미반응물을 가수분해시켜 더욱 탈용제 후, 증류 정제한다.

### 3. 응용

천연유래의 액상 불포화알코올로서는 탄소수 18의 오레일알코올이 일반적으로 이용되고 있다. 탄소수 18 이상의 액상 불포화알코올의 이용에 대해서는, 원료공급의 문제도 있고 그다지 사용되고 있지 않다. 따라서 호호바알코올의 응용에 대해서는 화장품용 원료로서 개발된지 몇 년밖에 되지 않아 아직 확립되어 있지 않다.

그럼에도 불구하고 그 안전성에 대해서는 급성독성(마우스), 눈점막 1차 자극성(토끼), 피부 1차 자극성(모르모트), 누적피부자극성(토끼), 감작성(모르모트), 사람피부의 피부 1차 자극성, 누적도포에 따른 피부자극성, 광독성에 대한 시험이 있었고, 화장품용 원료로서의 안전성에 대해서는 확립되어 있다.

화장품으로의 이용은 유화안정조제, 피부, 모발을 유연하게 하므로 크림, 유액, 에탄올에 녹기 때문에 헤어로션, 화장수 등의 에모리엔트제로서 이용되고 있다. 또 최근에는 향료의 용제로서 이용되기도 한다. 유화제, 세정제의 원료로서 검토되고, 에칠렌옥사이드 첨가, 술폰화물 등이 만들어져 있으나 코스트문제로 현재는 아직 이용되고 있지 않다.

## 8 베헤닐알코올(Behenyl alcohol)

### 1. 물성

성상은 백색의 박편, 입자 또는 덩어리로 거의 약한 특이적 냄새가 있다.

| 융 점 | 65-73℃(제2법) | 수산기가 | 165-185 |
|---|---|---|---|
| 산 가 | 1 이하(제2법, 10g) | 요소가 | 3 이하 |
| 검화가 | 3 이하(10g) | 강열잔분 | 0.1% 이하(제1법, 5g) |

## 2. 개요

베헤닐알코올은 채종 환원알코올에서 분취 정제한 탄소수 22의 포화고급알코올이다. 화장품원료로서 많이 이용되고 있는 고급알코올, 세탄올, 스테아릴알코올에 비해 탄소수가 크고, 안전성이 높으며 유화안정성이 뛰어나다.

성분표시가 세탄올, 스테아릴알코올은 의무화되어 있지만, 베헤닐알코올은 표시할 필요가 없다는 것과 안전성이 높기 때문에 널리 이용되고 있다.

베헤닐알코올의 유화성능에 대해서, 세탄올, 스테아릴알코올과 비교한 결과를 아래에 나타내었다.

① 베헤닐알코올은 세탄올과 스테아릴알코올과 같은 유화상태(유화입자의 크기)를 나타내지만, 유화안정성이 뛰어나다(유동파라핀-물계통 에멀젼).

② 베헤닐알코올은 실온에서 증점성이 세탄올, 스테아릴알코올보다 작다. 또 온도에 따른 점도의 변화가 적고 점도의 내온도성이 뛰어나다.

시판되고 있는 베헤닐알코올에는 베헤닐알코올 함유량이 65%인 것과 80%인 것이 있다.

## 3. 응용

베헤닐알코올은 포화직쇄탄화수소쇄의 말단에 수산기가 있기 때문에, 세탄올과 같이 유화안정조제로서 O/W 및 W/O형 에멀젼에 사용된다. 또 에멀젼에 첨가하면 높은 점성이 생기기 때문에 에멀젼의 증점제로서 사용된다. 또 피부를 보호하고 매끄럽게 하며 끈적임이 없고 광택이 나게 해서 에멀젼의 백색화를 촉진한다.

크림류, 유액류 등 기초화장품의 증점제, 유화안정제, 에모리엔트제로서 립스틱, 스틱화장품 등의 융점, 조도, 연착력의 조절제, 피부보호제로서 사용된다. 세탄올에 비해, 에멀젼 점도의 온도변화가 적기 때문에, 특히 유액의 증점제로서 탁월하다.

또 고형비누에 첨가하면 거품의 안정화, 감촉개량, 붕괴성의 조정 등에 작용을 한다. 더욱이 린스, 트리트먼트의 증점제, 유화안정제, 감촉개량제로서도 사용된다.

# 9 바틸알코올(Bathyl alcohol)

## 1. 물성

성상은 백색-미황색의 결정성분말로, 거의 약한 특이냄새가 있다.

| | |
|---|---|
| 수산기가 | 315-345 |
| 융 점 | 60-70℃(제2법) |
| 건조감량 | 1%이하(2g, 감압, 실리카겔, 1시간) |
| 강열잔분 | 0.1%이하(제1법, 2g) |

## 2. 개요

바틸알코올은 천연에서는 상어류의 간유 중에 키밀알코올, 세라킬알코올, 스쿠알렌 등과 함께 존재한다. 천연품은 품질이 불안정하거나 함량도 적기 때문에, 최근에는 품질변동이 적고 고도로 정제된 합성바틸알코올이 공급되게 되었다.

동식물성 왁스나 고급알코올에 비해, 건습효과가 뛰어난 보호피막을 형성하는 특성이 있고, 에모리엔트제로서 유용하다. 또 가열하(100-110℃)에서 장시간 공기 산화시켜도 산가의 경시변화가 없고 매우 안정성이 뛰어난 왁스성분이라고 할 수 있다. 그리고 바틸알코올과 키밀알코올을 혼합함으로서 단일조성에 비해 융점이 저하되는 성질이 있기 때문에, 용도에 따라 혼합해서 사용하는 것이 효과적이다. 대응하는 고급알코올보다 독성이 적다고 보고되고 있고, 토끼에 대한 피부자극이나 눈 자극도 거의 없으며, 매우 안전성이 높은 왁스성분이라 할 수 있다. 또 정균 작용과 항염증 작용이 있다고 보고되고 있기 때문에 모든 화장품분야에서 이용가치가 높은 유용한 왁스성분으로 생각된다.

## 3. 응용

천연에 존재하는 불검화성 왁스인 바틸알코올은 화학적 안정성이 높고, 저자극성일 뿐만 아니라, 다른 왁스에는 없는 특성을 살려서 기초화장품을 비롯해 보다 많은 화장품에 이용되고 있다.

왁스에스테르, 고급지방산, 고급알코올 등의 왁스성분과 비교해서, 보습성이 풍부하고 유성감이 적은 피막을 형성하기 때문에 크림, 유액 등의 기초화장품의 에모리엔트제로서 첨가하면 효과적이다. 지방산 모노글리세라이드와 유사한 구조를 하고 있으나, 내열성과 내가수분해성이 뛰어나기 때문에 유화형 화장품의 유화보조제로도 사용 가능하다. 단일로 사용해도 어느 정도의 유화작용을 갖기 때문에 소량의 이온성 계면활성제를 병용함으로서 O/W 에멀젼을, 다른 친유성 계면활성제와 병용하면 W/O 에멀젼을 형성할 수 있기 때문에 특징있는 제제의 설계가 가능하다. 또 소량의 첨가에 따라 에멀젼의 점성을 높이는 성질이 있으므로 고형분이 적은 크림, 유액에 응용하는 것도 가능하다.

Chapter 3

# 보 습 제

## 1 히아루론산

### 1. 물성

일반적으로는 히아루론산나트륨으로 제조 판매되고 있다.

히아루론산나트륨의 성상은 백색의 분말로 물에 가용하며, 히아루론산의 분자량과 농도, pH, 이온강도 등에 따라 여러 가지 점탄성을 가진 젤리나 점조 용액을 형성한다.

### 2. 개요

히아루론산은 1934년 Meyer 등에 의해 소의 유리체에서 분리, 명명된 대표적인 글리코사미노글리칸이다. 히아루론산은 포유동물의 결합조직 중에 널리 그리고 대량으로 분포되어 있고 닭벼슬, 건, 피부, 대동맥, 관절액 등에 많이 들어있다. 그 외 연쇄상구균 등의 미생물도 생산한다고 보고되어 있다.

현재 공업생산에 이용되고 있는 히아루론산의 추출원료는 닭벼슬이지만, 최근 미생물(연쇄상구균)의 발효생산으로 대량생산이 가능하게 되었다(〈표 3-1〉에 생체추출과 발효 히아루론산을 비교하였다).

닭벼슬에서의 히아루론산 조제에 있어서는 여러 단백질, 그 외 뮤코다당, 핵산 등을 제거하기 위해 효소처리로 단백질분해 및 세틸피리지니움클로라이드법으로 뮤코다당의 분리 등 복잡한 공정을 거쳐서 정제된다. 한편, 연쇄상구균(*St. zooepidemicus*)에서의 발효

생산은 글루코스를 탄소원으로 해서 효모추출물과 펩톤을 질소원으로 하는 배지에서 약 48시간 배양해서 히아루론산을 생성한다. 배양종료 후 균체와 불순물을 여과해서 제거한 뒤, 알코올침전법 등의 간단한 조작으로 고순도의 히아루론산(단백질함량 0.1% 이하)이 얻어진다.

〈표 3-1〉 생체추출 히아루론산과 발효 히아루론산의 비교

| | 생체추출 히아루론산 | 발효 히아루론산 |
|---|---|---|
| 히아루론산의 존재상황과 제법에 대한 영향 | 단백질, 그외 뮤코다당류와의 복합체를 형성하기 때문에, 분리정제에는 복잡한 공정이 필요하다. | 단독으로 생산되므로 분리정제에는 복잡한 공정이 필요없다. |
| 히아루로니다제 공존에 따른 히아루론산에 대한 영향 | 공존하는 히아루로니다제로 인해 히아루론산의 저분자량화가 일어날 가능성이 있다. | 히아루로니다제를 생산하지 않는 미생물을 선택함으로서 히아루론산의 저분자량화를 피해서 얻는다. |
| 이 용 | 희소가치가 높기 때문에 사용제품, 사용량이 한정된다. | 다량으로 널리 이용될 수 있다. |

정제된 히아루론산의 안전성은 $LD_{50}$, 아급성 독성, 변이원성시험, 눈점막 자극시험, 피부 1차 자극시험, 누적피부자극시험, 사람의 패치테스트 등 모두 negative여서 매우 안전성이 높다.

히아루론산의 약리 작용으로는 임파구와 마크로파지의 유주 저해, 각종 세포의 adhesion, aggregation, detachment에 관여, 열상과 창상에 대한 치유 등이 보고되어 있다.

## 3. 응용

### 1) 화장품

히아루론산은 저습도, 고습도조건 하에서 거의 같은 정도의 높은 흡습성(〈그림 3-1〉 참조)과 독특한 사용감촉이 있기 때문에, 여러 화장품에 배합되고 있다.

크림, 유액, 화장수, 미용액, 팩, 세안료 등의 기초화장품, 유화타입의 립스틱과 파운데이션 등의 메이크업류 그리고 기능성 헤어제품에까지 응용되고 있고 앞으로 계속 응용범위가 넓어질 것이다.

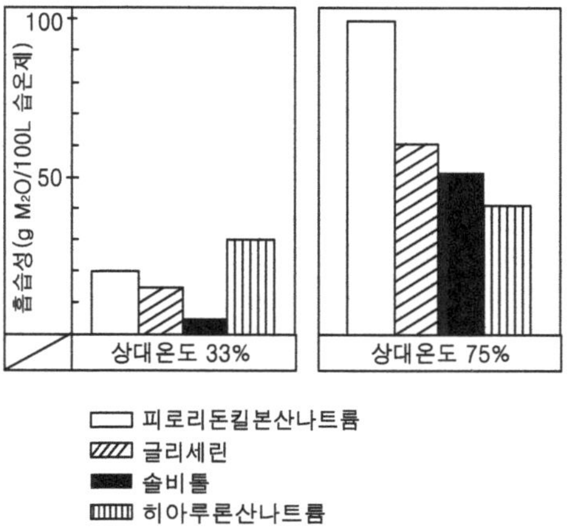


〈그림 3-1〉 히아루론산의 흡습성

2) 의약품

히아루론산은 국내외에서 의약품으로서 개발이 진행되고 있다. 정형외과에서는 변형성 관절증, 피부과에서는 열상, 진창, 창상 등, 안과에서는 백내장용 안내 주사제, 수의과에서는 경주용 말의 비화농성 관절염 치료약 등으로 사용되고 있다. 대량생산이 가능하게 된 히아루론산의 응용연구는 앞으로 보다 폭넓게 될 것이다.

## 2 뮤코다당류(Mucopolysaccharides)

### 1. 개요

뮤코다당은 동물조직 중에서 일반적으로 단백질복합체로서 존재하는 아미노산을 포함한 다당의 총칭이며 글리코사미노글리칸이라고 불리고 있다.

뮤코다당은 다른 당류(글루코스, 글리코겐)와는 달리, 대사되어 생체에너지원으로 되지 않고, 조직의 구성물질로서 조직의 유지와 강도, 유연함 등에 중요한 역할을 함과 동시에, 세포 외액의 용량조절, 전해질의 이동, 칼슘의 조직에서의 평형과 침착 등 중요한 기능을 하고 있다.

뮤코다당을 분류하면, 산성기가 없는 중성 뮤코다당과 산성기가 있는 산성 뮤코다당으로 구별되며, 전자에서는 키틴, 후자에서는 히아루론산, 콘도로이친황산, 헤파린 등이 알려져 있다.

주된 뮤코다당의 기본적 구조를 〈그림 3-2〉에 나타내었다.

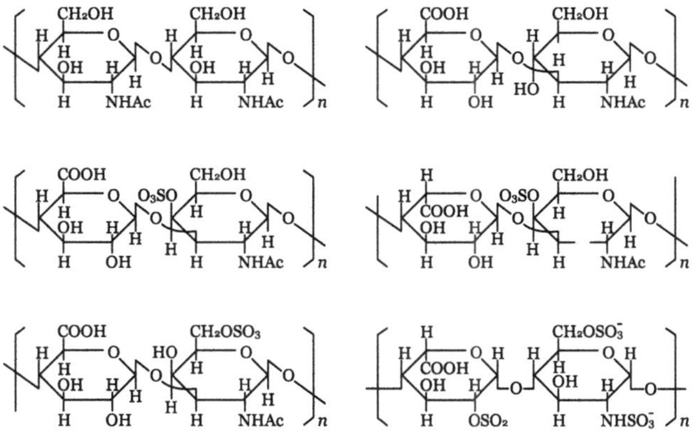

〈그림 3-2〉 주된 뮤코다당의 기본적 구조

이것들 중에서 키틴은 각종 용매에 대단히 녹기 어려운 백색무정형물질로서 갑각류의 외피에서 단백질과 탄산칼슘 등의 무기염을 제거해서 분리 정제된다. 히아루론산은 물에 녹으면 현저하게 점성이 높은 용액으로 되는 백색무정형물질이며 평균분자량은 수십 만에서 수백 만이다. 관절액 등에 존재하고 있고 닭의 벼슬에서 추출되지만, 최근 미생물을 이용해서 저가로 제조할 수 있게 되었다. 콘도로이친황산은 분자량 수만의 다당황산에스테르로서 분광도와 우론산의 종류, 황산기의 결합위치 차이와 개수 등에 따라 많은 이성체가 알려져 있고, 포유동물의 연골과 피부 등을 원료로 얻어진다. 헤파린은 혈액응고방지작용을 하는 것으로 알려져 있는 분자량 수만의 물질로서 식용동물의 간, 폐 또는 장점막에서 얻어진다.

## 2. 응용

피부에 존재하는 히아루론산, 콘도로이친황산 등의 산성 뮤코다당은 결합조직 중에서 단백질복합체로서 높은 보수력이 있고, 세포에 적절한 습윤환경을 주어서 대사를 원활히 한다. 이것에 의해 세포유지능이 생기고, 피부의 윤활성과 유연성을 주며, 외력 및 박테리아 등의 침입에 대해 피부가 보호된다고 생각된다.

가령과 함께 피부의 히아루론산이 감소하는 것과 조직배양에서 aging과 함께 세포의 콘도로이친황산이 감소하는 것은, 세포표면의 보수기구의 변동을 시사한다고 생각되지만, 이것이 피부의 탄력이 없어지고 주름이 느는 큰 원인이라고 한다.

이런 관점에서 뮤코다당 중 특히 산성 뮤코다당을 중심으로 폭넓게 검토되고 있고, 화장품분야에서는 히아루론산과 콘드로이친황산이 보습제로서 개발되고, 또는 제품에 매끈한 사용감을 주는 감촉개량제로서 현재 응용되고 있다. 또 의약품으로서는 동맥경화, 신경통, 관절염 등의 치료 및 예방에 이용되며, 식품에는 보수제, 유화안정제로서 이용되고 있다.

생체유래의 보습제의 특징은 보습력이 높다는 점이다. 진피 내에서는 콜라겐섬유와 뮤코다당류와는 결합상태로서 수분을 다량 함유한 기질을 형성하고 있다는 것에서 뮤코다당을 단독이 아니고 두 가지를 조합함으로서 뛰어난 보습효과가 기대된다.

또 한편으로 단백질과 결합한다든지 세포간극 중에 갇힘으로서 발현되지 않았던 뮤코다당의 기능이 외부에서 유리된 형태로 주어짐으로서 처음으로 발현되는 것도 예상되며, 앞으로의 검토가 기대된다.

## 3 1,3-부틸렌글리콜(1,3-Butylene glycol)

### 1. 물성

성상은 모두 거의 무취의 감미를 가진 점성액체로 보습성이 있다.

| | |
|---|---|
| 비 중 | 1.004-1.007(제1법) |
| 비 점 | 207.4℃(760mmHg) |
| 융 점 | -77℃ 이하 |

### 2. 개요

1,3-부틸렌글리콜은 포도주, 숙성치즈, 쥐의 간장, 토양효모, 옥수수 오일, 해바라기 오일, 양유지, 생선의 간유 등에 들어있다. 또 알코올 발효, 락토오스 발효생성물 중에 나타난다.

공업적으로 제조된 것은 독일이 1927년에 합성고무(BUNA)의 중간체 원료로서 아세칠렌에서 아르돌을 거쳐 합성한 것이 최초였다. 현재 공업적으로는, 에칠렌을 산화시켜 아세트알데히드로 해서 아르돌축합으로 아르돌을 얻고, 아르돌의 물첨가에 의해 합성된다. 그 외 프로필렌과 포름알데히드에 의한 제법, 1,3-부틸렌옥사이드의 가수반응에 의한 제조가 있다.

유럽에서는 독일의 Chem Werke Huls사, 미국에서는 Celanese사, 일본에서는 다이세루(주), 쿄우와유카(주)가 제조하고 있다.

### 3. 응용

적당한 습윤성, 양호한 용해성 및 항균성이 있고, 피부에 대한 자극성, 독성이 적고 또 글리세린보다 깨끗한 사용감으로 끈적거림이 적기 때문에 각종 크림, 로션, 에어졸 제품, 치약 등의 보습제, 용제, 향료보류제로서 널리 사용되고 있다.

또 폴리에스테르계 가역제, 폴리염화비닐의 가역제, 폴리에스테르수지원료, 알키도수지원료, 폴리우레탄원료에도 응용된다. 그리고 담배, 셀로판, 비니론 필름 등의 습윤제로서도 사용되고 있다. 그 외 피하주사약의 용제, 사료첨가제에도 응용된다.

## 4 솔비톨(Sorbitol)

### 1. 물성

성상은 중성이다.

| 염화물 | 0.005% 이하 | 포도당 | 0.1% 이하로 |
|---|---|---|---|
| 황산염 | 0.006% 이하 | 당 류 | 1% 이하로 |
| 중금속 | 5ppm 이하 | 건조감량 | 2.0% 이하 |
| 니 켈 | 2ppm | 강열잔분 | 0.02% 이하 |
| 비 소 | 1.3ppm 이하 | 정 량 | 97.0% 이상 |

### 2. 개요

솔비톨은 식물계에 널리 분포하고 있으며 해조류 중에 13%, 감귤류 등에 1-10% 들어있고 동물계에도 존재한다.

솔비톨의 합성법으로서는 전분, 덱스트린, 맥아당 등의 분해환원, 설탕의 전화환원, 과당의 환원 등으로 얻어지지만, 포도당을 환원시키는 방법이 가장 경제적이고 또 순수한 솔비톨이 얻어지기 때문에 현재는 모두 이 방법이 채택되고 있다.

보통 50% 정도의 포도당수용액에 촉매로서 Raney Ni를 첨가 현탁하고 적정 pH로 조절해서 수소압 50-180kg/cm$^2$, 온도 50-150℃에서 심하게 섞으면서 반응시킨다. 반응조건은 회사마다 조금씩 차이가 있다. 반응이 끝나면 수소의 흡수가 멈추기 때문에 환원당량을 검사한 뒤, 반응조에서 꺼낸다. 환원액에서 촉매를 제거하고 활성탄으로 처리한 후 이온교환수지로 이온정제를 한다. 이것은 조제장치의 재질, 원료포도당, 촉매에서 나오는 철, 니켈 등의 양이온과, 원료 중에 들어있거나 반응 중에 부수적으로 발생하는 기산, 초산, 유산 등의 유기산의 음이온을 제거하기 위한 것이다. 탈이온액은 농축시켜 70% 수용액 또는 더욱 농축시켜 고형, 과립, 분말 등으로 한다.

솔비톨은 물에 아주 잘 녹고 메탄올, 에탄올 및 초산 등에 어느 정도 녹지만, 일반 유기용매에는 거의 녹지 않는다. 이 제품은 물, 메탄올, 에탄올 등에서 재결정되지만, 그 방법으로 1분자의 결정수를 가진 mp92℃의 준안정형과, 1/2분자의 결정수를 가진 mp97℃의 안정형의 2가지가 있다. 무수물의 mp는 110℃이다. 이 제품의 용해열은 -26.5cal/g으로 녹였을 경우 흡열로 찬 느낌의 청량감이 있다.

### 3. 응용

솔비톨은 습윤조정제, 유연제로서 각종 화장품에 이용되고, 보통은 솔비톨액(70%)을 사용한다. 또 독성, 자극성이 없기 때문에 치약 등에도 사용된다. 이 제품은 가역효과가 있으며 크림표면에 생기는 갈라짐을 방지하고, 갈라짐에 따른 수분손실을 방지하는 동적 흡습도를 억제한다.

솔비톨을 황산 및 유기물을 촉매로서 가열하면 분자 내 탈수가 일어나서, 1분자 탈수하면 솔비탄으로 되고, 2분자 탈수하면 솔바이드로 된다. 이것에 촉매를 사용하여 지방산을 반응시키면 에스테르화 되어 친유성의 비이온성 계면활성제(Span계)가 얻어지고, 또 산화에칠렌을 부가하면 친수성의 계면활성제(Tween계)가 얻어진다.

또 다른 용도로서, 솔보스, 비타민 C의 원료, 피혁, 인쇄롤의 습윤제, 연화제, 합성수지의 가역제인 프로필렌글리콜의 원료, 부동제로서 이용된다. 의약품으로서는 간질환, 당뇨병의 물, 에너지보급, 수술전후의 물, 에너지보급에 이용된다.

## 5 말티톨(Maltitol)

### 1. 물성

시제품은 여러 등급이 있으나, 70-80% 수용액의 것이 많다. 여기서는 대표적인 것만 소개한다. 성상은 무색 투명하고 점성, 감미의 액체이다.

| | |
|---|---|
| pH | 5.0-6.5(30% 수용액) |
| 고형분 | 74.0% 이상 |
| 말티톨 | 75% 이상(고형분당) |

### 2. 개요

말티톨은 전분에 이소아밀라제를 작용시켜 전분의 아밀로펙틴의 분지점으로 되어있는 $\alpha$-1,6글루코시드 결합을 특이적으로 분해하고, 직쇄상 분자로 만든 다음, $\beta$-아밀라제를 작용시켜 얻어진 고순도의 말토스에 라네니켈을 촉매로 고온, 고압 하에서 수소첨가해서 얻어지는 2당류 당알코올이다. 말티톨은 물에 잘 녹고, 에칠알코올에는 잘 녹지 않는다.

말티톨은 비교적 열에 안정하고, 150℃ 이하의 가열로 거의 분해되지 않는다. 170℃ 이상에서는 가열온도가 높게 됨에 따라 일부 분해되고, 200℃ 이상에서는 많이 분해되어 착색된다.

말티톨의 산에 대한 안정성은 pH 3-7사이에서는 100℃, 1시간의 가열에도 거의 분해되지 않으며, pH 2($H_2SO_4$로 조제)에서 1시간, 100℃로 가열하면 6% 정도 분해된다. 말티톨은 알데히드기를 포함하지 않기 때문에, 솔비톨 등의 당알코올과 같이 아미노산, 단백질이 공존하더라도 아미노카르보닐반응(메이라드반응)을 일으키지 않는다.

Chapter 4

# 계면활성제

## 1 설탕지방산에스테르(Sucrose fatty acid ester)

화장품원료로서 뛰어난 적성을 갖고 있다. 각종 화장품에 광범위한 이용가치가 있고 매년 사용량이 증가하고 있다.

### 1. 응용

설탕지방산에스테르는 넓은 범위의 HLB치의 제품이다. O/W 유화제, W/O 유화제, 분산제, 기포제, 왁스베이스로서, 베니싱크림, 나이트크림, 쉐이빙크림, 클렌징크림, 핸드크림, 샴푸, 화장비누, 치약, 로션, 정발료 등에 사용된다.

크림, 유액 등의 유화제로서 사용하면 피부와의 친화성이 좋고 피부 상에서 퍼짐성이 뛰어나 끈적거림이 적어지는 등의 특징이 나타난다. 에스테르화 정도가 높은 슈가왁스를 크림, 유액 등의 왁스베이스로서 사용하면 ① 피부, 인체에 대한 생리작용이 순하다. ② 그 외 유상기재, 향료와의 친화성이 좋다. ③ 칙소성이 큰 크림으로 되어 용기에 충진시키기 쉽다. ④ 피부 상에서의 퍼짐이 좋고 손틈방지효과가 큰 점 등의 특징이 있다. 또 립스틱 등의 스틱제품에 사용하면, ① 제품의 윤기가 향상된다. ② 저온기후 하에서의 착성이 향상된다. ③ 향료의 보류효과가 좋다. ④ 안료의 분산성이 높아지는 등의 효과가 있다.

피부와 눈 점막에 대한 자극성이 적고 저자극성 샴푸기재에 최적이다. 구강점막에 대한 자극성이 아주 적고, 사용직후에도 음식 맛에 변화를 주지 않기 때문에 치약용 세정제로서 유효하다. 또 항덴탈프라크제로서도 유효하다.

## 2 폴리옥시에칠렌피토스테롤(PEG Sova Sterol)

### 1. 물성

〈표 4-1〉 폴리옥시에칠렌피토스테롤의 물성

| NIKKOL | BPS-5 | BPS-10 | BPS-15 | BPS-20 | BPS-25 | BPS-30 |
|---|---|---|---|---|---|---|
| 외관(25℃) | 백색-엷황색 | 백색-엷황색의 페스트-왁스상고체 | 백색-엷황색 왁스상고체 | 백색-엷황색 왁스상고체 | 백색-엷황색 왁스상고체 | 백색-엷황색 왁스상고체 |
| 색 상(G) | 5 이하 | 5 이하 | 5 이하 | 5 이하 | 5 이하 | 5 이하 |
| 산 가 | 0.25 | 0.18 | 0.06 | 0.07 | 0.11 | 0.09 |
| 수산기가 | 95.8 | 67.3 | 52.8 | 43.9 | 40.3 | 37.0 |
| pH(5%) | 4.8 | 5.2 | 5.0 | 5.5 | 5.7 | 5.7 |
| H L B | 9.5 | 12.5 | 15.0 | 15.5 | 18.0 | 18.0 |

주) 상품명의 뒤 숫자는 산화에칠렌의 평균부가몰수를 나타낸다.

### 2. 개요

폴리옥시에칠렌피토스테롤은 식물계에 널리 분포되어 있는 스테로이드알코올(주로 $\beta$-시토스테롤, 스티그마스테롤, 칸베스테롤로 된 혼합물)에 산화에칠렌을 부가 중합시켜 얻어지는 비이온계면활성제이다. 산화에칠렌의 부가중합 몰수를 변화시킴으로서 친유성-친수성의 것이 얻어진다. 〈표 4-1〉에 시제품의 물성치를 나타내었다.

### 3. 용도 및 응용

폴리옥시에칠렌피토스테롤은 화장품분야에서 유화제, 가용화제, 분산제 등으로 널리 사용되고 있다.

유화력은 폴리옥시에칠렌알킬에테르에 비해 조금 약하기 때문에, 보조유화제로서 배급된다. 유화물의 점도저하작용이 있기 때문에 고 내상비의 O/W유화계의 유화(보조)제로서 유효하다.

폴리옥시에칠렌 고 mol 부가물은 향료, 비타민, 스테로이드 호르몬 등의 가용화력이 뛰어나고 또 저기포성의 특징을 가지며 안료분산성에도 탁월하다. 〈표 4-2〉, 〈표 4-3〉에 가용화 특성을 나타내었다.

〈표 4-2〉 비이온계면활성제의 향료 및 비타민에 대한 가용화력

| NIKKOL \ 피가용화물 | 혼합향료A | 혼합향료B | 리모넨 | 비타민 E 아세테이트 |
|---|---|---|---|---|
| BPS-10 | - | - | - | 0.4 |
| BPS-15 | 0.33 | 0.61 | 0.17 | - |
| BPS-20 | 0.25 | 0.50 | 0.10 | - |
| HCO-60 | 0.25 | 1.0 | 0.17 | 0.2 |
| TO-10 | 0.45 | 0.50 | 0.17 | 0.2 이하 |
| PEN-4630 | 0.50 | 1.0 | 0.25 | - |

* 표 중의 숫자는 계면활성제 1g당 가용화되는 피가용화물의 g 수를 나타낸다(25℃).

〈표 4-3〉 각종 스테로이드 호르몬에 대한 가용화력

| 피가용화물 \ NIKKOL | BPS-25 | TO-10 | TL-10 |
|---|---|---|---|
| 테스토스테론프로피오네이트 | 0.025 이상 | 0.0175 | 0.0208 |
| 바이드로콘티존아세테이트 | 0.0075 이상 | 0.002 | - |
| 프레도니조론 | 0.055 이상 | 0.049 | - |
| 에스트론 | 0.006 이상 | | 0.00135 |

* 표 중의 숫자는 계면활성제 1g당 가용화되는 피가용화물의 g 수를 나타낸다(30℃).

## 3 레시친, 물첨가 레시친(Lecithin, Hydrogenated Lecithin)

### 1. 물성

성상은 담황색의 투명 또는 반투명한 점성액으로 거의 약한 특이냄새가 있다.

| | |
|---|---|
| 산 가 | 40 이하(제2법, 2g) |
| 건조감량 | 2.0% 이하(3g, 105°, 1시간) |

## 2. 개요

레시친은 동식물계에서 생체막의 구성성분으로 널리 분포하며, 생체유지에 중요한 역할을 담당하고 있다. 레시친은 주로 동식물유에서 유기용매로서 추출, 분리해서 제조되고 있다. 현재 공업적으로 대량생산되고 있는 것은 대두레시친과 난황레시친이지만, 대두레시친의 생산량 쪽이 압도적으로 많다. 천연 레시친은 포스파티딜콜린(PC), 포스파티딜에탄올아민(PE), 포스파티딜이노시톨(PI) 등 각종 인지질 혼합물이며, 이들 혼합물을 총칭해서 레시친이라고 부르는 경우가 많으나 화학적으로는 PC를 가리켜 레시친이라고 한다.

대두레시친과 난황레시친의 차이는 주로 그 인지질조성과 지방산조성에 있다. 대두레시친이 PC, PE 및 PI를 거의 같은 량으로 함유하고 있는 것에 반해 난황레시친의 경우, PC를 약 70% 함유하고 있고, PI가 거의 없으며 약간의 스핑고미에린(SM)을 함유하고 있다. 또 대두레시친은 포화지방산의 함량이 비교적 적고, 리놀산을 주성분으로 하고 있다. 난황레시친의 경우, 오레인산과 팔미틴산을 주성분으로 해서 거의 같은 양을 함유하고 있다. 〈표 4-4〉, 〈표 4-5〉에 레시친의 인지질조성과 지방산조성이 나타나 있다.

〈표 4-4〉 레시친의 인지질조성(%)

| 인 지 질 | 대 두 | 난황 |
|---|---|---|
| 포스파티딜콜린 | 18.5~21 | 70 |
| 리조포스파티딜콜린 | 1~2 | 5~6 |
| 포스파티딜에탄올아민 | 12~16 | 15 |
| 리조포스파티딜에탄올아민 | 1~2 | 2~3 |
| 포스파티딜세린 | 3~4 | - |
| 포스파티딜이노시톨 | 11~14 | 1 |
| 리조포스파티딜이노시톨 | 1 | - |
| 스핑고미에린 | - | 2~3 |
| 프라스마로겐 | - | 1 |
| 피토글리코리피드 | 13 | - |
| 포스파티딘산 | 2 | - |
| 기 타 | 25~30 | - |

〈표 4-5〉 레시친의 지방산조성(%)

| 지방산 | 대 두 | 난 황 |
|---|---|---|
| 팔미틴산 | 17~21 | 36~37 |
| 스테아린산 | 4~6 | 9~15 |
| 오레인산 | 12~15 | 33~37 |
| 리놀산 | 53~57 | 12~17 |
| 리노렌산 | 6~7 | 0.5 |
| 아라킨산 | - | - |
| 아라키돈산 | - | 3.7 |

식품 등에 사용되고 있는 레시친은 중성유지를 40-50% 함유하는 페스트상이 많고 색깔이나 냄새가 좋지 않다. 최근 정제기술과 분획기술의 발달로, 고도로 정제된 인지질 함량이 높은 분말 레시친과 분획하여 PC함량을 높인 고순도 레시친 등이 개발되게 되었다.

레시친은 세포막의 구성성분이기 때문에, 생체에 적합성이 매우 뛰어나다는 점에서 다른 화장품원료에는 없는 유용성이 있다. 또 레시친은 동일분자 중에 2가닥의 장쇄 알킬기와 물에 대한 친화성이 높은 극성기를 가진 양친매 구조이기 때문에 계면활성작용이 있다. 그러나 보통의 계면활성제가 물에 용해되어 미셀을 형성하는데 반해, 레시친의 경우에는 물에는 용해되지 않지만 다량의 물로 희석하면 2분자 막구조를 가진 소포체(리포좀)로서 분산되는 특성을 갖고 있다. 따라서 레시친 리포좀을 이용함으로서 수용성성분과 유용성성분을 동일소포체내에 넣을 수 있다.

이와 같이 레시친은 화장품원료로서 다양하고 유용한 특성을 갖고 있으며, 유용성이 뛰어나다고 인식됨에도 불구하고 실용적인 면에서 보급되어 있다고는 할 수 없다. 이것은 천연 레시친이 가열과 산화에 대해 매우 불안정하기 때문에 장기간의 보존안정성이 요구되는 향장품 제제로 이용하는 것이 곤란하기 때문으로 생각된다. 그렇지만 최근 천연 레시친을 수소첨가한 레시친이 개발되어 이러한 문제를 어느 정도 해결하였기 때문에 모든 화장품분야에서 레시친의 다양한 특성을 살린 제제 개발이 되고 있다.

## 3. 응용

레시친을 화장품에 응용하려는 시도는 꽤 오래 전부터 있었다. 즉, 그 계면활성작용을 살려서 크림, 유액 등의 기초화장품의 유화(조)제로서, 안료의 분산제로서 립스틱 등의 메이크업화장품에, 샴푸, 비누거품의 안정제 등으로서 검토되고 있다. 또 천연 레시친으로는 경시적 안정성이 불충분하기 때문에, 그 기능이 충분히 살아있다고는 할 수 없다. 이것에 대해 수첨레시친은 대부분이 포화지방산으로 구성되어 있기 때문에 화학적으로 대단히 안정하며 피부에 대한 자극도 적으며, 피부에 잘 조화되기 때문에 모든 화장품에 사용할 수 있다. 특히 수첨레시친을 사용한 리포좀은 경시적으로도 안정하고 피부 상에서 물을 함유한 엷은 피막을 형성할 수 있어서 보습기능이라는 면에서 피지의 기능과 유사한 기능을 지닌 제제의 개발이 기대된다. 또 레시친이 폐포와 위 내벽의 표면에 존재하고 외부의 자극에 대한 보호기능을 한다는 보고도 있으나, 화장품원료의 입장에서도 레시친의 피부에 대한 보호작용과 외부자극을 완화하는 기능은 주목할 가치가 있다. 그리고 수첨레시친을 0.5-1% 정도 첨가함으로써, 에멀전의 내온도성이 개선되어 피부에 대한 감촉도 개량된다.

수첨레시친을 유화제로서 사용할 경우에는, 그 인지질조성이 중요하다. 일반적으로는 PC는 유화성능이 뛰어나 에멀전 생성을 용이하게 하며, PE와 PI는 에멀전의 안정화제로서 유효하다. 또 각층수분을 일정하게 유지하고 피부에 윤기를 제공하는 기능을 발현시키기 위해서도 수첨레시친은 유효하다. 수첨레시친을 첨가한 크림을 바른 경우, 보습효과가 장시간 지속되며, 건조된 각층을 리포좀에 침적시킴으로서 각층의 수분유지기능이 증강된다는 보고도 있다.

이상의 언급한 기능이외에 수첨레시친은

① 탄화수소의 겔화능이 뛰어나다.

② 단독으로 피막을 형성한다.

③ 미분말화가 가능하다.

④ 활성성분의 경피호흡을 촉진한다.

등의 제제개발상 매우 유용한 기능을 지니고 있다.

이와 같이 레시친 및 수첨레시친은 화장품원료로서 이상적인 것이라고 할 수 있다. 저자극성, 고기능화라고 하는 화장품의 맥락을 생각하면, 앞으로 많은 발전가능성이 숨어있을 것으로 생각된다.

## 4 사포닌(Saponin)

### 1. 개요

사포닌은 식물계에 널리 분포하는 트리텔펜 및 스테로이드계의 배당체의 총칭이다. 사포닌이라는 것은 라틴어의 Sapo(비누)에서 유래되어, 물과 진탕하면 지속성의 거품을 내는 천연계면활성물질이다. 동양에서는 생약으로서 예로부터 제염, 진핵, 소염제로서 상용되어 왔다.

트리텔페노이드계의 사포닌인 연명피는 환자목의 과육으로 일본 각지의 산림 속에서 자생하고 생약보다 세안료로서 이용되어 왔다. 이 사포닌은 환자목 추출물로서 JCID(IV-379)에 게재되어 있다. 강한 대전방지력과 항염증작용이 있고, 피부와 모발에 대한 자극완화성, 거품질과 모발의 윤활성 개량제로서 샴푸와 린스에 첨가되고 있다.

키라야사포닌은 칠레, 페루, 볼리비아지역에 분포하는 *Qullaja Saponaria* Mulina(장미과), 통칭 비누나무라고 불리는 상록수의 껍질에서 얻어지는 트리텔페노이드계의 사포닌이다. 다른 사포닌에 비해 대단히 뛰어난 계면활성과 균질성이 있고, 남미와 유럽에서는 옛날부터 세정제와 발포제로서 사용되어 왔다. FDA와 BP에도 수록되고, JECFA에서도 그 안전성이 확인되어 있다.

키라야사포닌의 기포력은 친수성이 높은 폴리글리세린지방산에스테르와 설탕지방산에스테르에 비해 거품이 생기고, 거품안정성도 같거나 그 이상이다. 특히 거품안정성은 거품의 막점도가 대단히 높다. 키라야사포닌은 아니온계면활성제이지만, 분자 내에 다수의 수산기가 있기 때문에 그 표면장력과 기포력은 pH의 영향을 거의 받지 않는다. 또 저농도의 알코올 속에서도 그 기포력은 변화하지 않는다.

### 2. 용도 및 응용

사포닌의 유화력에 관해서는 일반적으로 약한 것으로 되어있으며, 유화제로서는 거의 이용되지 않았다. 그런데 최근 사포닌의 잠재적인 계면활성능을 유도하는 유화방법이 몇 가지 발견되었다.

타시마 등은 수용성 다가알코올에 사포닌 또는 그 염을 가열용해하고 이것에 유상성분을 첨가해서 투명 또는 반투명한 점조액체나 겔을 형성시켰다. 이것을 물에 희석해서 입자가 미세한 O/W에멀젼을 얻었다. 이것은 사포닌 또는 그 염이 물-기름 계면보다도 계면장력이 적은 다가알코올-기름 계면에 빠르게 배향했기 때문으로 생각된다. 와타나베는 키라야사포닌을 이용한 안정한 유화향료를 얻었다. 즉, 액당에 키라야사포닌을 용해시켜, TK호모믹서로 교반하면서 오렌지오일을 첨가해서 투명한 유화향료를 얻었다. 또 이때 친수성이 높은 폴리글리세린지방산에스테르를 병용함으로서 내염내산성이 향상된다는 것을 발견하였다. 시라카와 등은 사포닌이 가용화제로서도 탁월하다는 것을 발견하였다. 사포닌류, 특히 키라야사포닌을 비타민 E의 0.5-4배 량을 이용함으로서 물에 투명하게 분산하는 비타민 E 수용화 제제를 얻었다.

이 외에 사포닌에는 항산화작용이 있고 팥사포닌과 콩사포닌을 화장료에 첨가하면, 피부의 과산화지질량을 감소시켜 흑피증, 간반, 재발성피부염 등의 피부이상을 예방하고 건강한 피부를 지킬 수 있다. 또 육모제로서의 이용 등이 있다.

사포닌의 화장품에의 이용은 현재 그다지 많지 않지만, 앞으로 이용 개발함으로서 응용범위가 넓어질 것으로 전망된다.

## 5 솔비탄지방산에스테르(Sorbitan fatty acid ester)

### 1. 물성

대표적인 화장품의 원료기준으로서 〈표 4-6〉과 같다.

〈표 4-6〉 솔비탄 지방산 에스테르의 화장품원료기준

| | 모노라우린산 솔비탄 | 모노팔미틴산 솔비탄 | 모노스테아린산솔비탄 | 모노오레인산 솔비탄 | 세스키오레인산솔비탄 | 트리오레인산 솔비탄 |
|---|---|---|---|---|---|---|
| 성 상 | 미황색-황갈색의 액체 | 백색-염황색의 왁스상 고체 | 백색-미황색의 덩어리 | 백색-미황색의 액 | 백색-미황색의 액 | 백색-미황색의 액 |
| 융 점(℃) | - | - | 49~65 | - | - | - |
| 산 가 | 13 이하 | 13 이하 | 12 이하 | 10 이하 | 12 이하 | 15 이하 |

| | 모노라우린산 솔비탄 | 모노팔미틴산 솔비탄 | 모노스테아린 산솔비탄 | 모노오레인산 솔비탄 | 세스키오레인 산솔비탄 | 트리오레인산 솔비탄 |
|---|---|---|---|---|---|---|
| 검 화 가 | 155~174 | 135~158 | 145~156 | 142~189 | 150~168 | 163~190 |
| 건조감량 | 3% 이하 | 3% 이하 | 3% 이하 | 3% 이하 | 3% 이하 | 3% 이하 |
| 강열잔분 | 1% 이하 | 1% 이하 | 1% 이하 | 1% 이하 | 1% 이하 | 1% 이하 |

## 2. 개요

포도당을 환원시켜 얻어진 d-솔비톨과 지방산을, 촉매 존재하 또는 무촉매에서 200-250℃로 몇 시간 교반함으로서 얻어진다. 1943년 미국의 Atlas Powder사(현재 ICI)가 Span이라는 상품명으로 발매했기 때문에 스판형이라 부르기도 한다.

일반적인 제조법에서는 에스테르화 반응과 경쟁적으로 솔비톨이 분자 내 탈수반응을 일으켜서, 솔비탄·솔바이드로 변화하기 때문에, 솔비탄지방산에스테르는 이들의 에스테르화물의 혼합물이다. 또 모노에스테르라고 해도, 모노에스테르뿐만 아니라 디에스테르와 트리에스테르도 포함한다. 따라서 시판품은 매우 복잡한 조성이며 여러 크로마토그라피의 분석에 의해 그것이 확인되어 있다. 시판품은 주로 솔비탄에스테르로 되어있고, 최근 솔비톨에스테르가 주성분인 상품도 나와있다.

솔비탄지방산에스테르는 지방산의 종류 및 에스테르화 정도의 차이에 따라, HLB가 약 1-9까지로 여러 품질이 있다. 솔비탄지방산에스테르의 독성연구는 많이 되고 있고, 식품첨가물로서도 허가된 안전성이 높은 것이다. 솔비탄지방산에스테르는 화학명이 동일하다고 해도, 시판품 사이에 솔비톨, 솔비탄, 솔바이드의 생성비율이 다르기 때문에, 그 성질은 상당히 다르므로 주의해서 사용할 필요가 있다. 또 이것은 장원기에 기재되어 있다.

## 3. 용도 및 응용

지방산의 종류, 에스테르화도, 유리 폴리올량 등에 따라, 그 계면활성과 용해성 등이 달라진다. 모노에스테르, 세스키에스테르는 계면활성이 크지만, 트리에스테르는 그것에 비해 계면활성은 그다지 없다.

솔비탄에스테르 단독으로서는 W/O형 유화제로서 사용된다. 오레인산의 모노 및 세스키에스테르 등 액상은 콜드크림, 클렌징크림, 핸드크림 등의 크림류에 사용되고 있다. 연고와 좌약제 등에 유화효과가 이용되고 있다. 최근에는 W/O/W형 유화의 W/O형 유화생성에도 사용되는 경향이 있다. 친수성 유화제와의 조합으로 O/W형 유화를 얻을 수 있다. 일반적으로, 저점도의 에멀젼에는 라우린산과 오레인산의 에스테르가 적당하며, 비교적 고점도의 에멀젼에는 팔미틸산과 스테아린산이 적당하다. 폴리옥시에칠렌형 계면활성제와의 조합에서는 베니싱크림, 나리싱크림, 영양크림, 핸드크림 등에 적용되고 있다.

유리폴리올이 적은 것은 기름으로의 용해성이 좋고, 에모리엔트오일 등의 비수계에서

향료 등의 가용화제로서 효과가 있다. 트리에스테르는 왁스베이스의 립스틱, 파운데이션 스틱 등의 왁스와 기름의 상용제와 안료분산제로서 사용된다.

또 현탁성 주사제의 현탁화제, 경구제의 분산제・코팅제로서도 이용되고 있다. 솔비탄 지방산에스테르는 개발된 지 30년이 넘은 상품이지만, 기본적인 친유성 계면활성제이며 현재에도 여러 용도로 사용되고 있지만, 조성이 매우 복잡하다고 하는 문제점도 있다.

## 6 글리세린지방산에스테르(Glycerin fatty acid ester)

### 1. 물성

대표적인 화장품의 원료기준으로서는 〈표 4-7〉에 나타나 있다.

〈표 4-7〉 글리세린지방산에스테르의 화장품원료 기준

| | 친유형 모노스테아린산글리세린 | 친유형 모노오레인산글리세린 | 자기유화형 모노스테아린산 글리세린 |
|---|---|---|---|
| 성 상 | 백색-미황색의 고체 | 미황색-황색의 액 또는 바세린 같은 물질 | 백색-미황색의 고체 |
| 융점(℃) | 55～70℃ | - | 50～65℃ |
| 산 가 | 15 이하 | 5.0 이하 | 25 이하 |
| 검화가 | 150～180 | 150～175 | 90～175 |
| 요소가 | 3.0 이하 | - | 5.0 이하 |
| 건조감량 | 2.0% 이하 | 2.0% 이하 | 7.0% 이하 |
| 강열잔분 | | 0.5% 이하 | 3.0% 이하 |

### 2. 개요

글리세린에스테르는 1853년보다 이전에 알려져 있었고 1907년에 처음으로 특허를 받았다. 대표적인 화장품명으로는 Tegin(Goldschmidt)이 있다.

글리세린지방산에스테르의 공업적 제법은 글리세린과 지방산을 직접 에스테르화 반응시키는 방법과 글리세린과 유지의 글리세로리시스에 의한 방법이 있다. 두 방법 모두 글리세린의 3개의 OH기에 대해 지방산이 무차별적으로 결합하기 때문에 모노글리세리드, 디글리세리드, 트리글리세리드 및 유리지방산, 유리글리세린이 혼재한다. 또 모노에스테르는 $\alpha$-모노형과 $\beta$-모노형이 있고 디에스테르에는 $\alpha$, $\beta$-디형과 $\alpha$, $\alpha'$-디형이 있다.

모노글리세리드를 예로 들면, 앞의 반응방법에서는 모노에스테르함량은 40-50%로 되고, $\alpha$-모노형이 중심이다. 이것을 분자 증류함으로서 모노에스테르 90% 이상의 고순도 모노글리세리드가 얻어진다. 고순도 모노글리세리드는 시판되고 있다. 시제품에는 비누 또는 다른 활성제를 배합한 자기유화형과 배합하지 않은 것 2종류가 있다.

글리세린지방산에스테르는 지방산의 종류 및 에스테르화 정도 그리고 자기유화형이냐 아니냐에 따라 HLB가 1-10까지 여러 품질이 있다. 천연물유래의 지방산 글리세리드와 초산, 유산, 구연산, 디아세칠주석산, 호박산의 모노글리세리드 등은 글리세린지방산에스테르로서 식품첨가물로 허가되어 있고 안전성이 높은 것이다. 이 제품은 장원기에 기재되어 있다.

### 3. 용도 및 응용

자기유화형의 모노글리세리드는 단독 또는 친수성 유화제를 소량 배합하는 것만으로 각종 크림과 유액 등의 O/W형 유화제로서 널리 이용된다. 비누를 포함한 것은 산, 고농도의 염과 중금속산화물의 영향이 크기 때문에 주의가 필요하다.

자기유화형이 아닌 모노글리세리드도 친수성 활성제와 조합하여 O/W형 에멀젼을 얻을 수 있다. 자기유화형이 아닌 친유형 모노글리세리드는 친유형 유화제로서 각종 크림, 유액, 연고 등에 널리 이용된다. 오레인산에스테르 등의 액상은 처방중의 유상성분의 상용성향상효과를 지닌다.

모노글리세리드를 각종 크림의 왁스성분으로서 사용하면, 안정성이 높고 감촉이 좋고 피부거침이 적은 제품이 된다. 중쇄지방산 모노글리세리드는 약물의 용제, 흡수촉진 및 조절작용, 안정화작용, 부형제 등으로 응용되고 있다.

디글리세리드는 기름, 왁스의 성질이 있으나, 유지와 모노글리세리드의 중간성질을 나타내며 포수성이 높고 기름과의 상용성이 뛰어나다. 비누의 가지제와 치약의 유연제에도 사용되고 있다.

## 7 폴리글리세린지방산에스테르(Polyglycerin fatty acid ester)

### 1. 물성

성상은 무색-갈색의 분말, 박편, 조말 또는 양초상태의 덩어리, 혹은 반유동체이거나 액체로서 특이한 냄새가 있다. 물리화학적 성질은 글리세린의 축합도, 폴리글리세린에 대한 지방산기의 에스테르결합수 및 탄소쇄 길이에 따라 다르다. 공업제품으로서는 글리세린의 축합도 평균 2-10으로 지방산, 에스테르화도의 차이에 따라 HLB 1-18의 제품이 시판되고 있다.

| | |
|---|---|
| 산 가 | 12 이하 |
| 강열잔분 | 1.5% 이하 |

## 2. 개요

폴리글리세린지방산에스테르는 글리세린을 알칼리촉매화로 가열 탈수 축합해서 얻어진 폴리글리세린과 각종 고급지방산을 에스테르화 함으로서 얻어진다. 유럽과 미국에서는 1940년대부터 주로 식품용 유화제로서 일반적으로 사용되었고, 국제식품규격위원회에 의해 식품첨가물리스트, EC공보의 식품첨가물규정에 기재되어있다. 일본에서는 1981년 6월부터 식품첨가물로 사용되게 되었고 화장품에도 급속도로 용도개발이 진행되기 시작하였다. 현재 32종의 각종 폴리글리세린지방산에스테르가 JCID에 수록되어있다.

① 피부, 인체에 대한 안전성이 높다.
② 폴리글리세린의 축합도, 지방산의 종류, 축합도의 차이에 의해 친수성인 것부터 친유성인 것까지 폭넓은 성능을 가진 계면활성제이다.
③ 산화에칠렌부가형의 비이온계면활성제와 비교해서 산화안정성이 뛰어나다.
④ 열안정성(고온, 저온)이 뛰어난 에멀젼을 형성한다.
⑤ 고차에스테르는 유지, 왁스에 대한 결정조정작용이 있다.
⑥ 에탄올에 대한 용해성이 좋은 점 등 화장품원료로서 적합한 성질이 있다.

현재 화장품에 사용되고 있는 폴리글리세린지방산에스테르의 축합도는 2량체-10량체이다. 너무 축합도가 크면 감촉이 무겁게 되고 끈적거림 등의 결점이 있다. 그러나 다른 저분자량 계면활성제에는 없는 올리고머 영역의 계면활성제로서의 특징을 발휘한다.

## 3. 응용

폴리글리세린지방산에스테르는 화장품분야에서 유화제, 분산제, 가용화제, 기포조제, 증점제, 탁도제, 용해제, 보습제, 에모리엔트제, 향료의 캐리어 등 폭넓게 사용되고 있다.

안정한 W/O에멀젼을 형성하는 유화제는 몇 가지 없지만 HLB 2-8에서 액상의 폴리글리세린지방산에스테르가 각종 유상성분에 대해 보존안정성이 좋은 에멀젼을 형성한다. 에탄올에 잘 용해되고 화장수, 토닉 등에 배합된다. 향료・비타민류의 가용화제로 적당하다. 샴푸, 화장비누에 배합하면, 기재의 자극을 완화하고 가지제로서 작용한다. 한 분자 속에 다수의 OH기가 있기 때문에, 메이크업제품에서 안료분산제로서 효과적이다. 고차에스테르는 왁스・유지에 대한 결정조정효과가 있으며, 에멀젼의 레올로지성을 조절하거나 립스틱 등의 광택성을 개선한다.

# 8 폴리옥시에칠렌솔비토지방산에스테르(Ployoxyethylene sorbit fatty acid ester)

## 1. 물성

| | 테트라오레인산<br>P.O.E. 솔비토 | 헥사스테아린산<br>P.O.E. 솔비토 | 모노라우린산<br>P.O.E. 솔비토 |
|---|---|---|---|
| 성 상 | 미황색-황색의 액 또는<br>바셀린 같은 물질 | 백색-미황색의<br>양초상의 물질 | 무색-미황색의 액 또는<br>바셀린이나 양초상 물질 |
| 융점(℃) | 55～70℃ | - | 50～65℃ |
| 산 가 | 10 이하 | 25 이하 | 10 이하 |
| 건조감량 | 3.0% 이하 | 3.0% 이하 | 3.0% 이하 |
| 강열잔분 | 1.0% 이하 | 1.0% 이하 | 1.0% 이하 |

## 2. 개요

폴리옥시에칠렌솔비토지방산에스테르는 솔비토에 산화에칠렌을 부가중합시켜 분자량이 큰 6가의 알코올인 폴리옥시에칠렌솔비토를 합성하고, 이것을 친수기 원료로 해서, 다음으로 각종 지방산으로 에스테르화시킨 비이온계면활성제이다.

이 형의 비이온계면활성제는 Tween형과 비교하면 산화에칠렌의 부가량에 따라 친수성의 강도를 변화하게 하는 것, 또 지방산과의 에스테르화도에 의해 친유성의 강도를 변하게 하는 점에서 비슷하지만, 에스테르화의 과정에서 분자 내 탈수가 일어나지 않기 때문에, 솔비탄과 솔바이드의 부수적 생산이 없고 유리수산기가 많다. 또 에스테르결합의 위치가 폴리옥시에칠렌쇄의 말단에 있고, 폴리옥시에칠렌솔비토의 분자량을 크게 하면, 상당히 친수성이 높은 에스테르화도의 것이 얻어지는 점에서 다르다.

장원기에는 테트라오레인산폴리옥시에칠렌솔비토, 헥사스테아린산폴리옥시에칠렌솔비토, 모노라우린산폴리옥시에칠렌솔비토가 그리고, 상용 화장품원료집(JCID)에는 팔미틸산폴리옥시에칠렌솔비토가 수록되어 있고, 그 외는 테트라스테아린산폴리옥시에칠렌솔비토, 헵타오레인산폴리옥시에칠렌솔비토 등이 화장품용 유화제, 가용화제 등으로서 널리 사용되고 있다.

## 3. 용도 및 응용

폴리옥시에칠렌솔비토지방산에스테르는 다당형의 계면활성제이기 때문에 단분자 분산의 포화농도가 작고 저농도에서 계면활성작용을 나타내며, 분자량이 크기 때문에 생체에 대한 자극이 적다고 한다.

테트라오레인산폴리옥시에칠렌솔비토는 주로 크림과 유액류의 유화제로서 이용되고 있으나, 산화에칠렌쇄의 길이에 따라 그 기능이 다르다. 30몰에서는 유동파라핀과 스쿠알란 등의 비극성유를 주성분으로 하는 화장료의 유화제로서, 또 솔브루오일 형의 클렌징오일, 바스오일의 유화제로서 적당하다.

40, 60몰에서는 합성에스테르유, 동식물유, 라놀린, 고급알코올 등 비교적 극성이 높은 유성성분의 유화제로서 탁월하다.

헥사스테아린산, 테트라스테아린산폴리옥시에칠렌솔비토에서 E.O.부가량이 적은 것은 크림, 유액류의 유상의 친수성조정제로서 또 E.O.부가량이 많은 것은 친수성유화제와 지방산비누주제의 세안거품을 제조할 때 중화 시 겔화를 방지하고 제품에 적당한 강도를 주기 위한 첨가제로서 효과적이다. 모노라우린산폴리옥시에칠렌솔비토의 고HLB의 것은 가용화제로서 화장수 등에 사용되고 있다.

## 9 폴리에칠렌글리콜지방산에스테르(Polyethyleneglycol fatty acid ester)

폴리에칠렌글리콜지방산에스테르 및 폴리에칠렌글리콜디지방산에스테르가 있다.

명칭은 폴리에칠렌글리콜모노스테아레이트를 예로 해서, (영명)Carbowax monostearate, Polyethoxy stearic acid, Polyethyleneglycol Monostearate. (공정서명)한국, 일본: 스테아린산폴리옥실40. CTFA: PEG-n-stearate(n=2,4......)

### 1. 물성

| | 모노스테아린산 폴리에칠렌글리콜 | 모노오레인산 폴리에칠렌글리콜 | 모노라우린산 폴리에칠렌글리콜 |
|---|---|---|---|
| 성 상 | 백색-미황색의 고체를 함유한 액체, 바셀린과 같거나 왁스상 | 미황색액체, 바셀린과 같거나 왁스상 | 백색-미황색의 고체를 함유한 액체, 바셀린과 같거나 왁스상 |
| 산 가 | 10 이하 | 10 이하 | 8 이하 |
| 건조감량 | 3% 이하 | 3% 이하 | 3% 이하 |
| 강열잔분 | 1% 이하 | 1% 이하 | 1% 이하 |

### 2. 개요

이것의 제조법은 2가지 공업적 제조법이 있으며, 방법에 따라 반응생성물조성이 다르다. 아래에 그 방법을 설명하겠다.

① 직접 에칠렌옥시드부가법: 지방산에 알칼리촉매, 가압, 고온(180℃ 이상)하에서 에

칠렌옥시드와 접촉시키면 발열하여 반응해서 얻어진다. 이 조건 하에서는 에스테르 교환반응도 빠른 속도로 진행된다. 이 때문에 반응생성물은 폴리에칠렌글리콜디알킬에스테르, 폴리에칠렌글리콜모노알킬에스테르, 폴리에칠렌글리콜로서 이들 구성비는 거의 1 : 2 : 1이다.

$$RCOOH + nCH_2\text{-}CH_2\ (\text{-O-}) \longrightarrow RCOO(CH_2CH_2O)H$$

$$RCOO(CH_2CH_2O)nH \rightleftharpoons RCOO(CH_2CH_2O)nOCR + HO(CH_2CH_2O)nH$$

위의 반응생성물조성은 촉매가 바뀌면 변한다. 암모니움하라이드를 사용하면 모노에스테르함량이 증대한다는 연구가 있다.

② 폴리에칠렌글리콜과 지방산의 에스테르화: 폴리에칠렌글리콜과 지방산을 고온에서 혼합함으로서 직접 폴리에칠렌글리콜지방산에스테르를 얻을 수 있다. 이 반응은 200℃, 무촉매에서도 진행되지만 소량의 촉매나 질소, 탄산가스등의 투입 등으로 반응을 촉진시킬 수 있다.

$$RCOOH + (CH_2CH_2O)nH \rightleftharpoons RCOO(CH_2CH_2O)nH + H_2O$$

$$RCOOH + RCOO(CH_2CH_2O)nH \rightleftharpoons RCOOH + (CH_2CH_2O)nOCR + H_2O$$

위의 반응에서 지방산과 폴리에칠렌글리콜의 몰비를 바꾸면 반응생성물조성이 변한다는 것을 알 수 있다. 이 반응에서는 몰비를 1 : 1로 하면 거의 직접 에칠렌옥시드를 부가시킨 것에 가까운 조성으로 된다. 디에스테르는 이 반응으로 지방산몰비를 증가시켜 만들 수 있다.

이것은 에칠렌옥시드부가 몰수를 바꾸면 수용해성, 비중, 융점, 점도 등의 성질이 변한다. 친유기쇄 길이에 따라 다르지만, 거의 15몰비 이상의 에칠렌옥시드 부가체는 물에 용해되고, 8-15몰에서는 물에 분산, 8몰 이하에서는 유용성의 계면활성제로 된다. 비중, 점도는 폴리에칠렌옥시드쇄길이, 알킬쇄 길이의 증대와 함께 증가한다. 융점은 폴리에칠렌옥시드쇄 길이 3몰에서 최소치를 나타낸다. 에스테르형 계면활성제의 최대결점은 가수분해되기 쉽다는 것이다. 이 가수분해속도는 pH 6에서 가장 늦고 pH 9 이상에서 최고로 된다.

## 3. 용도

폴리옥시에칠렌(1-3몰)스테아레이트는 샴푸의 현탁제, 펄제로서 사용된다(자세한 것은 펄제항 참조). 또 친유성의 유화제로서 HLB조절제, 에멀젼의 증점제, 유화보조제로서 사용된다. 폴리옥시에칠렌(40몰)모노스테아레이트는 정제붕괴제로서 사용된다. 폴리에칠렌글리콜(MW:6000)디스테아레이트는 에멀젼 등의 증점제로서 사용된다.

## 10 폴리옥시에칠렌폴리옥시프로필렌알킬에테르(Polyoxyethylene polyoxypropylene alkyl ether)

$$RO(CH_2\underset{\displaystyle CH_3}{\overset{}{C}}HO)_a(CH_2CH_2O)_bH$$

### 1. 물성

폴리옥시에칠렌폴리옥시프로필렌세틸에테르에 대해서는 장원기에 성상, 수산기가, 수분, 강열잔분 등 규정되어 있으므로 참조바람.

### 2. 개요

이것은 고급알코올에 폴리옥시프로필렌쇄를 부가한 것을 친유성기로해서 이것에 산화에칠렌을 부가중합시킨 계면활성제이다. 분자 내에 성질이 다른 2종류의 친유기를 지닌 독특한 구조를 하며, 일반적으로 비이온계면활성제로서의 성질이외에 플루로닉형 계면활성제의 성질도 있다. 폴리옥시프로필렌쇄 및 폴리옥시에칠렌쇄의 부가몰수를 변화시킴으로서 저HLB에서 고HLB까지 조제할 수 있다.

이것의 계면활성능을 세틸에테르의 예로 해서 아래에 나타내었다. 표면장력은 폴리옥시프로필렌쇄의 몰수가 클수록 저농도로 저하시키는 경향이 있다. 침투력은 Aerosol OT 또는 라우릴알콜산화에칠렌 6몰 부가물과 비교하면, 이 형은 대단히 작다. 기포력은 폴리옥시에칠렌쇄의 몰수가 크면 크게 되지만, Tween 20, 라우린산화에칠렌 10몰 부가물 등에 비교하면 조금 작다.

또 이것의 큰 특징으로는 유화력, 가용화력이 뛰어난 점이다. 특히 유화에 사용한 경우, 보통의 에테르형에 비해 온도내성이 뛰어나다. 또 종래의 에테르계 계면활성제에 비해 분자량이 크고 안전성이 높은 계면활성제이다.

### 3. 용도 및 응용

알킬기로서 세탄올 등의 고급지방알코올을 지닌 것은, 특히 유화력이 뛰어나기 때문에 각종 크림, 유액 등의 유화제로서 널리 이용된다. 유화의 형은 폴리옥시프로필렌, 폴리옥시에칠렌의 부가몰수의 조합을 적당하게 선택함으로서 W/O, O/W 모두 가능하다. 예를 들면, 세탄올에 PO8몰 EO1몰 부가물은 솔비탄모노오레이트 등과 조합해서 W/O 유화제로서 널리 이용된다. 또 세탄올에 PO8몰 EO10몰 부가물은 다른 친유성 계면활성제와 조합해서 O/W유화제로서 그리고 화장수, 헤어토닉 등의 향료가용화제로서도 탁월하다.

특히 이것은 종래의 유화제로는 유화시키기 어려운 중쇄트리글리세라이드, 에스테르유 등의 극성이 높은 기름 또는 왁스류 등을 유화시키는 데 적당한 몇 안되는 계면활성제의 하나이다.

알킬기로서 2-데실테트라데실알코올 등의 측쇄고급알코올을 지닌 것은, 지금까지 없었던 강력한 가용화능을 나타내며 화장수, 겔상의 팩, 에프터쉐이브로션, 헤어토닉, 헤어리퀴드 등의 투명상품의 향료 가용화제로서, 또 지용성비타민, 각종기름에 대한 가용화제로서 널리 이용되고 있다. 특히 종래의 가용화제로는 가용화하기 어려운 스쿠알란 등의 탄화수소유, 비타민 A 팔미테이트 등의 극성이 작은 기름에 대해 뛰어난 가용화능이 있다. 또 알콜계에서는 그 에탄올농도에 맞춰 최적의 폴리옥시에칠렌, 폴리옥시프로필렌의 부가몰수가 존재한다. 따라서 부가몰수를 선택할 필요는 있으나 안정한 가용화 상태를 얻을 수 있다.

## 11 폴리옥시에칠렌경화아주까리유(Polyoxyethylene hydrogenated caster oil)

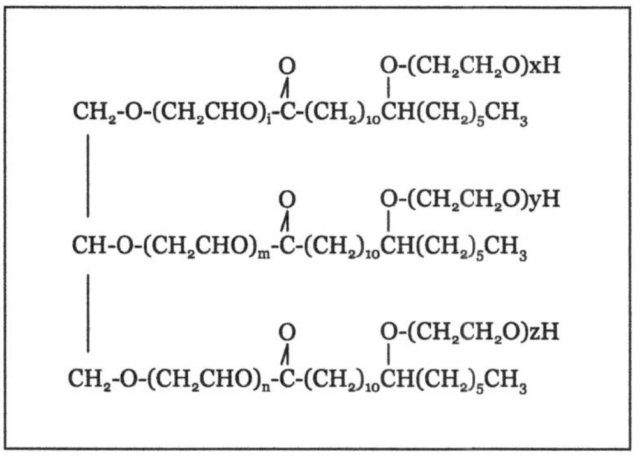

### 1. 물성

성상은 백색-미황색의 바셀린과 같거나 양초상의 물질로서 약간의 특이한 냄새가 있다.

| | |
|---|---|
| 산 가 | 3.0 이하 |
| 건조감량 | 3.0% 이하 |
| 강열잔분 | 1.0% 이하 |

## 2. 개요

천연물의 아주까리유는 황산화유의 원료로 이용되므로 아주까리유의 산화에칠렌부가물이 양호한 세정작용과 유화작용을 나타내는 것에서 널리 이용되게 되었다. 아주까리유의 이중결합에 수소첨가로 얻어지는 경화아주까리유의 산화에칠렌부가물에도 같은 효과가 나타났다.

경화아주까리유 중의 리시놀산의 특성을 살려서 트리글리세라이드상태로 산화에칠렌을 부가중합함으로서 얻어진다. 폴리옥시에칠렌경화아주까리유는 많은 소수쇄형의 비이온성 계면활성제이며, 올리고머형 계면활성제이다.

올리고머형 계면활성제에서는 비슷한 모노머형 계면활성제에 비해 임계미셀농도(CMC)가 낮고, 유화·가용화·분산 등의 효과는 소수부의 다쇄화로 향상된다고 알려져 있다. 일반적으로 알킬에테르형 계면활성제와 비교해서 매우 큰 분자량을 가지며, 용혈작용·피부자극·독성이 거의 없는 매우 안전성이 높은 계면활성제이다. 이것은 장원기에 기재되어 있다.

## 3. 용도 및 응용

안전성이 높고 특히 가용화가 탁월한 특성이 있으며, 유화력·분산력도 뛰어나다. 이 특성을 이용한 응용이 중심이다.

특히 산화에칠렌(EO) 고몰부가체는 가용화제로서 탁월하며 로션, 헤어토닉, 화장수 등 투명제품의 향료와 유류의 가용화제로서, 또 내복제, 주사제, 점안제 등에 난용성약제와 유용성비타민의 가용화제로서 사용되고 있다. 폴리옥시에칠렌(60)경화아주까리유는 용혈성이 거의 없는 친수성의 비이온성 계면활성제로서 정맥용 주사제에 이용되는 유일한 것이다.

알코올이 많은 계의 가용화제에는 EO 40몰부가체가, 알코올이 적은 계에 50-60몰부가체가 적당하다.

EO 저몰부가체는 비수계의 가용화제로서 사용되고, 특히 아주까리유를 배합하고 있는 두발제품에 유효하다. 외용제·경구제의 유화제, 분산제로서도 사용된다. 겔화능이 강하기 때문에 투명포마드에도 유효하다. 샴푸에 증점제, 거품특성의 개량, 컨디셔닝성 부여, 눈자극의 완화를 목적으로 첨가하면 유효하다. EO 10-40몰부가체는 안료분산의 조제로서 메이크업류에 사용된다.

# 12 라우릴인산에스테르(Monolauryl phosphate)

## 1. 물성

| | |
|---|---|
| 산 가 | 300-420 |
| pH(1%) | 1.5-3 |

## 2. 개요

라우릴알코올을 옥시염화인, 5산화인, 3염화인 등의 인산화제로서 인산에스테르화시켜 얻는다. 최근의 합성기술의 진보에 따라 수용성이 높은 모노에스테르를 많이 함유하는 조성물이 얻어지게 되고 피부용 세정기제로서 사용되고 있다.

이 모노라우릴인산에스테르는 2염기산이기 때문에 중화하는 알칼리의 종류와 중화도에 따라 물성이 달라진다. 〈표 4-8〉에 모노라우릴인산나트륨의 주된 물성을 나타내었다.

〈표 4-8〉 모노라우릴인산나트륨의 물성

| | 크라프트점(℃) | cmc[*1] mol/l | 최저표면장력[*2] dyne/cm |
|---|---|---|---|
| 모노 Na 염 | 약 31 | 3.5×10-3 | 27.5 |
| 디 Na 염 | 약 20 | 4.0×10-2 | 39.5 |

*1: 당양전도도법, *2: 원환법

일반적으로 중화도가 증대할수록, 물의 용해성이 증가하고 크라프트점은 저하한다. 또 cmc 및 표면장력도 큰 수치를 나타내게 된다. 한편, 칼륨염 및 트리에탄올아민염의 크라프트점은 낮고 특히 트리에탄올아민염은 상온에서도 물에 투명하게 용해된다.

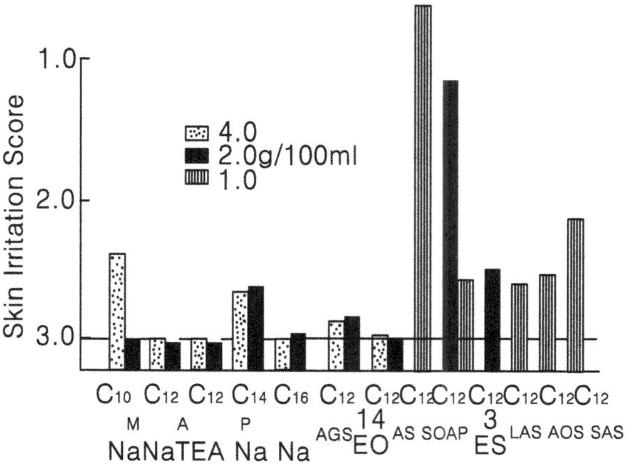


〈그림 4-1〉 모노라우릴인산에스테르 염의 탈지력

일련의 인산에스테르의 금속염, 아민염 중에서 모노라우릴인산에스테르의 모노 또는 세스키나트륨염이 최대의 기포력을 나타내고, 사용되는 알킬설파이드와 같은 정도이다. 또 포밀도도 미리스친산나트륨과 같고 볼륨감이 있는 크리미한 거품을 나타낸다.

모노라우릴인산에스테르의 염은 전반적으로 저농도(약 0.2%)에서는 낮은 탈지력을 나타내지만, 고농도(약 1%)에서는 탈지력도 증대한다. 또 상대적으로 다른 아니온활성제보다도 피부자극이 적고, 패치테스트에서도 같은 결과였다(〈그림 4-1〉 참조). 한편 단백질 변성작용에 대해서도 농도증가에 의한 영향이 다른 아니온활성제에 비해 매우 작다.

### 3. 용도 및 응용

거의 피부용 세정기제로서 사용된다. 이것은 2염기산이므로 중화도, 중화에 사용하는 알칼리의 종류에 따라, 약산성 타입에서 알칼리성 타입까지 또는 고체, 페스트상제제에서 액상제제까지 폭넓은 전개가 가능하다. 예를 들면 모노 또는 세스키나트륨염은 그 높은 크라프트점을 응용한 페스트상 세정제에 사용되고, 역으로 트리에탄올아민염은 그 물에 대한 용해성을 살려서 액체 세정제에 사용된다. 또 실용면에서는 제제의 안정화 등의 목적으로 각종 계면활성제, 다가알콜 등이 배합되어 있다.

본품을 배합한 세정제는 비누와 비슷한 사용감을 주며 세정 후 산뜻하게 하고 당기는 감이 적다. 또 비누에 비해, 제제의 pH가 중성부근이므로 세정후의 pH 회복성이 빠르고 피부자극도 적다.

이와 같이 라우릴인산에스테르는 사용되고 있는 비누 또는 아니온활성제에 대신하는 세정기제로서 주목된다.

## 13 N-아실메칠타우린(N-Acyl methyltaurate)

### 1. 물성

| | 라우로일메칠타우린나트륨 |
|---|---|
| 성 상 | 백색-미황색의 결정성 분말 또는 고체 |
| 순 도 | 10 이하 |
| 액 성 | 3% 이하 |
| 유리지방산 | 1% 이하 |
| 염화나트륨 | 3% 이하 |
| 건조감량 | 1% 이하 |

## 2. 개요

이 계통에 속한 대표적 제품은 1930년경부터 독일의 구 I.G.사에서 소개된 Igepon T (오레오일메칠타우린)으로 섬유공업의 중심적 세정제였다.

한편 아실메칠타우린은 사람과 동물의 담즙 중에 존재하는 생체계면활성제인 타우로콜산(〈그림 4-2〉 참조)과 비슷한 구조를 하고 있는 것에 주목하여, 안전성이 높은 계면활성제로서 화장품, 화장실용의 유화제, 기포세정제로서 널리 이용되고 있다.

## 3. 용도 및 응용

아실메칠타우린은 분자중에 아미드결합이 있기 때문에, 물에 대한 용해성이 양호하다. 또 친수기가 슬폰산으로 되어 있기 때문에 고급 알코올의 황산에스테르염보다 더욱 안정성이 좋고, 과산화수소수, 차아염소산나트륨에도 견디며, 내산, 내경수성이 양호하고 칼슘비누의 분산력도 뛰어나다.

Ca, Mg, Al, Cu, Fe, Zn, Cr, Mn 등과도 가용성염을 생성하고, 산, 알칼리에 안정하기 때문에 여러 염류가 존재하는 계에도 이용된다. 수용액물성, 계면활성능을 〈표 4-9〉, 〈표 4-10〉, 〈표 4-11〉에 각각 나타내었다.

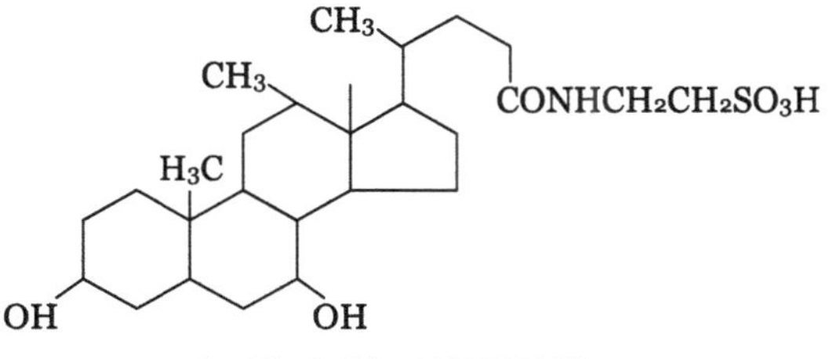


〈그림 4-2〉 타우로콜산

〈표 4-9〉 각종 계면활성제의 분산력비교

| 분 산 제 | 첨 가 량 |
|---|---|
| Igepon T | 16 |
| Lamepon A(지방산단백질축합물) | 21 |
| Gardinol KD(고급알코올황산에스테르염) | 40 |
| Peregal O(폴리옥시에칠렌오레일에테르) | 14 |

*첨가량: 일정량 금속비누의 분산에 필요한 알칼리비누 중량에 대한 %.

〈표 4-10〉 N-아실메칠타우린염의 계면활성능

| 나트륨염 | 크래프트점, 1%(℃) | 표면장력(0.1%, 25℃, dyn/cm) | 계면장력(0.1%, 25℃, dyn/cm) | cmc(m mol/l) |
|---|---|---|---|---|
| 페라르곤산아미드 | 0 이하 | 61.0 | 37.7 | - |
| 라우린산아미드 | 0 이하 | 49.6 | 24.5 | 8.7 |
| 미리스친산아미드 | 23 | 41.0 | 13.6 | 1.82 |
| 팔미틴산아미드 | 43 | 40.4 | 12.0 | 0.43 |
| 스테아린산아미드 | 58 | 37.8 | 10.3 | 불용 |
| 오레인산아미드 | 0 이하 | 39.3 | 10.9 | 0.29 |
| 우지지방산아미드 | 50 | 37.9 | 10.5 | 불용 |
| 오레일황산에스테르염 | 0 이하 | 35.8 | 7.4 | 0.29 |

〈표 4-11〉 N-아실메칠타우린염의 성질

| 나트륨염 | 기포력, 60℃(mm) | | 세정력, 60℃(△R)* | | 침투력 0.1%, 25℃ (초) | 칼슘안정성 (ppm) | 석탄 비누분산력 (%) |
|---|---|---|---|---|---|---|---|
| | 증류수 (0.25%) | 경수, 300ppm (0.05%+0.1%NTA+0.1%빌더) | 증류수 (0.25%) | 경수, 300ppm (0.05%+0.1%NTA+0.1%빌더) | | | |
| 페라르곤산아미드 | 43 | 43 | 26.8 | 26.8 | 300 이상 | 1,800 이상 | 90 |
| 라우린산아미드 | 193 | 165 | 29.3 | 27.6 | 49 | 1,800 이상 | 7 |
| 미리스친산아미드 | 225 | 210 | 33.0 | 30.7 | 16 | 1,800 이상 | 3 |
| 팔미틴산아미드 | 192 | 213 | 30.6 | 32.8 | 36 | 1,800 이상 | 6 |
| 스테아린산아미드 | 190 | 163 | 31.9 | 34.2 | 98 | 1,800 이상 | 6 |
| 오레인산아미드 | 220 | 212 | 31.9 | 32.0 | 24 | 1,800 이상 | 6 |
| 우지지방산아미드 | 205 | 193 | 29.7 | 33.5 | 59 | 1,800 이상 | 6 |

*GDC No. 26, 표준 인공목면 오염분포

△R: 도데실황산나트륨의 경우, 25.7; 21.5, 옥타데실황산나트륨의 경우, 32.6; 31.0,

J.K. Weil, J. Am. Ohemists's Soc., 40, 538(1963) 참조.

아실메칠타우린은 적당한 탈지력, 아실프로테인에 필적하는 모발에 대한 컨디셔닝 효과, 경수 중에서 뛰어난 기포력 등 샴푸기재로서 매우 탁월한 기포·세정제이다. 특히 컨디셔닝 샴푸에 효과적이며 산성에도 안정하므로 산성샴푸기재로서도 적합하다.

코코일, 라우로일, 미리스토일메칠타우린은 기포·세정제로서, 팔미토일, 스테아로일메칠타우린은 거품밀도개량제로서 세안크림에, 또 칼슘비누 분산력에도 탁월하기 때문에 화장비누에도 배합 가능하다. 화학적으로 안정한 특성을 이용해서 파마웨이브, 염모, 탈모제품에도 사용 가능하다. 또 O/W 타입의 클렌징크림의 유화제로서도 배합가능하며 세정성, 수세성을 향상시킨다.

## 14 폴리옥시에칠렌알킬에테르초산염(Fatty alcohol polyglycol)

### 1. 개요

폴리옥시에칠렌알킬에테르의 산화 및 폴리옥시에칠렌알킬에테르의 카르복시메칠화에 의해 합성된다. 공업적으로는 카르복시메칠화에 의한 방법이 수율 등의 면에서 사용되고 있다. 시제품에는 NIKKOL-EC시리즈, SANSOPAN 시리즈, AKYPO 시리즈 등이 있다.

이것은 지방산비누의 소수기와 친수기의 사이에 수화성을 가진 옥시에칠렌쇄가 도입된 구조를 하고 있고 비누의 결점인 내경수성이 개선되고 물에 대한 용해성이 증대된다. 이것은 용액의 pH에 의해 그 성질이 크게 변화한다. pH가 낮으면 표면장력 및 cmc가 낮아지고 논이온 계면활성제와 비슷하게 된다. pH가 높아지면서 표면장력 및 cmc가 증대하고 아니온 계면활성제로서의 성질이 강하게 된다. 즉, pH를 바꿈으로서 유화제에서 세정제까지 폭넓게 사용할 수 있다.

또 옥시에칠렌쇄길이가 증대하면 표면장력이 크게 되고 친수성이 강하게 된다. 이것 중에서 알킬쇄 길이 C12-C14의 지방알코올에 4-6몰의 옥시에칠렌이 부가된 것은 〈표 4-12〉에 나타난 것과 같이, 세정력이 뛰어나다. 또 경수 중에서도 성능이 저하되지 않는다고 한다.

〈표 4-12〉 폴리옥시에칠렌 C12-C14 에테르초산나트륨의 성질

| EO 몰수 | 기포력 (cm3, 40℃, 10° 독일경도) | | 침투력 (100초치, 20℃, g/l) | 세정력(40℃, %) | |
|---|---|---|---|---|---|
| | 0.25g/l | 0.5g/l | | 0.5g/l | 1.0g/l |
| 3 | 80 | 110 | 1.1 | 60 | 75 |
| 4 | 150 | 280 | 1.0 | 75 | 81 |
| 5 | 100 | 200 | 1.2 | 45 | 76 |
| C12-C14$(EO)_2$ 황산Na | 500 | 630 | 0.8 | 79 | 83 |

한편 피부에 대한 작용은 온화하고 효소저해성도 적고 눈 자극도 라우릴설파이드염의 반 이하라고 한다.

또 이것의 피부 및 눈자극 테스트결과, 폴리에테르형 비이온계면활성제의 말단을 카르본산으로 치환함으로서 현저히 자극이 저하된다는 보고도 있다. 쥐에 대한 독성에 대해, 수컷 $LD_{50}$ = 3.83g/kg, 암컷 $LD_{50}$ = 3.16g/kg으로 보고되어 있다. 이것은 JCID에 수록되어 있다.

### 2. 용도 및 응용

거의 세정제로서 이용되지만 유화제, 가용화제로서도 탁월한 성능을 나타낸다. 앞으로의 용도개발이 기대되는 상품 중의 하나이다.

## 15 알킬슬포호박산염(Salts of alkly sulfosuccinate)

JCID에는 다음의 2품목이 수록되어 있다.

1) 슬포호박산디옥틸나트륨

〈별명〉 소듐디-2-에칠헥실석시네이트, 디옥틸슬포호박산나트륨

화학명: Di(2-Ethylhexyl) Sodium Sulfosuccinate

구조식:

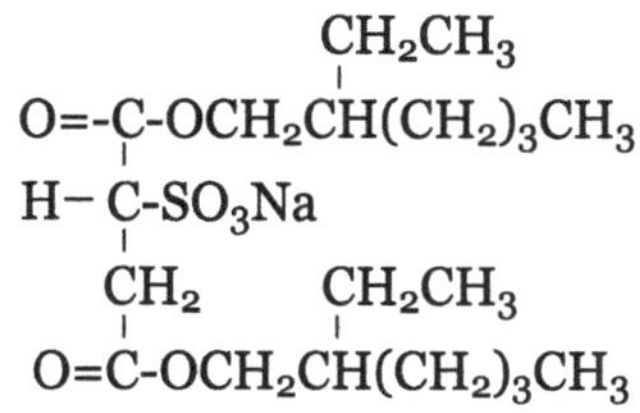

2) 슬포호박산라우릴나트륨

〈별명〉 모노라우릴슬포호박산나트륨

화학명: Disodium monolauryl Sulfosuccinate

구조식:

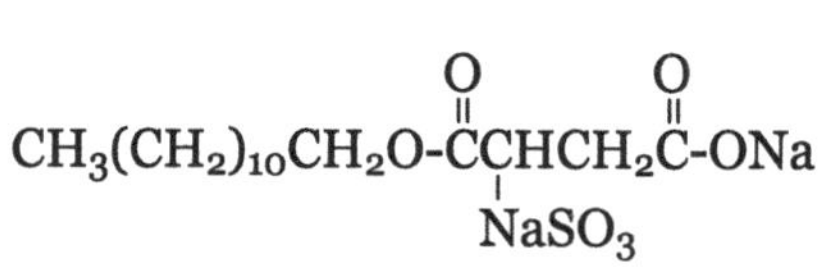

## 1. 물성

디옥틸슬포석시네이트의 British Pharmacopia 수록의 성질을 아래에 나타낸다. 이것을 90% 이상 포함한다. 백색, 왁스 및 프레이크, 흡습성 있으며, 온수 및 에탄올(95%)에 용해, 냉수에는 1% 이상 용해되지 않는다.

## 2. 개요

본품은 무수말레인산과 고급알코올에서 말레인산알킬에스테르를 합성하고 이것에 산성아황산소다 반응시켜 얻어진다. 디옥틸슬포석시네이트의 특징은 표면장력 저하능이 탁월한 점, 기름이나 물에도 용해되고 미셀 형성을 하는 점이다. 디-2-에칠헥실슬포석시네이트의 수용액에서의 cmc는 측정자, 측정법에 따라 차이가 있으나, 0.002-0.004몰/ℓ로 다른 이온성 계면활성제와 비교하면 낮은 수치이다. 수계뿐 아니라 기름 중에서도 미셀을 형성한다. 이 미셀을 수중과는 거꾸로 친수기를 내측으로 하고, 친유기를 밖으로 향하게 한 미셀이다. 〈표 4-13〉에 알칸 중에서의 미셀 형성능에 대해 나타내었다.

〈표 4-13〉 Micelle Weights of Sodium Dialkyl Sulfosuccinates in n-Octane at 25℃

| Compound | Micelle weight | Aggregation number |
|---|---|---|
| Di(2-ethylhexyl) | 13.500 | 31 |
| Di(n-hexyl) | 211,900 | 546 |
| Di(n-octyl) | 201,200 | 453 |

미셀형성은 옥탄 중에 물을 함유하면 더욱 진행된다. 이 종류의 계면활성제는 다량의 물을 옥탄 중에 가용화시킬 수 있다.

## 3. 용도

디알킬호석시네이트는 알킬쇄를 양쪽에, 중앙에 슬포호박산의 친수기를 가진 전형적인 침투제 구조이다. 분산제로서도 탁월한 성능이 있다. 벤가라, 티탄, 탄산칼슘 등의 무기분체의 수계분산제로서 사용된다. 유화제, 유화보조제로서도 사용된다. 특히 미소립 원형의 에멀젼을 얻을 목적으로 또 솔부르오일용 유화제로서 사용된다. 의약관계에서는 붕괴제, 완화제에 사용된다. 슬포호박산라우릴니나트륨은 약산성 세정제로서 사용할 수 있다.

# 16 아실콜라겐펩티드 (Acyl collagen peptide)

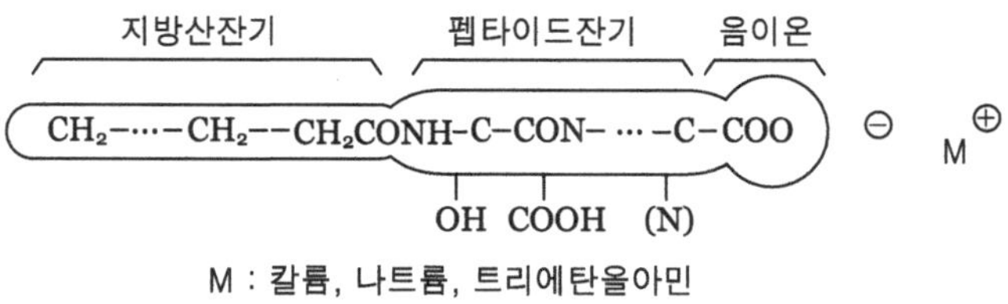


〈그림 4-3〉 아실펩티드의 구조 모형

## 1. 물성

성상은 투명 또는 혼탁한 황색이거나 갈색액체이며, 용해성은 물과 임의의 배합으로 용해된다.

| | |
|---|---|
| pH(10%) | 6.0-7.5 |
| 고형분(%) | 34-38 |
| 비 중 | 1,050-1,130 |
| 점도(25℃) | 1,000cps 이하 |
| 색상(가드너법) | 9 이하 |
| 탄분(%) | 7 이하 |

## 2. 개요

아실콜라겐펩티드계 계면활성제는 콜라겐단백질을 부분가수분해해서 얻어지는 펩티드와 천연고급지방산과의 축합물로서 약 50년 전부터 독일과 미국에서 샴푸, 피부용 세정제, 가정용세정제로서 많이 사용되었고 안전성이 뛰어난 계면활성제로서 정평이 나 있다.

아실콜라겐펩티드의 원료인 콜라겐은 동물의 피부와 뼈를 형성하는 주된 단백질로서 항원성도 매우 적은 소재이며, 이것을 서서히 가수분해하면 젤라틴을 거쳐 펩티드로 된다(〈그림 4-4, 4-5〉 참조).

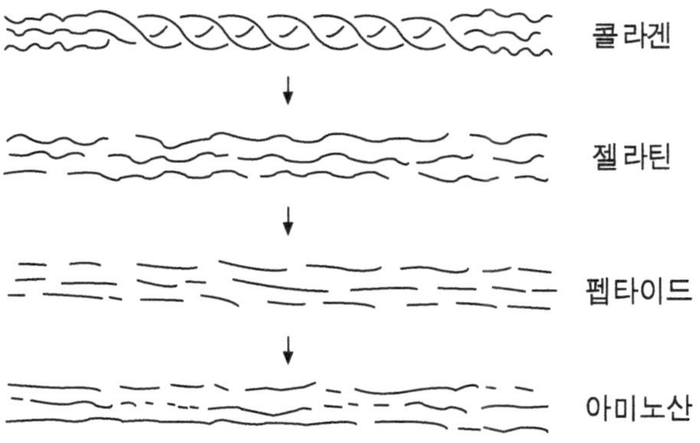


〈그림 4-4〉 콜라겐단백질의 가수분해 과정

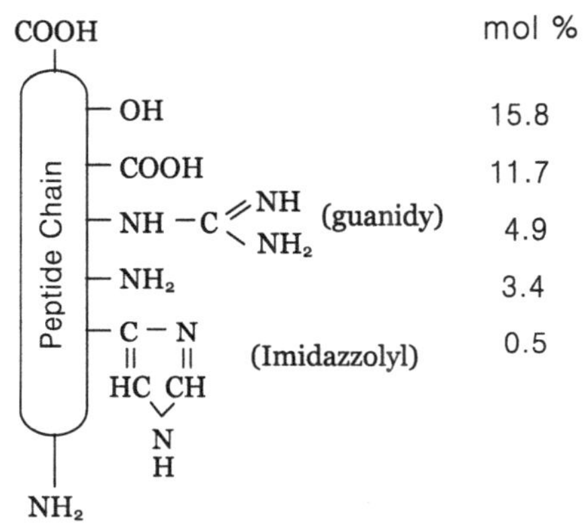


〈그림 4-5〉 콜라겐펩티드의 관능기

〈표 4-14〉 콜라겐펩티드의 아미노산 구성

| 종 류 | mol % | 종 류 | mol % |
|---|---|---|---|
| 글 리 신 | 32.7 | 루 이 신 | 2.4 |
| 프 로 린 | 13.1 | 발 린 | 2.1 |
| 알 라 닌 | 10.8 | 스레오닌 | 1.8 |
| 하이드록시프로린 | 9.6 | 페닐알라닌 | 1.4 |
| 글루타민산 | 7.2 | 이소로이신 | 1.1 |
| 아르기닌 | 4.9 | 하이드록시리신 | 0.7 |
| 아스파라긴산 | 4.5 | 히스티딘 | 0.5 |
| 세 린 | 3.4 | 메치오닌 | 0.5 |
| 라 이 신 | 2.7 | 타이로신 | 0.3 |

콜라겐은 18종류의 아미노산을 축합한 단백질이지만, 하이드록시프로린과 세린 등의 수산기를 지닌 아미노산이 약 16% 들어있는 점이 다른 단백질에서 얻기 힘든 콜라겐펩티드의 특성이다(〈표 4-14〉 참조).

콜라겐펩티드는 분자말단이 $-NH_2$(카치온성), -COOH(아니온성)인 것 이외에 측쇄에는 -OH(비이온성 친수기)와 카치온성, 아니온성의 관능기 또는 본체에는 펩티드(-CONH-) 연결기가 있고, 피부와 모발에 강한 친화성을 나타낸다.

콜라겐펩티드의 이러한 성질을 이용해서 화장품, 화장실제품에 널리 사용되고 있다.

## 3. 성질 및 응용

아실콜라겐펩티드는 지방산기로 된 친유부와 -COO-말단기로 된 친수부로 구성되고, 대 이온은 통상 nA, k, 트리에탄올아민이다.

친유부와 친수부의 사이에 비이온성 친수기인 -OH와 카치온성기, 아니온성기의 측쇄를 가진 펩티드잔기가 있기 때문에, 콜라겐펩티드를 가진 피부, 모발에 대한 친화성, 보호성, 보습성 등 유용한 특성을 나타낸다.

아실펩티드는 생분해성이 매우 좋고 경구독성도 없으며, 눈점막 자극도 거의 없는 안전성이 뛰어난 아니온 계면활성제이다. 샴푸 때의 모발보호 및 손상모를 수복하는 작용, 세정제의 pH 완충작용, 피부자극완화작용 그리고 유화, 분산작용 등이 탁월한 특성을 나타낸다(〈그림 4-6〉 참조).

이러한 특징에서 헤어샴푸, 헤어린스, 헤어트리트먼트, 헤어컨디셔너, 콜드파머액, 비누, 바디샴푸 등의 피부세정제, 크림, 유액 등의 스킨케어 제품에 널리 이용되고 있다.

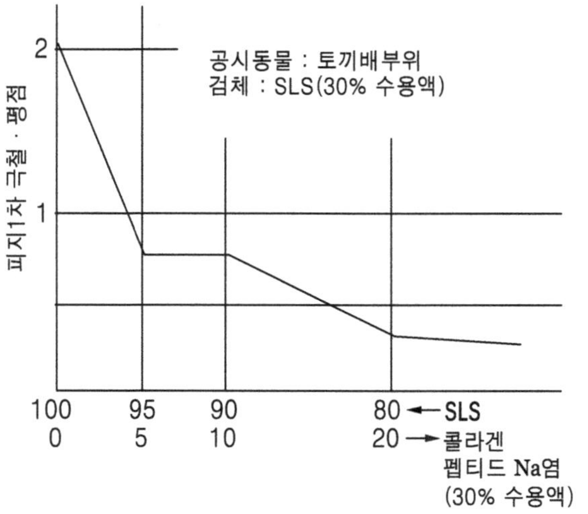


〈그림 4-6〉 코코일콜라겐펩티드나트륨염의 피부자극경감 효과

## 17 바이오서팩턴트A글리코리피드(PSL glycolipid PSL)

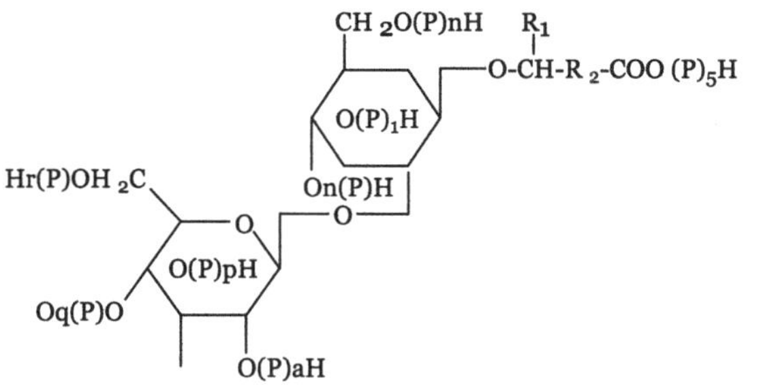

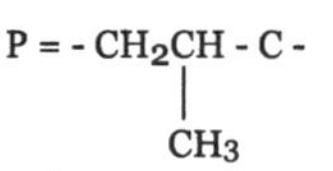

l+m+n+o+p+q+r+s=평균12

| 지방산조성 : | 쇄장구조 | 존재량 |
|---|---|---|
| | 1) $R_1$=H, $R_2$=$(CH_2)_{14}$ | a. 10% |
| | 2) $R_1$=H, $R_2$=$(CH_2)_{15}$ | a. 15% |
| | 3) $R_1$=$CH_3$, $R_2$=$(CH_2)_{13}$ | a. 10% |
| | 4) $R_1$=$CH_3$, $R_2$=$(CH_2)_{15}$ | a. 65% |

화학명:
폴리프로필렌(12)[(2'-o-β -D-글루코피라노신-β -D
글루코피라노실)-옥신에스테르($C_{16}$-$C_{18}$)

〈그림 4-7〉 글리코리피드 PSL의 구조와 화학명

### 1. 물성

성상은 담갈색, 점조한 액체로 아주 적은 특이냄새가 있고 맛은 조금 떫다. 용해성은 물에 불용이지만, 강제로 교반하면 분산상태로 된다. 메탄올, 에탄올, 클로로포름 아세톤 및 초산에칠 등의 유기용매에 25℃에서 10% 농도로 완전히 용해된다.

| | |
|---|---|
| pH | 5-8(5%수용액) |
| 비 중 | 1.03-1.07 |
| 점 도 | 3,000센티포이즈 이상(30℃) |
| 산 화 | 3 이하 |
| 검화가 | 42-50 |
| 수산기가 | 300-340 |

### 2. 개요

이것은 〈그림 4-7〉의 구조식에서 나타난 것과 같이, 2몰의 글루코스가 β1→2결합한 소호로스에, 하이드록시지방산(C16-C18)이 글루코시드 결합한 당지질을 골격구조로 하고 그 당 부분의 수산기 및 지방산부분의 카르복실기에 프로필렌옥사이드가 평균 12몰 부가중합한 점조적인 물질이다. 또 유기용제에 가용한 유성물질이며 유액, 크림 등의 화장품에 배합하면 종래와 같은 목적으로 이용되어 왔던 유동파라핀, 바셀린, 라놀린 등에 비해 탁월한 사용감을 준다.

이것의 골격구조물질인 당지질, 소호로리피드는 봉밀, 화밀 및 야채의 잎 등에 서식하는 효모(*Torulopsis bombicola*)가 동식물유지와 당의 공존 하에서 이들 물질을 교환해서 액중에 침강생산하는 불용성의 당지질로서 얻어진다(〈그림 4-8〉 참조). 소호로리피드에 관해서는 J.F.T. Spencer 등 및 D.F. Jones 등의 연구보고가 있다. 이 효소는 주로 식물에 널리 서식하는 효모이며 그 동족 종은 된장효모 또는 포도주효모로서 이용되고 있다.

소호로리피드는 물불용성, 메탄올, 에탄올, 클로로포름, 에테르, 초산에칠 등에 가용성, 융점 104-105℃($R_1 = CH_3$, $R_2 = C_{15}H_{30}$; 〈그림 4-8〉 참조), 비중 약 1.05이다. 그 생산기구는 효모가 주어진 지방산을 말단산화해서, $\omega$- 및 $\omega$-1하이드록시지방산으로 변환시키고 동시에 공존하는 글루코스를 소호로스로 변환시킴으로서 두 개를 글루코시드로 결합하여 소호로리피드의 형태로서 생산하는 것이다. 또 소호로스는 천연감미료로서 이용되고 있는 스테비오사이드의 구성당으로서도 알려져 있다. 이와 같은 소호로리피드는 효모가 생산하는 바이오서팩턴트의 일종이다.

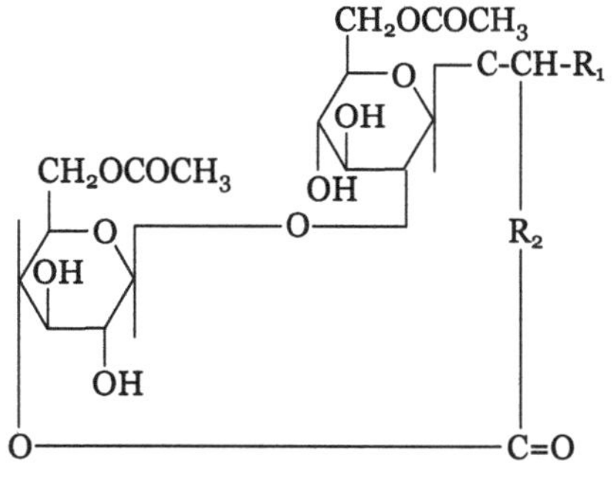


〈그림 4-8〉 소호로리피드

글리코리피드 PSL은 발효로 얻어진 소호로리피드를 수산화칼륨으로 가수분해하고 글리코리피드의 골격구조를 얻고, 다음으로 수산화칼륨을 촉매로서 100-120℃에서 산화프로필렌을 평균 12몰 부가시켜 얻는다.

글리코리피드 PSL에 대해서는 여러 가지 안전성시험이 되었으며 문제가 없었다.

## 3. 응용

글리코리피드 PSL는 특히 각층 중의 수분을 유지하고 뛰어난 사용감을 주는 보습제이다. 구조식중의 소호로스기에 의해 친수성과 알킬기에 의한 소수성의 바란스에 따라, 적정한 수분보유가 조정되는 물질이다.

피부 또는 모발을 깨끗하게 또 끈적임없는 마무리화장료 기제로서 응용되고 있다.

Chapter 5

# 색재류

## 1 평판티탄(Flat Titanium)

### 1. 물성

성상은 백색의 미세한 분말로 냄새 및 맛은 없다.

| | |
|---|---|
| 수가용물 | 5mg 이하(4.0g) |
| 연 | 50ppm 이하(1.0g) |
| 비 소 | 10ppm 이하(0.2g, 장치 C) |
| 건조감량 | 0.5% 이하(1g, 105℃, 3시간) |

### 2. 개요

산화티탄의 제조에는 황산법, 염소법, 기상법의 3가지가 잘 알려져 있으나, 이들 조제법에서 얻어진 산화티탄은 방수상이 많고 입자직경도 0.3㎛, 기상법에서 0.03㎛로 작다. 또 산화티탄은 부착성이 강하기 때문에 사용성, 특히 윤택성이 적다. 최근 개발된 평판(박편상)산화티탄은 윤택성과 밀착성이 뛰어나다. 조제법은 지금까지의 산화티탄과 전혀 달리, 유기티탄화합물을 이용하는 방법이다. 예를 들면 티타늄테트라에톡시드와 테트라부톡시드의 액을 평활면(유리판) 위에 도말하고, 수증기로 가수분산시켜 생성된 산화물을 스크레퍼로 떼어내고 700-1,000℃로 구워 평탄한 산화티탄을 조제한다.

### 3. 응용

평판티탄은 개요에서와 같이 보통의 산화티탄과 전혀 성질이 다르다. 즉, 윤택성과 밀착성은 좋지만 은폐력이 없어진다. 이것은 입자의 크기가 다르기 때문이다. 보통의 산화티탄이 0.3㎛인 것에 반해, 평판티탄은 5㎛로 크기 때문이다. 사용성과 화장후의 마무리감이 좋으므로 메이크업 화장품, 특히 파운데이션과 같은 베이스메이크업에 사용되게 되었다. 앞으로 가격이 내리면 수요가 늘 것으로 전망된다.

## 2 미립자산화티탄(Titanium Oxide)

### 1. 물성

성상은 백색의 미세한 분말로 냄새와 맛은 없다.

| | |
|---|---|
| 수가용물 | 5mg 이하(4.0g) |
| 연 | 50ppm 이하(1.0g) |
| 비 소 | 10ppm 이하(0.2g, 장치 C) |
| 건조감량 | 0.5% 이하(1g, 105℃, 3시간) |

### 2. 개요

미립자산화티탄은 순수한 4염화티탄의 증기를 산수소염 중에서 가수분해함으로서 제조된다. 보통의 안료로서 사용되고 있는 황산티탄의 가수분해에 의한 습식 침강법과, 4염화티탄의 산화에 의해 제조된 산화티탄과는 화학적 순도가 매우 높은 점, 입자가 매우 미세한 점, 그리고 밀도가 적고 분산성이 뛰어난 점으로 구별된다. 입자가 매우 미세하고 응집성이 없기 때문에 안료용 산화티탄과는 전혀 다른 성질을 나타낸다. 〈표 5-1〉에 산화티탄의 일반적 성질을 나타내었다.

〈표 5-1〉 산화티탄의 일반적 성질

| 항 목 | 루틸(금홍석) | 아나타제(예추석) | 미립자상 |
|---|---|---|---|
| 화학식 | $TiO_2$ | $TiO_2$ | $TiO_2$ |
| 분자량 | 79.90 | 79.90 | 79.90 |
| 성 상 | 백색미분말 | 백색미분말 | 백색미분말 |
| 결정형 | 정방결정계 | 정방결정계 | 정방결정계 |
| 격자정수 aÅ<br>" cÅ | 4.58<br>2.95 | 3.78<br>9.49 | 루틸과 아나타제의 혼합 |

| 항 목 | 루틸(금홍석) | 아나타제(예추석) | 미립자상 |
|---|---|---|---|
| 비 중 | 4.2 | 3.9 | 4.0 |
| 굴절율 | 2.72 | 2.52 | 2.60 |
| 경도(모스) | 6.0~7.0 | 5.5~6.0 | - |
| pH(수중 5% 분산) | 6.0~7.5 | 5.5~7.5 | 3.0~4.0 |
| 융점(℃) | 1,825 | 루틸로 전이 | 루틸로 전이 |

미립자산화티탄은 보통의 산화티탄보다 입자의 크기가 10분의 1 정도로 작기 때문에 안료특성을 나타내지 않고, 거의 착색되지 않는다. 따라서 색상에 영향을 주지 않고 제품 특성을 개선할 수 있다.

### 3. 응용

화장품에 배합한 경우 입자의 크기가 가시광선의 파장보다 작기 때문에 착색없이 투명성이 뛰어난 자연적인 마무리가 가능하다. 또 굴절율이 크기 때문에 유해한 자외선, 특히 290-320nm의 파장을 효과적으로 산란시킨다. 이러한 점에서 미립자산화티탄은 자외선의 방지제로서 사용되고 있다.

## 3 티탄블랙(Black Titanium Oxide)

### 1. 물성

성상은 흑색의 미세한 분말로 냄새 및 맛은 없다.

| | |
|---|---|
| 수가용물 | 5mg 이하(4.0g) |
| 납 | 50ppm 이하(1.0g) |
| 비 소 | 10ppm 이하(0.2g, 장치 C) |

### 2. 개요

티탄블랙은 백색이산화티탄($TiO_2$)을 수소기류 중에서 가열환원 또는 백색이산화티탄과 금속티탄을 균일하게 배합해서 진공상태에서 가열함으로서 얻어진다. 전자의 제법은 환원온도가 1,200-1,600℃로 고온인 것에 반해, 후자는 800-1,000℃의 온도로 제조할 수 있다. 또 출발원료인 이산화티탄의 입자직경에 따라 티탄블랙의 입자직경도 다르다. 미립자에 산화티탄을 사용하면 미립자의 티탄블랙이 제조된다.

### 3. 응용

티탄블랙은 흑연화철에 비해 열안정성이 탁월하다. 강연성이 아니기 때문에 기름과 수중에서 분산성도 좋다. 또 표면의 성질이 백색이산화티탄과 비슷하므로 백색이산화티탄과 혼합해서 기름 속에 분산시켜도 색조와 변색이 없다. 또 미립자의 티탄블랙은 흑산화철에서 3-5배의 착색력을 가진다. 이와 같은 티탄블랙은 여러 탁월한 성능을 가진 흑안료로서 메이크업화장품, 특히 아이라이너, 마스카라, 아이브로펜슬 등에 많이 사용되고 있고 지금까지 얻을 수 없었던 사용성을 얻고 있으며 수요가 보다 늘어날 것으로 생각된다.

## 4 미립자산화아연(Zinc Oxide)

### 1. 물성

성상은 백색 무결정의 매우 미세한 분말로 냄새 및 맛은 없다.

| | |
|---|---|
| 수가용물 | 0.1% 이하 |
| 연 | 40mg 이하(1.0g) |
| 비 소 | 2ppm 이하(1.0g, 장치 C) |
| 강열감량 | 1.0% 이하(2g, 500℃, 일정량) |

### 2. 개요

미립자산화아연은 황산아연($ZnSO_4$)와 소다탄($Na_2CO_3$)를 습식 반응시켜 염기성 탄산아연($2ZnCO_3 \cdot 3Zn(OH)_2 \cdot H_2O$)의 침전을 생성하고 여과, 물세척 후 가열분해 함으로서 얻어진다. 이것은 습식 산화아연 또는 활성산화아연이라고도 한다. 그러나 이 방법으로 제조한 산화아연에는 미량의 탄산염이 잔존하므로, 최근 간접법(프랑스법)으로 제조하게 되었다. 간접법은 금속아연을 원료하기 때문에, 우선 아연을 일정한 크기로 절단하고 도가니에 넣고 약 1,000℃로 가열하면 아연은 백색광을 발하고 도가니입구에서 기화한다. 여기에 예열공기를 보내 산화시킨다. 다음 반응식에 따라 생성된 산화아연은 송풍기로 냉각관으로 보내 냉각하고 사이클론을 통해서 조입자를 제거하고 세입자를 모아 제품으로 만든다.

$$2\ Zn + O_2 \rightarrow 2\ ZnO$$

이렇게 제조된 미립자산화아연은 고순도(99.5% 이상)이다. 〈표 5-2〉에 산화아연의 일반적 성질을 나타내었다.

〈표 5-2〉 산화아연의 일반적 성질

| 항 목 | 성 질 |
|---|---|
| 화학식 | ZnO |
| 분자량 | 81.37 |
| 성 상 | 백색미분말 |
| 결정형 | 육방결정계, 우르츠광형 |
| 비 중 | 5.47～5.78 |
| 굴절율 | 2.00～2.02 |
| 융점(℃) | 1,800 |
| 용해성(%) | 0.00042(수중18°) 산, 알칼리, 염화암모니움에 가용 |

### 3. 응용

보통의 산화아연은 무독성이므로 백색안료로서 연백대신으로 사용되며, 산화티탄이 나오기까지는 백색안료의 독점하였다. 최근 보통의 산화아연과 함께 미립자도 많이 사용되게 되었다. 산화아연은 백색안료로서 이용되는 것 이외에 다른 약제효과로서 배합한다. 피부의 수렴작용과 보호작용, 방부작용 등에 효과가 있다. 앞으로 많이 사용될 것으로 생각된다.

## 5 미립자산화알루미늄(Aluminum Oxide)

### 1. 물성

성상은 백색-띠청백색의 미세한 분말로 냄새 및 맛은 없다.

| | |
|---|---|
| 수가용물 | 20% 이하 |
| 연 | 30ppm 이하(1.0g) |
| 비 소 | 5ppm 이하(0.4g, 장치 C) |
| 강열감량 | 2.5% 이하 |

### 2. 개요

미립자산화알루미늄은 정제된 염화알루미늄을 기화해서 산수소염 중에서 가수분해함으로서 조제된다. 보통 안료로서 사용되고 있는 산화알루미늄은 침강법, 열분해법, 광물정제법으로 조제되지만, 입자직경이 크기 때문에 미립자산화알루미늄과는 성질이 다르다. 미립자산화알루미늄의 특징은 1차입자가 매우 좁고 화학적 순도가 높으며 밀도가 적다. 분산성이 뛰어나다. 결정구조는 대부분이 감마이고 극히 일부에 델타가 들어있다. 매우 강하고 정으로 대전하는 경향이 있으며, 많은 분말이 부로 대전하는 것과 대조적이다. 따라서 여러 분체와 혼합한 경우, 그 대전특성을 크게 변화시킬 수 있다.

### 3. 응용

미립자산화알루미늄은 미립자산화실리콘과 같이 증점제로서 사용된다. 특히 액 중에서는 정으로 대전하는 성질을 이용해서 미립자산화실리콘과 혼합하여 증점제의 특성을 개선하기 위해 사용되고 있다.

## 6 미립자산화철(Iron Oxide)

### 1. 물성

산화철은 적, 황, 흑의 3종류를 사용하고 있으므로 각각의 물성을 〈표 5-3〉에 나타내었다. 〈표 5-3〉에 나타난 것과 같이 적과 흑의 산화철은 황산화철의 순도시험을 준용하지만, 흑산화철의 건조감량을 구할 경우 가열건조로 수분은 발산하지만, 100℃ 이상에서는 흑산화철이 일부 산화되어 증량되기 때문에 수분을 정확하게 구하는 것은 곤란하다. 데시케이터(황산)를 이용함으로서 산화에 따른 증량을 피할 수 있다.

〈표 5-3〉 산화철의 물성

| 항 목 | 적산화철(벤가라) | 황산화철 | 흑산화철 |
|---|---|---|---|
| 성 상 | 암적색-적갈색분말로 냄새는 없다. | 황색-등황색분말로 냄새는 없다 | 흑색분말로 냄새는 없다 |
| 수가용물 | 0.3% 이하 | 0.3% 이하 | 0.3% 이하 |
| 연 | 황산화철을 준용 | 40ppm 이하(0.3g) | 황산화철을 준용 |
| 비 소 | 황산화철을 준용 | 10ppm 이하(장치C) | 황산화철을 준용 |
| 건조감량 | 1.0% 이하(2g, 105℃, 3시간) | 1.0% 이하(2g, 105℃, 3시간) | 1.0% 이하(2g, 유산, 4시간) |
| 화학식 | $\alpha$-$Fe_2O_3$ | $\alpha$-$FeOOH(Fe_2O_3 \cdot H_2O)$ | $Fe_3O_4$ |

## 2. 개요

미립자산화철은 제1철염용액(예를 들면, 황산제1철과 염화제1철)에 알칼리를 첨가해서 수산화제1철의 침전액에 공기를 주입해서 산화시켜 만든다.

$$4FeSO_4 \cdot 7H_2O + O_2 + 8NH_4OH \rightarrow 2(Fe_2O_3 \cdot H_2O) + 4(NH_4)_2 + 30H_2O$$

또 황산제1철용액에 쇠가루를 넣고 가열하면서 공기를 주입하면 $Fe^{2+}$가 산화되어 $Fe^{3+}$로 되며 가수분해해서 $Fe_2O_3 \cdot H_2O$가 침전한다. 가수분해에 의해 액은 산성으로 되고 쇠가루의 존재로 $Fe \rightarrow Fe^{2+}$의 반응이 진행된다.

$$4FeSO_4 \cdot 7H_2O + O_2 \rightarrow 2(Fe_2O_3 \cdot H_2O) + 4H_2SO_4 + 22H_2O$$
$$Fe + H_2SO_4 + 7H_2O \rightarrow FeSO_4 \cdot 7H_2O + H_2$$

기본적으로 위의 방법으로 제조하지만, 온도와 농도, pH를 바꿈으로서 적이나 흑산화철로 된다. 이들 조건을 그림으로 아래에 나타내었다.

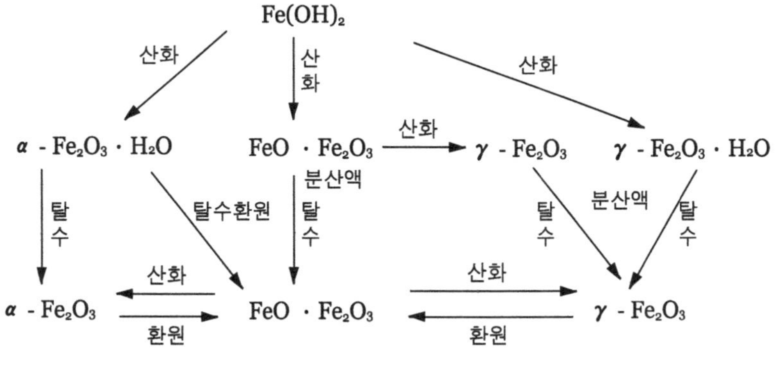


## 3. 응용

산화철(적, 황, 흑)은 안전성이 뛰어난 것에서 화장품의 착색제로서 가장 많이 이용되고 있는 안료이다. 특히 메이크업 제품이 많고 그 중에서도 아이라이너와 마스카라에는 다량으로 배합되고 있다.

## 7 식용 타르색소

### 1. 허가품목

식용 타르색소는 현재 11종의 수용성 염료로 〈표 5-4〉에 허가품목과 규격을 나타내었다.

〈표 5-4〉 식용 타르색소의 허가품목과 규격

| 명칭 | | 색 | 구조식 | 규격 | | |
|---|---|---|---|---|---|---|
| 색소번호 | 법정색소명 | | | 건조감량 (135℃) | 염화물 및 황산염 | 순색소 |
| 적색2호 | 아마란스 (Amaranth) | 등홍색 | 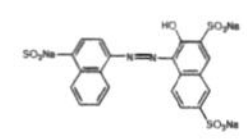 | 10% 이하 | 5% 이하 | 85% 이상 |
| 적색3호 | 에리스로신 (Erythrosine) | 황홍색 | 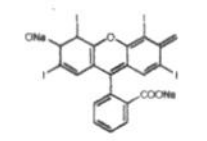 | 12% 이하 | 2% 이하 | 85% 이상 |
| 적색102호 | 뉴코신 (New cocin) | 청적색 | 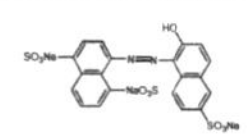 | 10% 이하 | 8% 이하 | 82% 이상 |
| 적색104호의(1) | 프록신B (Phloxine B) | 청적색 | 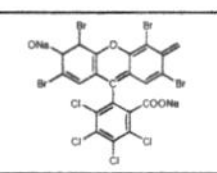 | 10% 이하 | 5% 이하 | 85% 이상 |
| 적색105호의 (1) | 청적색 | 청적색 | 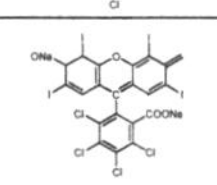 | 10% 이하 | 5% 이하 | 85% 이상 |
| 적색106호 | 청적색 | 청적색 | 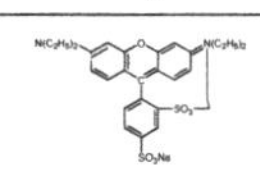 | 10% 이하 | 5% 이하 | 85% 이상 |
| 황색4호 | 타트라진 (Tartrazine) | 황색 | 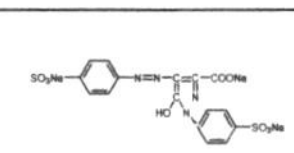 | 10% 이하 | 6% 이하 | 85% 이상 |
| 황색5호 | 선셋옐로우-FCF(Sunset yellow FCF) | 등황색 | 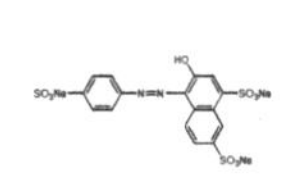 | 10% 이하 | 5% 이하 | 85% 이하 |
| 녹색3호 | 패스트그린FCF (fast green FCF) | 청록색 | 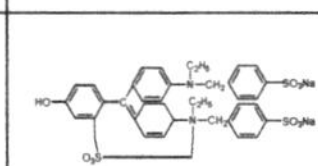 | 10% 이하 | 5% 이하 | 85% 이하 |
| 청색1호 | 브릴리언트블루 FCF (Brilliant blue FCF) | 청색 | 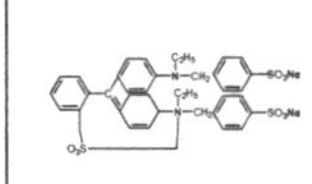 | 10% 이하 | 4% 이하 | 82% 이하 |
| 청색2호 | 인디고칼민 (Indigo carmine) | 청색 | 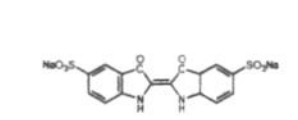 | 10% 이하 | 강열잔분 28.0-38.0 % | 95% 이상 |

## 2. 개요

식용타르색소는 1947년에 식품위생법이 공시된 이래, 안전성에 관한 최신의 실험결과를 기초로 하면서 삭제, 추가지정이 계속된 결과, 현재의 허가품목으로 귀결되었다. 따라서 식용타르색소의 안전성은 과거의 나쁜 인상과는 달리, 매우 높은 수준으로 생각된다.

최근의 미국 FDA에 의한 타르색소의 고농도투여에 있어서 발암성시험의 결과, 식용색소의 적색3호를 비롯하여 화장품용 색소의 적색 203호(레이크레드 C), 적색 204호(레이크레드 CBA), 적색 213호(로다민B), 적색 215호(로다민B 스테아레이트), 등색 203호(파머넌트오렌지)에 문제가 지적되었다.

이들 6색소의 사람에 대한 발암 위험율은 100만분의 1 이하로 작은 것이며, FDA에서는 동물에서 암을 발생시키는 물질이라도 위험율이 무시될 만큼 적다면 사용을 허가할 가능성을 시사하고 있다. 그러면서도 안전성에 관련된 보도와 소비자운동에서는 반드시 정당한 평가와 판단이 있어야 한다고 제한하지 않고, 이미지로서 받아들이는 것이 많기 때문에 대부분의 화장품메이커는 의문시되는 색소의 제품에 대한 사용을 자숙하고 있다.

문제가 된 색소의 대체물로서는 적색 3호를 제외하고 식용타르색소가 사용되는 것이 많다. 예를 들면 적색 213호의 대신으로 적색 106호가, 또 등색 203호의 대신으로 황색 5호A1 레이크가 각각 사용되게 되었다. 그러나 식용타르색소는 내광성이 적은 것이 많고 특히 그 A1 레이크는 착색력이나 내용출성도 떨어지기 때문에 제품처방 계에서의 연구가 필요하다.

## 3. 응용

식용타르색소는 수용성색소로서 기초화장품이나 두발용 화장품 등의 외관착색에 10㎍/㎖ 이하의 저농도로 사용된다. 그러나 그 대부분은 내광성이 떨어지므로 가끔 황색 203호(키노린옐로-WS)나 녹색 201호(아리자닌시아닌그린F) 등의 화장품용 타르색소가 사용된다.

식용타르색소의 A1 레이크는 내광성이 떨어지지만, 색조가 선명한 장점을 살려서, 주로 립스틱에 이용되고 있다. 립스틱이외의 메이크업 제품에는 비교적 내광성이 뛰어난 황색 4호 A1 레이크나 적색 106호 등이 매니큐어에 이용되는 것 외에 파운데이션, 볼텃치, 아이쉐도우 등에는 내광성과 내용출성이 떨어지므로 거의 사용되지 않고 있다. A1 레이크에 관한 개량연구는 현재도 계속되고 있으며, 품질이 뛰어난 식용타르색소의 A1 레이크가 제공되면 화장품업계에 있어서 수요는 앞으로 늘 것으로 생각된다.

# 8 천연색소

## 1. 개요

천연색소에는 안전성이 높은 것이 많은 점 또 약리작용이 있는 것 등의 이유에서 최근 천연색소가 타르계 합성색소를 대신해서 식품분야에서 많이 사용되게 되었다.

그러나 천연색소는 일반적으로 다음과 같은 결점이 있다.

① 색조가 불선명하다.

② 공존성분에 따라 다른 맛, 다른 냄새가 난다.

③ 내광성, 내열성이 떨어진다.

④ 고순도를 얻기 힘들고 착색력이 떨어진다.

⑤ pH, 금속이온의 영향으로 변색된다.

⑥ 천연물이므로 원료사정이 불안정하다.

⑦ 가격이 비싸다.

따라서 수많은 천연색소 중에서 화장품에 응용할 수 있는 것은 $\beta$-카로틴, 파프리카색소, 아토나색소 등 카로티노이드계 색소, 라크색소, 코치닐색소 등 안토라키논계 색소 및 잇꽃색소 등 일부 플라보노이드계 색소로 제한된다. 여기서는 최근 주목받고 있는 치자 청색소와 파프리카색소에 대해서만 적겠다.

## 2. 각론

### 1) 치자 청색소

치자 청색소는 치자 과실에 들어있는 카로티노이드계의 크로싱과 크로세틴(〈그림 5-1〉 참조)이 수용성 황색소로서 색조가 선명한 점에서 식품에 사용되어 왔다. 치자 과실 중에는 이외에 노나코산, $\beta$-시토스테롤, 만니톨과 여러 일리노이드배당체(〈그림 5-2〉 참조)가 들어있다.

최근 산토리에서는 야에가키발효기술연구소 나가이 교수(히로시마대학 공학부)와 공동으로 일리노이드배당체의 게니포시드에 고정화색소를 작용시켜 글루코스를 이탈해서, 이것을 칼럼으로 분리정제함으로서 선명한 청색소를 제조하는 데 성공하였고 이것을 상품화하였다. 천연의 청색소는 종래의 내광성, 내열성이 떨어지는 피코시아닌 뿐이었다. 따라서 내열성이 뛰어나고 또 빛에 대해서도 비교적 안정한 쿠치나시 청색소는 식품뿐만 아니라 화장품에도 유용하다.

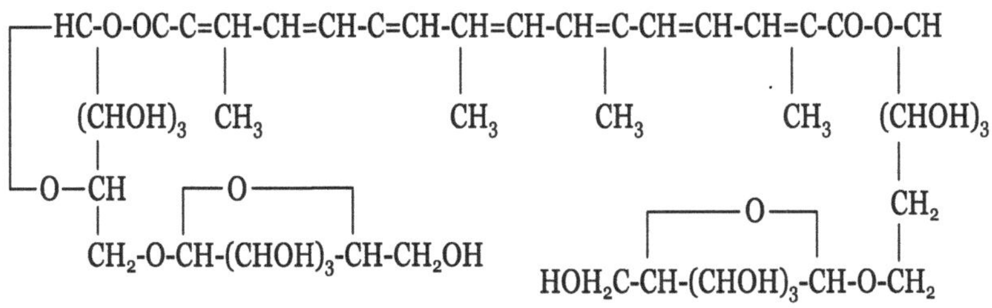

**(Crocin) $C_{44}H_{64}O_{24}$**

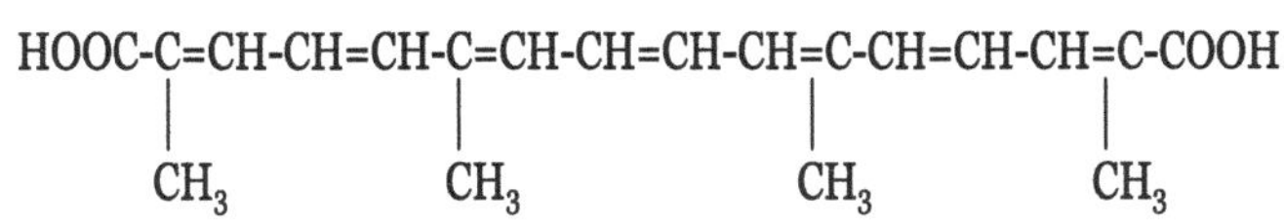

**(Crocetin) $C_{20}H_{34}O_4$**

〈그림 5-1〉 크로싱과 크로세틴의 구조식

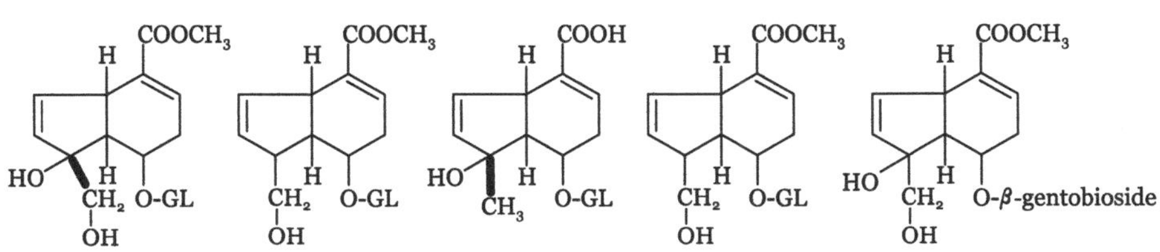

〈그림 5-2〉 일리노이드배당체의 구조식

2) 파프리카 색소

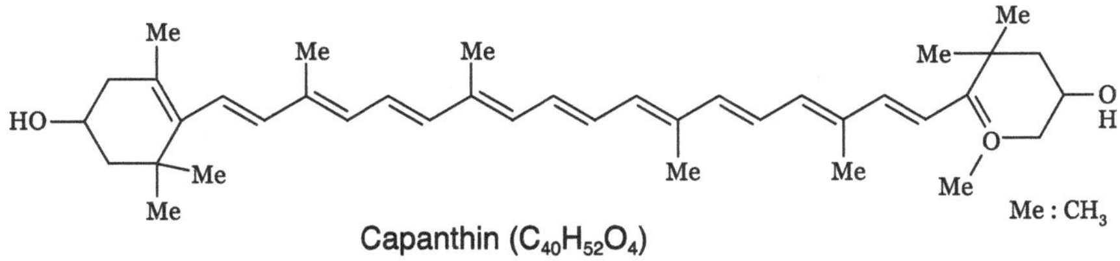

Capanthin ($C_{40}H_{52}O_4$)

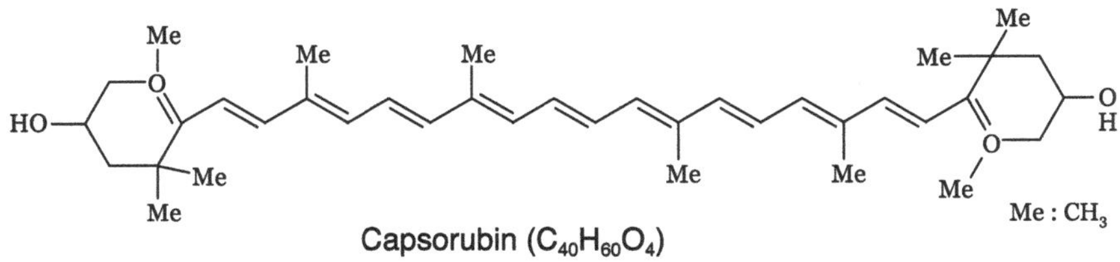

Capsorubin ($C_{40}H_{60}O_4$)

〈그림 5-3〉 캡산틴과 캡소루빈의 구조식

파프리카 색소는 파프리카과실에 들어있는 카로티노이드계의 캡산틴, 캡소루빈(〈그림 5-3〉 참조) 및 그 외의 색소로 된 유용성 적등색 색소이며 식품에 널리 이용되어 왔다. 파프리카색소는 악취성분을 함유하고 있기 때문에 파프리카과실의 유기용매 추출물을 분배법, 효소처리, 수증기증류, 분자증류 등 고도의 정제기술을 구사한 탈취농축품이 개발되었다.

최근에는 안간향신료가 초임계탄산가스추출법에 의해, 파프리카과실에서 선택적으로 수요가 높은 등적색 색소(캡산틴)를 농축해서 제조하는 방법이 개발되었다. 그러나 초임계탄산가스추출법은 고압설비가 필요하므로 대량생산과 코스트문제가 남아있다. 캡산틴은 색조가 선명하며 안정성도 뛰어나기 때문에, 앞으로 화장품으로 널리 응용될 것이 기대된다.

## 9 운모티탄(Titanated Mica)

### 1. 물성

성상은 백색-염황색 또는 띠적황백색분말. 무취 또는 거의 약한 냄새이다.

| | |
|---|---|
| 산가용물 | 1.5% 이하 |
| 철 | 0.02% 이하 |
| 연 | 3ppm 이하(1.0g) |
| 비 소 | 10ppm 이하(0.2g, 장치 C) |
| 강열감량 | 1.0% 이하(1g, 500℃, 일정량) |

### 2. 개요

입자가 정렬된 미세 운모에 미세한 이산화티탄입자를 피복 처리한 것이다. 일반적으로는 황산티타닐 또는 4염화티탄을 운모 현탁시킨 수용액 중에서 가수분해하고, 운모표면에 이산화티탄수화물을 부착시킨 후 수세, 건조, 가열해서 얻는다. 운모에는 천연운모, 인공운모 각각 몇 종류가 있으나, 운모티탄의 원료로서는 천연의 백운모가 가장 좋은 것으로 되어있다.

독성이 없고 내후성, 내열성 및 내약품성이 탁월하다. 이산화티탄의 고굴절율과 운모편의 층상성질에 바탕을 둔 빛의 간섭작용에 의해 펄광택을 발현하지만, 이 광택은 이산화티탄층의 두께에 따라 여러 색상의 간섭색이 나타난다.

〈표 5-5〉 간섭색과 $TiO_2$ 중량 및 두께와의 관계

| 간섭색 | 운모 $1m^2$당 $TiO_2$의 중량 | $TiO_2$의 기하학적 두께(nm) |
|---|---|---|
| 은 | 50～100 | 20～40 |
| 금 | 100～180 | 40～90 |
| 적 | 180～220 | 90～110 |
| 자 | 220～240 | 110～120 |
| 청 | 240～260 | 120～135 |
| 녹 | 260～280 | 135～155 |
| 제2오더의 금 | 280～350 | 155～175 |

펄광택은 연광택감에서 금속성 광택감까지 있으나, 이것은 운모편의 크기에 따른 것이다. 광택의 강도는 이산화티탄 입자층의 평활성, 유리티탄량 및 티탄층의 밀도 그리고 운모편의 두께, 입자의 분포, 평활성 및 아스펙트비 등의 인자에 의해 달라진다.

일반적으로 운모티탄은 은백색타입으로 이산화티탄의 결정형은 아나타제형이다. 내후성 면에서 루틸형티탄이 뛰어난 것에서 루틸화의 검토가 다양하게 진행되고 있다. 또 내후성, 분산성향상의 목적으로 운모티탄의 표면을 수화알루미나와 실리콘 등으로 처리하는 것도 연구되고 있다.

## 3. 응용

주로 마무리화장품의 펄광택 부여제로서 이용되고 있다. 특히 포인트 메이크업 화장품류에서는 간섭색이 나오는 운모티탄이 일부제품에 배합되고 있다. 발색, 착색력이 강한 것이 필요한 경우는 착색운모티탄이 사용되지만, 최근 착색제를 사용하지 않고 착색운모티탄보다 채도가 높은 발색이 가능한 티탄블랙을 입힌 운모티탄도 발표되었다(〈표 5-5〉 참조).

예로부터 분물제품에서는 탈크를 주제로 하는 것이 일반적이었으나, 최근 파운데이션류, 포인트류를 중심으로 세리사이트, 마이카베이스로 변화하고 있다. 현재는 주로 아이칼라등의 포인트류에 운모티탄베이스가 사용되게 되었다.

이와 같이 운모티탄의 용도는 점점 다양하게 되고, 또 요구되는 특성수준도 보다 고도로 되고 있다. 이런 점에서 앞으로 내후성, 펄강도, 발색성 및 착색력의 향상, 표면개질, 감촉개선 등이 진행되면서 용도는 더욱 광범위해지고 수요가 늘어날 것으로 생각된다.

# 10 착색운모티탄(Colored Titanated Mica)

## 1. 물성

성상은 진주광택과 선명한 색조를 가진 분말. 무취 또는 거의 약한 특유의 냄새가 있다.

| | |
|---|---|
| 연 | 3ppm 이하 |
| 비 소 | 10ppm 이하 |

## 2. 개요

입자표면이 평활한 박편상 운모분말에 미립자이산화티탄을 피복한 운모티탄에, 산화철, 감청, 산화크롬, 카밍 등의 착색안료를 피복 처리한 것이며 진주광택과 착색안료가 가진 선명한 색상을 나타낸다.

일반적 제법으로 운모티탄에 철과 크롬 등의 무기산염을 첨가해서 이것을 알칼리가수분해한 뒤 여과, 수세, 가열하는 방법, 운모티탄에 미리 수산화알루미늄을 피복해 놓고 다음으로 염료로 착색레이크를 형성시키는 방법 등이 있다. 운모티탄의 착색에 있어서는, 간섭색과 같은 색상의 착색안료를 이용함으로서 선명한 색조가 얻어진다. 또 간섭색과 다른 색상의 착색안료를 이용하면 2색성을 나타내는 펄광택 안료가 얻어진다.

그러나 내광성, 내열성, 내약품성 등의 안정성은 반드시 탁월하지 않고, 운모티탄표면을 피복하고 있는 착색안료에 영향을 받는다. 예를 들면, 감청이나 카밍을 피복한 운모티탄은 광, 열, 약품, 용매 등에 의해 퇴색하는 경우가 있다. 〈표 5-6〉에 안정성을 나타내었다.

〈표 5-6〉 착색운모티탄의 착색안료와 안정성

| 색 조 | 주된 착색안료 | 안정성 |
|---|---|---|
| 금 색 | 산화철(적) | 탁 월 |
| 적 색 | 산화철(적)<br>카 민 | 탁월. 열, 빛에 퇴색된다. |
| 자 색 | 카민, 감청 | 열, 빛, 알칼리에서 퇴색 |
| 청 색 | 감 청 | 알칼리, 열에서 퇴색. 화장품기재의 변취를 일으키는 경우가 있다. |
| 녹 색 | 산화크롬 | 화장품기재의 변취를 일으키는 경우가 있다. |

착색운모티탄의 안정성을 향상시키는 연구는 많이 되어 있으나, 최근 착색안료를 이용

하지 않고 간섭작용만으로 발색시키는 유색운모티탄이 발표되었다. 이것은 운모티탄표면을 흑색산화티탄으로 피복한 것으로, 종래의 착색운모티탄보다 고채도의 발색이 가능하게 되었다.

### 3. 응용

착색운모티탄은 지금까지의 유기무기안료에서 나올 수 없는 특수한 색채효과가 있기 때문에, 메이크업 화장료에 사용되고 있다.

최근에는 특히 강한 펄광택 부여를 목적으로 100% 착색운모티탄의 제품도 등장하고 있다. 앞으로 안정성개량이 되면, 계속 사용제품의 수도 증대하고 주요안료로서 중요한 위치를 차지할 것으로 생각된다.

## 11 실크파우더(Silk Powder)

### 1. 물성

성상은 백색-회백색의 미세한 분말, 거의 약한 특이냄새 있음.

| | |
|---|---|
| pH | 4.0-7.5(5.0g, 50ml) |
| 중금속 | 20ppm 이하(1.0g, 제2법) |
| 비　소 | 2ppm 이하(1.0g, 제3법, 장치C) |
| 건조감량 | 8.0% 이하(1g, 105℃, 3시간) |
| 강열잔분 | 2.0% 이하(제1법, 1g) |

### 2. 개요

누에에서 얻어지는 연섬유를 수세, 건조, 제단, 분쇄하고 이것을 에탄올에 침적방치한 뒤 여과, 건조, 분쇄 후 채를 통과시켜 얻는다. 연파브로인을 주체로 한 단백질성분으로 된 미세분말이다. 분쇄방법 등에 따라 입자형상, 입도분포가 약간 달라진다.

물, 알코올류, 그 외의 화장품기제에는 불용이다. 다가알코올류의 일부와 유지류, 계면활성제류에는 분산한다. 피부를 구성하는 아미노산조성비와 비슷한 점에서 피부와 모발에 높은 친화성을 가지며 자극도 없다.

광산란작용이 있고 연광택이 있다. 또 색소염착력을 높이고 내구성을 향상시키는 작용이 있다. 피부에 대한 전착성을 향상시키고 흡착성도 있다. 온도와 습도에 의해 수분을 보유 또는 방출하는 작용도 있다.

### 3. 응용

피부의 조성에 가까운 파우더인 점이 주목되고 있다. 무기분체는 흡착작용이 강한 것이 많고 수분, 유분을 과도하게 흡착해서 피부를 거칠게 하지만, 실크파우더는 탈지작용은 적게 한다. 또 무자극으로 매끄러운 감촉을 가진 것도 분체 제품의 베이스제로서는 적합하다. 색소의 염착력향상작용, 제품의 전착성 향상작용은 마무리화장품에 좋은 특성을 제공한다.

이상에서 포인트류 및 파운데이션류 등의 분체기제로 이용된다. 신소재로서 주목되고 있는 세라믹미분체와 고분자분체가 사용하기 쉬운점 및 제품에 대한 큰 특성 부여력이 있는 것에 비해 실크파우더의 특성을 제품에 반영시키는 것은 약간의 기술이 필요하다. 그리고 실크파우더와 같은 피부조성에 가까운 고분자분체는 자연파지향의 화장품소재로서는 말할 것도 없고 안전성이 높은 점도 포함해서, 그 유용한 특성에서 널리 화장품의 분체성분으로 이용될 요소가 있는 원료이다.

## 12 결정셀룰로스(Microcrystalline Cellulose)

### 1. 물성

성상은 백색-회백색의 결정성분말. 무미무취이다.

| | |
|---|---|
| pH | 5.5-7.0(5.0g, 40ml) |
| 중금속 | 10ppm 이하(2.0g, 제4법) |
| 비 소 | 2ppm 이하(1.0g, 제3법, 장치C) |
| 건조감량 | 7.0% 이하(1g, 105℃, 3시간) |
| 강열잔분 | 0.05% 이하(제2법, 2g) |

### 2. 개요

고순도의 정제펄프를 산으로 가수분해해서 비결정영역을 세정, 제거한 뒤 마쇄, 정제, 건조해서 얻어지는 고순도의 결정셀룰로스 미분말이다. 입자형상은 일반적으로는 미소괴상으로 부정형이지만, 화장품 그레이드에서는 구상이라고 한다. 각각의 입자는 미세한 셀룰로스결정체가 망사구조를 형성한 2차 응집체이다. 화장품용으로서는 6-25㎛의 평균입자직경의 것이 이용되고 있다.

화학적으로는 불활성이다. 희석한 알칼리에 일부 팽윤 가용하지만 물, 희산, 유기용매, 기름 등에는 불용이다. 비중은 1.55, 인체에 무해하다.

구상미립자인 것에서 매끄러운 감촉을 준다. 미립자이고 다공질이므로 물, 기름, 용매류를 흡착한다. 그 자체의 염색성, 안료의 부착성이 양호하며 혼화성이 좋다. 성형성도 뛰어나다.

수중에서 강력하게 마쇄, 교반하면 응집입자가 분산되어 겔상 물질을 얻게 되지만, 일반적으로는 이것을 이용하는 것이 적고, 수용성고분자 등을 혼합처리한 것이 이용된다. 이것은 유화, 현탁안정제, 기포안정제, 증점제로 이용된다.

### 3. 응용

몇 안되는 천연의 유기물 분체이며, 그 흡착특성과 감촉에 특장이 있다. 일반적으로 마무리화장의 분체 원료로 사용되고 있다.

매끄러운 감촉은 분체 제품에 배합하면 효과적으로 작용한다. 또 수분, 유분의 흡착성, 색소, 미량성분과의 혼화성 및 성형성에도 탁월하기 때문에, 일반적인 분체와 같이 사용할 수 있다. 따라서 파운데이션류, 포인트류에 기제성분으로서 사용된다. 유성제형에도 배합되지만, 처방때에는 그 수분의 흡탈습작용에 따라 계에 미치는 영향에 주의할 필요가 있다.

최근 그 다공성을 강조해서 땀과 피지의 흡수성이 좋고 통기성이 높으며, 정착감이 있으면서 피부에 부담이 적고 화장얼룩이 생기기 어렵다는 것에서 여름용 파운데이션이 제품화되어있다.

향료, 살균제 등을 흡착 유지하는 것에서 방향제품, 데오드란드제품에도 이용된다. 치약에는 연마제로서 이용된다. 그 외 의약품, 식품 등에도 이용되고 있다.

천연다당류나 CMC 나트륨을 보호콜로이드로 한 분산타입은 점성을 나타내고, 유화, 현탁안정제 등으로서 유화계, 분산계의 제품에 이용되고 매끄럽고 가벼운 감촉 등의 특성이 제공된다. 다만, 이 타입은 내미생물성이 약간 떨어진다. 결정셀룰로스의 분체로서의 이용가치는 높고 특히 그 감촉은 최근 화제가 되고 있는 합성고분자나 세라믹분체 등에 비해 떨어지지 않는다. 또 기름유래의 원료, 안전성 면에서도 화장품원료로서 좋다. 현재 현탁용으로서는 다른 물질과의 복합이용이 되고 있지만, 분체로서는 아직 단독 이용만 되고 있기 때문에, 앞으로 복합화 이용의 연구가 진행되면 더욱 관심거리의 소재로 될 가능성이 있다.

## 13 고분자그리타

### 1. 물성

성상은 간섭색인 펄광택을 나타내는 미세박편이다.

| | |
|---|---|
| 중금속 | 20ppm 이하(1.0g, 제2법) |
| 비 소 | 2ppm 이하(1.0g, 제3법) |
| 건조감량 | 2.0% 이하(2g, 105℃, 3시간) |
| 강열잔분 | 2.0% 이하(제1법 또는 제3법, 2g) |

## 2. 개요

폴리에칠렌테레프타레이트에서 생긴 폴리에스테르박막과 폴리오레핀공중합수지 또는 폴리메칠메타크리레이트의 박막을 서로 적층시켜, 이 표면을 폴리에스테르박막으로 덮고 이것을 압착해서 생기는 적층필름을 제단한 것이다. 그 외 테레프탈산과 펜타에리스리톨에서 생긴 폴리에스테르와 폴리에칠렌의 적층분말이 있다.

적층은 226층으로 필름의 두께는 35㎛이다. 크기는 0.20mm$^2$, 0.38mm$^2$, 0.64mm$^2$, 0.89mm$^2$, 1.58mm$^2$의 것이 있다.

필름각각의 계면에서 반사된 빛이 상호 간섭하여 간섭색을 발현한다. 이 간섭색인 펄 광택의 강도는 필름의 종류, 각 박편의 두께, 필름층의 두께 등에 따라 변화한다. 현재는 주로 청록색, 구리색이 이용되고 있다.

물, 에탄올에 내성이 있다. 광물유, 아주까리유 등에는 내성이 있으나, 폴리에스테르・폴리에칠렌 적층분말은 내성이 떨어진다. 지방족 용제, 신나 등에 대해서도 내성이 있으나, 폴리에스테르・폴리메칠메타크리레이트 적층분말은 내성이 없다.

내열성은 화학적, 기계적 응용력에 따라 변화한다. 폴리에스테르・폴리에칠렌 적층분말은 내열성이 약간 떨어지지만, 일반적으로 색채소실온도는 200℃ 전후이며 고절단력 조건하에서는 140-150℃ 정도로 된다.

알루미늄조각 또는 폴리에스테르필름에 알루미늄 증착한 것에, 필요에 따라 착색한 에폭시수지를 입힌 프레이크 등에 비해, 금속이나 착색제를 전혀 함유하지 않기 때문에 안전성이 높고 변색도 되지 않는다.

알루미늄프레이크는 금속성 광택감, 운모티탄은 진주같은 광택감이 강한데 반해, 고분자그리타는 두 가지를 모두 가진 광택을 내는 것이 특징이다. 용도면에서는 알루미늄프레이크와 같이 이용되고 있다.

## 3. 응용

비중이 작고 분산성, 안정성이 탁월하고 또 독특한 메탈릭성 펄감이 있는 것에서, 네일칼라에 배합된다. 이것에는 내용제성의 면에서 폴리에스테르・폴리메칠메타크리레이트 적층분말은 적합하지 않지만 실제로는 이것도 이용되고 있다.

두발료 등에도 사용되지만 일반적으로 제품에는 많이 사용되지 않고 한정되어 있다. 고분자그리타는 그 안전성, 뛰어난 광택감에서 운모티탄과 같이 널리 포인트메이크업 화장품에 배합함으로서 탁월한 메이크업효과가 기대되지만 감촉적으로 이물감도 있기 때문에 피부에 직접 접촉하는 제품에는 그다지 이용되지 않는다.

그리고 운모티탄과 알루미늄프레이크 등에서는 얻을 수 없는 독특하고 뛰어난 광택감이 있으며 탁월한 분산성, 안정성, 안전성 등에도 겸비하기 때문에 주로 그 크기와 형상에 따른 감촉개선이 이루어진다면, 새로운 타입의 펄광택 부여제로 될 것이다.

# 14 폴리에칠렌 분말(Polyethylene Powder)

## 1. 물성

성상은 백색의 분말, 과립 또는 입자. 무취 또는 거의 약한 특이냄새.

| | |
|---|---|
| 융 점 | 100-120℃(제1법) |
| 액 성 | 중성(1.0g, 열에탄올 1ml 및 열탕 9ml) |
| 중금속 | 20ppm 이하(1.0g, 제4법) |
| 비 소 | 2ppm 이하(1.0g, 장치C) |

## 2. 개요

고압법, 중압법(필립스법 및 스텐다드법), 저압법(치그라법) 등의 방법으로 에칠렌을 중합해서 얻는다. 저압법에서 미분말의 폴리에칠렌을 얻지만, 고압법에서는 재단된 큰 입자상이므로 미립자화시키는 방법이 연구되어 있다. 얻어진 폴리에칠렌의 성질은 조제방법에 따라 상당히 달라진다.

화학적으로는 매우 안정하며 내수성, 내약품성이 뛰어나다. 상온에서는 모든 용제에 불용이지만, 가열하면(70-100℃ 이상), 탄화수소 등에 녹는다. 상온에서는 탄화수소, 동식물유 등을 흡수해서 팽윤한다.

화장품원료로서 사용되기 시작했던 당시는 구슬모양 또는 분말상이 주로 되었으나, 최근 미분말상의 것이 나타나게 되었다.

최근에는 폴리에칠렌미분말에 정전도장법 및 메카노케미칼적인 효과를 이용한 교반혼합법 등에 의해 무기물, 금속분, 유기물 등의 미분말을 피복시킨 표면개선 미분말 폴리에칠렌이나, 이것을 섞은 복합화 폴리에칠렌 미분말 등 각종 기능을 추구한 것이 개발되어 주목받기 시작했다.

## 3. 응용

폴리에칠렌은 원래 품질이 일정한 합성왁스로서 기초화장품, 마무리 화장품 등에 이용 검토되었다. 용해성이 나쁘기 때문에 유동파라핀에 용해시켜 겔상으로 만든 프라스티베이스로서 화장품기제성분 및 의약품의 연고기제로서 이용되었다. 최근 화학적으로 안정하고 변질안되는 것, 고융점의 왁스에 비해 연화되지 않고 탄력성이 있으며 감촉적으로 무거운 느낌이 적은 것에서 왁스대체품으로 스틱상제품, 펜슬상제품에도 배합되게 되었다.

최근에는 수십 마이크로의 미분말이 나옴으로서 분체성분으로서도 이용되게 되었다. 특히 진주상의 것은 감촉이 가볍고 매끄러우며 성형성도 탁월하기 때문에, 나일론파우더 등 다른 고분자분체와 같이 분체제품에 배합된다. 형상은 진주상의 것이 선호되는 주류지만 그 외 편형상의 것도 여러 특성에 대해 기대 및 검토되고 있다.

입자직경이 비교적 큰 것은 스크럽제로서 세안료나 크림류에 배합된다. 또 치약용의 연마제로서도 이용된다.

어느 경우든 배합에 있어서 그 융점과 기름에 의한 팽윤성에 유의해야 한다. 현재 화장품원료도 복합화 연구가 활발히 진행되고 있으나, 폴리에칠렌도 표면에 분체나 착색제를 피복한 것이 개발되어 있다. 최근 미립자의 친유화착색산화티탄을 입힌 진주상 폴리에칠렌의 자외선차단력과 가볍고 매끄러운 감촉을 이용한 파운데이션이 제품화되었다. 또 이들 분체성분과 그 외의 물질을 믹스한 미립자폴리에칠렌에 대해서도 각종 응용연구가 되고 있다. 이들 소재는 최첨단 화장품원료 중의 하나로서 각광을 받고 있다.

## 15 폴리메타크릴산메칠(Polymethyl methacrylate)

### 1. 물성

성상은 백색분말. 무취 또는 아주 약한 냄새가 있다.

| | |
|---|---|
| 비 중 | 1.18 |
| 강열잔분 | 0.1% 이하 |
| 건조감량 | 1.5% 이하 |
| pH | 5.0-7.0 |
| 중금속 | 10ppm 이하 |
| 비 소 | 2ppm 이하 |

### 2. 개요

폴리메타크릴산메칠은 메타크릴산메칠모노머를 현탁중합 또는 유화중합하고 건조함으로서 얻어진다. 유리전이점 105℃, 융점 200℃, 분자량 약 50-100만의 구상 미분말상인 폴리머이다. 폴리메타크릴산메칠은 내후성, 내열성, 내약품성, 투명성, 경도 등이 뛰어나며 콘택트렌즈, 치과재료, 식품용기 등에 사용되는 안전성이 높은 폴리머이다. 또 피부에 대한 자극성이 없고 윤활성, 촉감, 팽창감, 땀 등의 흡수성, 분산성, 혼화성, 성형성이 뛰어나다.

물성개량을 위해 가교시킨 것, 발수처리 등의 표면처리를 한 것도 있다. 입자도는 여러 가지 있으나, 화장료용으로서는 평균 입자직경 5-30㎛ 정도가 많이 사용되고 있다. 흡유, 흡수량은 입자도와 표면적(표면상태)에 따라 변하지만, 약 흡유량 70-100ml/100g, 흡수량 50-80ml/100g 정도이다.

유동파라핀, 실리콘유, 동식물유, 비타민류 등 이른바 화장유를 폴리메타크릴산메칠로 싸서 마이크로캡슐화한 화장료가 연구되고 있다.

### 3. 응용

주로 각종 메이크업 화장료에 배합함으로서 매끄러운 감과 계의 붕괴성을 향상시킬 목적으로 사용되고 있다. 구상이므로 롤링효과에 의해 퍼짐이 좋고, 부드러운 사용감이 얻어진다. 또 피부에 잘 적용되고 적당한 흡유, 흡수성이 있기 때문에 땀이나 피지에 의한 화장 흐트러짐을 방지한다. 또 프레스 충진성을 향상시키고 제품의 균열을 방지함과 동시에 케이킹방지 효과도 있다.

페이스파우더, 프레스토파우더, 유화파운데이션, 바디파우더, 베이비파우더, 클렌징크림, 맛사지크림, 베니싱크림, 립스틱, 눈라이너, 아이쉐도우, 볼텃치, 샴푸, 치약, 제한제 등에 탈크, 세리사이트, 운모, 산화티탄 등의 대체 및 병용으로 이용되고 있다.

마이크로캡슐화 화장료는 열이나 산소에 약하고 잘 분해되는 것을 이러한 영향에서 보호할 수 있고, 피부에 퍼지게 하는 화장동작으로 간단히 캡슐막이 파괴되어 화장품원료가 피부에 흡수되게 사용된다.

광물분체와 달리, 폴리메타크릴산메칠 분체는 동일한 품질의 것이 안정적으로 공급된다는 이점 이외에 형상, 입자직경, 공중합조성, 표면개선 등이 간단하게 설정되고 목적으로 하는 화장료에 가장 알맞은 것이 얻어지므로 그 용도가 더욱 넓어지고 수요가 증가할 것으로 생각된다.

## 16 가교폴리스티렌분말(Crosslinked Polystyrene Powder)

### 1. 물성

성상은 백색-무색투명하고 미세한 분말 또는 입자. 냄새는 거의 없다.

| | | | |
|---|---|---|---|
| 중금속 | 20ppm 이하 | 잔류모노머 | 스티렌 50ppm 이하 |
| 비 중 | 1.04-1.07 | | 에칠벤젠 10ppm 이하 |
| 입자도 | 평균입자직경 4.5-7.5㎛ | | 에탄올 30분 추출 |
| | 최대 20㎛ 이하 | | 디비닐벤젠 등 20ppm 이하 |
| | 용출량 0.5% 이하 | 내 열 성 | 공기중 분해개시온도 약 260℃ |
| | (에탄올, 실온하, 30분) | | 질소중 분해개시온도 약 320℃ |
| 내용제성 | 용출량 2.0% 이하 | 비 소 | 1ppm 이하 |
| | (디메칠포름아미드, 실온하, 30분) | 건조감량 | 2% 이하 |

## 2. 개요

스티렌과 디비닐벤젠을 특수현탁 중합해서 얻어진다. 매우 좁은 입자직경분포를 가진 수지입자이다.

### 1) 안전성

랏트, 마우스를 이용한 경구독성, 경피독성, 눈자극성시험, 광독성시험 등에서도 매우 안전성이 높은 결과가 나와있다.

가교폴리스티렌은 이온교환수지의 본체이며, 이것이 식품, 의약품의 제조과정에서 많이 사용되고 있으므로 안전성에 대해서는 일반적으로도 매우 높다고 할 수 있다.

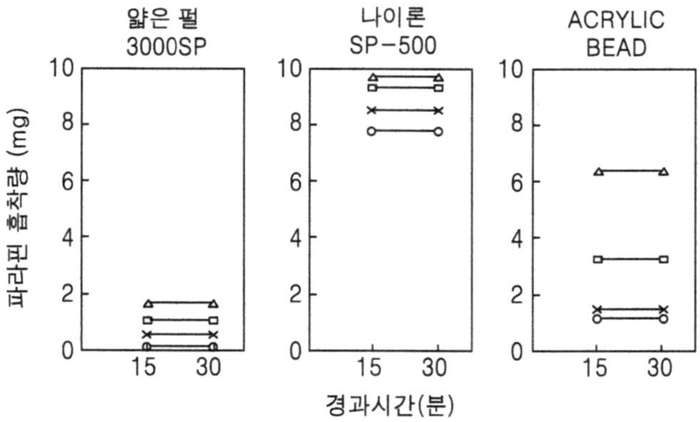


〈그림 5-4〉 파라벤흡착량의 경시적 변화

### 2) 특성

① 방부제의 흡착이 특히 적다: 다른 유기고분자 화장품원료와 비교한 방부제흡착시험 결과를 〈그림 5-4〉에 나타내었다. 이와 같이 방부제의 흡착이 특히 적기 때문에, 화장품의 안정성이 다른 재료사용의 경우에 비해 크게 개선된다.

② 내열성, 내용제성이 높다: 열, 용제에 의해 용융, 용해되지 않기 때문에 가공성이 뛰어나고 균일하게 안정된 제품을 얻을 수 있다.

③ 광, 열로 인한 피부에 대한 유해물질(아민류 등)을 발생하지 않는다.
④ 광, 열로 인한 화장품을 변질시키는 촉매작용이 없다.
⑤ 가격: 위의 높은 성능과 더불어 제조기술이 확립되어 있고 생산성이 좋기 때문에, 저가로 공급이 가능하다.

## 3. 응용

완전 구형이므로 롤링효과에 의해 피부에 발랐을 때 가볍게 바르는 느낌으로 퍼짐성이 좋고, 피부 위에서 퍼짐과 감촉이 좋으며 피부에 손상을 주지 않는다.

투명하며 입자도 분포가 좁다는 점에서 화장마무리에 투명감을 부여할 수 있으며, 종래에 없던 보다 자연스러운 마무리가 가능하다.

Chapter 6

# 효소, 생체 유래 성분

## 1 프로테이나제(엔도펩티다제-Proteinase)

### 1. 반응

각종 단백질, 펩티드에 작용해서 그 분자내부의 펩티드결합을 가수분해한다. 아미드, 에스테르결합에 작용하는 경우도 있다. 살아있는 조직에 대한 작용은 약하지만, 피부의 각질에는 잘 작용한다.

### 2. 종류 및 기원

가장 널리 사용되고 있는 것은 세균 프로테이나제(EC. 3, 4, 21, 14, 미생물 세린프로테이나제, *Bacillus subtilis, B. licheniformis*)이다. 그 외에 미생물 메탈로 프로테이나제(EC. 3, 4, 23, 6), 미생물 아스팔틱 프로테이나제(EC. 3, 4, 22, 4) 등이 시판되고 있다. (EC.는 국제생화학연합에서 정한 효소번호).

### 3. 개요

단백질 또는 펩티드에 작용해서 펩티드결합의 가수분해를 촉매하는 효소를 총칭해서 프로테이나제라고 한다. 이것을 2가지로 나누어, 펩티드쇄 내부의 결합을 가수분해하고 단백질을 가용화하는 작용을 하는 프로테이나제를 엔도펩티다제(프로테이나제)라고 부르며, 펩티드쇄의 양쪽 말단부에서 아미노산 잔기를 잘라내는 작용을 하는 것을 엑소펩티다제(프로테이나제)라고 부르고 있다.

화장품분야에서 이용되고 있는 것은 전자의 프로테이나제이다.

화장품에 이용하는 목적은, 노화된 피부각질층의 제거를 촉진시키는 것이다. 이것은 피부세정효과를 높이든지, 세면정화와 신생피부의 발육을 촉진시킬 것이다. 또 여드름의 원인인 모공부가 각질로 막히는 것을 예방하는 효과가 기대된다.

시와 등은 난치성 육아창에 프로테이나제를 응용하기 위해, 토끼의 척추부의 털을 깍은 후, 피하조직에 원형으로 피부를 도려내고 약 3시간 방치 후 농도가 다른 결정세균프로테이나제용제를 가제에 적신 것을 상처 위에 덮고 매일 가제를 교환하여 창상면적을 측정하였다. 12.5 PUN/ml - 1,250 PUN/ml를 사용한 결과, 상처 면이 청결하고 가피농 등의 부착이 없으며, 머큐로크롬이나 옥시풀을 사용한 경우보다 훨씬 빨리 창상면적이 축소되었다. 이 결과를 임상적으로 응용해서, 탁월한 효과가 인정되었다. 그 일례는 20세 때 매독환자였으며 건강한 51세때 좌경골전릉의 피부에 궤양이 발생하고 4년간 치유하지 않았던 환자에 대해 국소적으로 매일 2회 가제용액과 간유연골을 사용해서 약1개월만에 완전히 신생피로 상처부위가 치유되었다. 이것은 프로테이나제의 괴사조직용해작용과 간유연골의 상승효과 때문으로 생각된다.

프로테이나제를 화장품으로서 사용할 때 생각해야 할 점은, 사용 농도와 제품화한 뒤의 안정성문제이다. 치유목적으로 사용하는 연고 등에는 500-750 PUN/g을 사용하지만, 세제크림, 핸드크림과 같이 매일 사용할 경우에는 1g당 50-100PUN 정도의 미량으로 충분하다. 입욕제의 경우는 용액 1ml당 0.05-0.1PUN이다.

일반적으로 효소는 수용액 중에서는 불안정하다. 이것은 효소의 본질이 구상의 단백질이며 변성하면 효소로서의 활성이 비가역적으로 된다(실활). 이 변성은 수분의 존재하에서 일어난다고 생각해도 좋다. 따라서 분말제제의 경우에도 흡습하면 실활이 빠르고, 무기질과 혼합한 제제의 경우는 약간의 수분을 포함해도 그 대부분이 효소분말에 흡습된 경우에 실활이 빠르다. 제제배합때의 주의점으로서 각각의 원료수분을 최대한 적게하고, 배합작업중의 흡습을 줄일 것(특히 장마철) 등 제품 중에 유리수분이 들어가는 것을 방지해야한다.

수용액과 크림상제제의 경우는 솔비톨, 글리세린 등의 다가알코올이나 그 외의 친수성물질을 적당량 첨가하여 유리수분을 봉쇄함으로서 안정화시킬 수 있다. 또 기질인 단백질을 첨가하는 것도 안정화에 유효하다.

이 기술은 크리닝용 효소함유 액상제제에 옛날부터 이용되어 왔다(비오크린S 등).

# 2 리파제(Lipase, EC. 3.1.1.3)

## 1. 반응

중성지방의 글리세린과 지방산의 에스테르결합을 가수분해하는 효소이다. 작용조건에 따라 에스테르합성과 에스테르교환반응도 촉매한다.

## 2. 종류 및 기원

공업생산 되고있는 리파제는 미생물기원으로 *Mucor*, *Rhizopus*, *Asp.niger* 등의 사상균, *Candida cylindracea*가 이용되고 있다.

## 3. 개요

이 효소는 아밀라제, 프로테이나제와 함께 3대 소화효소의 하나로서 의약소화제로서 주로 이용되고 있다.

식품가공에서는 유제품의 향미 강화와 에스테르 교환반응에 의한 유지의 개질에 응용되고 있다. 유지를 가수분해해서 지방산을 제조하는 공정에 응용하려는 시도가 있지만, 가수분해해서 지방산을 증류분리하기 위한 에너지가 필요하며, 저온가수분해에 의한 성에너지 효과가 전체적으로는 영향을 주지 않고 고압수증기법에 의한 제법과 비교해서 가격적인 이점을 기대할 수 없다. 지방산을 분리하지 않고 가수분해물을 직접 비누원료로 하는 경우에는 잇점이 있다.

옷 세탁용에 프로테이나제가 대량으로 사용되고 피부각질오염의 제거에 효과가 있다. 피부착용 의류의 세척에는 단백질의 오염뿐 아니라, 중성지방이 많이 존재하고 있고 그런 것이 황색변화의 원인중의 하나로 생각되며 리파제를 세척에 이용하는 것이 시도되고 있으나 아직 실용화되지는 않고 있다.

리파제를 세안제와 화장품에 직접 이용한 예는 없다. 입욕제에 이용하는 시도가 있었다. 일반적으로 수용성 기질에 작용하는 효소의 반응속도는 기질의 농도에 지배되지만, 리파제의 겨우는 기질과 물과의 계면면적에 지배된다. 또 기질이 고체인 경우는 효소와 기질과의 접촉면적에 지배된다.

리파제는 지방의 가수분해뿐 아니라, 지방산과 글리세린, 직쇄상 알코올에서 만들어지는 에스테르화합물을 합성하는 능력이 있다. 이 작용을 이용해서 텔펜알코올에스테르와 게라닐부틸레이트 등을 합성할 수 있다.

# 1 라이소자임(Lysozyme)

## 1. 반응

① n-아세칠글루코사민과 n-아세칠무라민산의 β-1,4결합을 가수분해한다.

② 특정 종의 세균을 용균한다.

## 2. 기원

계란흰자위에서 추출, 정제되어있다.

## 3. 개요

페니실린의 발견자 A. Fleming이 페니실린을 발견하기 6년전(1922)에 계란흰자위 중에 세균의 세균막을 용해하는 효소가 존재한다는 것을 발견하고, 용균작용을 나타내는 것에서 라이소자임이라고 명명하였다.

라이소자임은 생물체에 널리 분포하고 있고 사람의 눈물, 수액, 코점액, 임파선, 백혈구, 혈장, 연골, 심장, 폐, 위장, 췌장, 간장, 장관 등 생체 내의 모든 조직, 체액 및 각 분해물 중에 들어있고 생체방어기구의 하나로 중요한 역할을 하고 있다.

라이소자임 분자는 129개의 아미노산으로 된 단일쇄의 펩티드이며, 분자량 145,000, 등전점 11.1의 염기성 단백질로서 시스테인을 8분자 가지고 있으며 이것에 의해 만들어지는 S-S결합이 4개 있고 따라서 매우 안정한 효소이다. 약 2,400종류가 알려져 있는 효소 중에서 유일하게 입체구조까지 밝혀진 효소이다. 영국의 D.C. Phillips 등에 의해 X선 반사의 측정치와 컴퓨터와의 연결로 3차구조가 밝혀지게 되고, 아미노산쇄의 배위와 기질인 n-아세칠글루코사민헥사머와의 결합상태 등도 밝혀져 있다. 라이소자임에 의해 용해되는 균은 그람양성균이며 프로테아제가 공존하면 그 용해효과가 촉진된다.

1959-1964년에 걸쳐, 이탈리아의 밀라노에서 Fleming기념 국제심포지움이 열려, 의학적을 각과 영역에 걸친 응용연구가 800케이스 보고되었다. 항염제로서 널리 이용되게 되었고 감기약에도 배합되고 있다(염화라이소자임). 바이러스 및 바이러스 숙주 등과 결합물을 형성해서 항바이러스 작용을 나타낸다. 항헤파린 작용이 있고 지혈작용을 나타낸다. 상처에 수액을 바르는 습관이 있으나 그 효과는 이 작용과 용균작용에 의한 화농방지효과에 의한 것으로 생각된다. 항감염 작용과 함께, 세균의 항생물질에 대한 감수성을 촉진하는 작용도 한다. 라이소자임은 산성에서는 강한 내열성을 나타내고, pH 4.5에서 100℃ 3분간 가열에 견디지만, 알칼리성에서는 내열성이 약하다. 작용 때의 온도는 50℃에서 최고활성을 나타내지만, 85℃ 정도까지 작용할 수 있다. 작용 때의 pH는 2.5-7.5의 범위에서 작용하지만, 3.5-6.0에서 최대한 잘 작용한다.

식품가공에서는 일부 방부목적으로 사용하는 경우가 있다. 주류의 화낙균(유산균의 일종)의 방부에는 10ppm 정도의 첨가로서 유효하며, 다른 가수분해효소의 반응액이 장시간의 반응중에 잡균에 감염되는 것을 방지하는데 이용되고 있다.

항염증, 항종양작용, 항감염작용과 결합조직의 뮤코다당류 등의 구성성분에 대한 작용을 종합한 결과로서 조직수복작용이 기대된다. 이것과 항바이러스, 항감염작용 등에서 화장품분야에서도 세안제와 기초화장품 등에 이용하려는 시도가 있게 되었다. 또 입욕제에 배합하여 욕액의 세균증식을 저지하는 목적으로 프로테아제와 병용하는 시도도 있었다.

효소의 안정성과 작용성의 면에서 다른 배합제, pH 등에 있어서 적합성에 문제가 있으며, 효과의 확인이 어려운 점에 주의해야한다.

결정라이소자임의 제조때에 식염을 이용하여 라이소자임을 침전시킨 것을 염화라이소자임이라 부르고 의약품으로서 등록되어있다. 염화물은 일종의 조염작용으로 보아 식품첨가물의 대상물로 된다. 따라서 염화라이소자임은 식품가공에는 사용될 수 없다. 식품가공에 사용되는 라이소자임은 등전점 결정법에 의해 제조된 "난백라이소자임"이다.

## 4 콜라겐(Collagen)

### 1. 개요

콜라겐은 피부, 혈관, 뼈, 치아, 근육 등 모든 결합조직의 주된 단백질로서 또 다른 장기에도 세포간 메트릭스로서 존재한다. 포유동물의 경우, 전체 단백질의 1/3이 콜라겐이라고 한다.

콜라겐분자는 분자량이 약 30만이며 분자량 10만의 폴리펩티드가 3가닥 묶여 헬릭스를 형성하고 길이 3000Å, 직경 15Å의 가늘고 길며 딱딱한 막대 상이다. 분자의 양 말단에는 헬릭스 구조를 하지 않는 텔로펩티드라고 불리는 부분이 조금 있다. 콜라겐은 본래 다른 단백질에 비해 항원성은 약하지만, 콜라겐이 가진 항원성의 대부분은 이 텔로펩티드에 존재한다는 것이 밝혀졌다.

콜라겐분자를 콜라게나제 이외의 펩신 등의 프로테아제로 처리하면 헬릭스구조 부분에는 작용하지 않고, 텔로펩티드에만 작용해서 텔로펩티드가 없는 것을 얻을 수 있다. 이와 같은 것을 아테로콜라겐이라 한다. 아테로콜라겐은 텔로펩티드가 없기 때문에 항원성은 거의 문제로 되지 않는다(〈그림 6-1〉 참조).

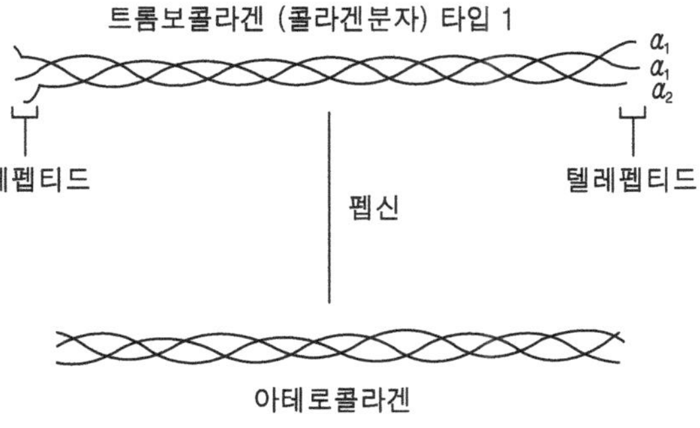


〈그림 6-1〉 콜라겐분자에 대한 펩신의 작용

텔로펩티드는 분자 내와 분자간 가교의 도입부분으로 생체 내에서 콜라겐은 선유형성하고 텔로펩티드 부분에 분자간 가교가 들어가 불용화된다. 불용성 콜라겐을 펩신처리하면 가교부분의 텔로펩티드를 소화하기 때문에 가용화된 아테로콜라겐이 얻어진다(〈그림 6-2〉 참조).

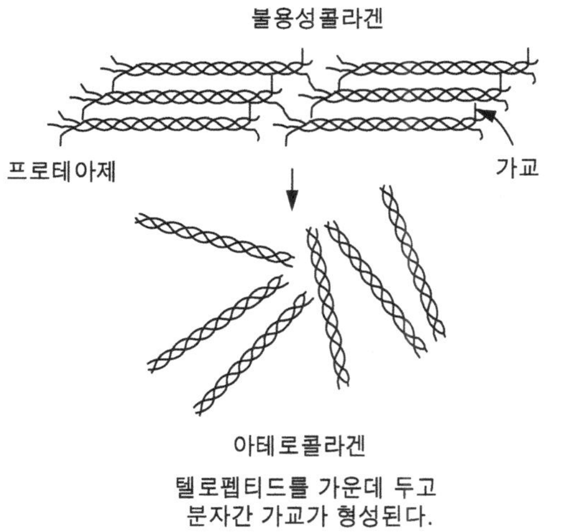


〈그림 6-2〉 불용성 콜라겐에서 아테로콜라겐의 생성

## 2. 응용

불용성 콜라겐의 화장품에의 응용으로서는 불용성콜라겐의 분산액을 동결건조하여 스폰지상태로 해서, 페이셜마스크 등에 이용되고 있다. 그러나 대부분의 경우, 가용성 콜라겐을 크림, 유액, 화장수 등에 배합하여 주로 기초화장품에 이용하고 있다.

가용성 콜라겐은 어린 동물의 피부 등의 결합조직에서 산으로 추출할 수 있으나 양이 적고 고가이며 개용에서 언급한 것처럼 불용성 콜라겐을 가용화하는 편이 이점이 많다.

화장품에 콜라겐을 배합하면 보습성이 좋아지며 특히 텍스쳐가 개선되어 사용감이 향상된다. 1% 콜라겐이 든 크림을 nude mouse에 16일간 발랐을 때, 표피의 두께가 증대되는 콜라겐효과가 나타났으나, 콜라겐분자량은 30만으로 커서 피부에 침투하기 어렵기 때문에 그 기구는 아직 불분명하다.

콜라겐은 pH 4 이상에서 침전되고 화장품의 배합이 곤란하다. 콜라겐 분자측쇄의 ε -NH2기를 삭시닐화로 -COOH기로 변화시키면 등이온점(pI)이 약 9.0에서 약 4.5로 내려가고, pH 3.5 이하, pH 5 이상에서 가용으로 되며 배합하기 쉽게된다(〈그림 6-3〉, 〈그림 6-4〉 참조). 또 미수식의 콜라겐에서는 콘도로이친황산과 히아루론산 등의 부전하의 폴리머와는 이온컴플렉스를 만들며, 함께 배합하는 것이 어렵지만 삭시닐화콜라겐(상품명 : 아테로콜라겐SS)은 pH 5 이상에서 실효전하가 부로되며, 간단히 배합할 수 있다(〈그림 6-5〉 참조).

카치온계의 화장품에 배합할 경우에는 콜라겐측쇄의 -COOH기를 에스테르화해서 사용 pH에서 실효전하를 정으로 크게 바꾸면 보다 배합하기 쉽게 된다. 또 콜라겐에 아실기 등의 친유성기를 넣으면 콜라겐자체에 계면활성제 같은 성질을 부여할 수 있다. 콜라겐은 바이오머티리얼 등 여러 응용면을 가지고 있으나, 이와 같이 여러 화학수식을 하는 것도 응용범위가 넓어질 것이다(〈그림 6-6〉 참조).

콜라겐 가수분해물도 화장품에 이용되며 가끔 콜라겐과 혼동되지만 이것은 분자량도 수천으로 작고 분자구조도 다르며 그 효과도 다르기 때문에 주의해야 된다.

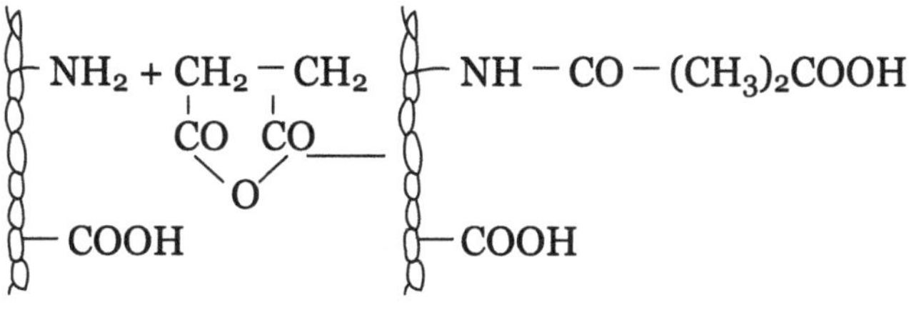


〈그림 6-3〉 측쇄-$NH_2$의 삭시닐화

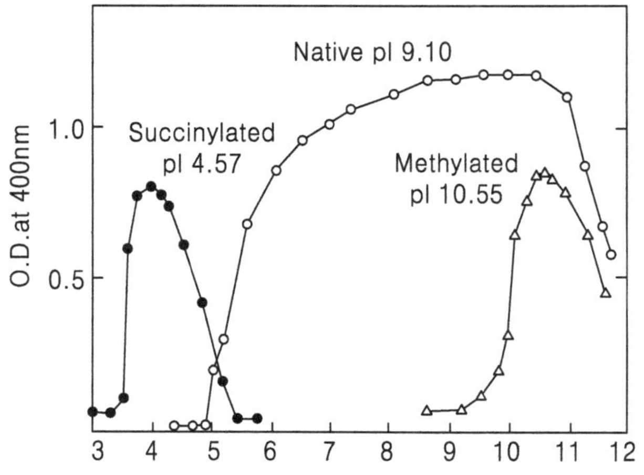


〈그림 6-4〉 무수식(Native), 삭시닐화 및 메칠화 아테로콜라겐의 pH에 따른 용해성

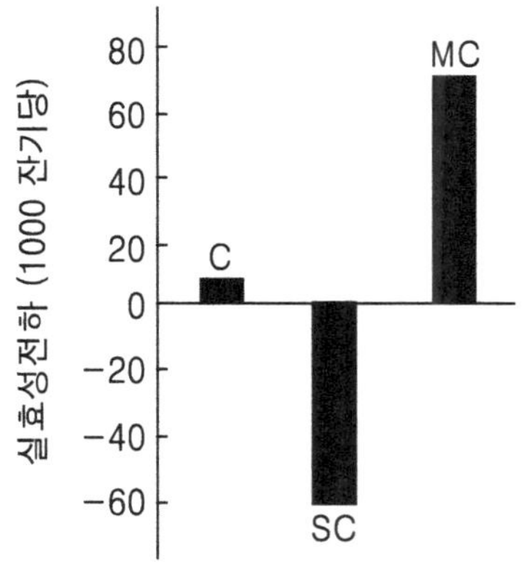


〈그림 6-5〉 무수식(C), 삭시닐화(SC), 메칠화(MC)아테로콜라겐의 pH7.3에서의 실효전하(1000잔기 아미노산당)

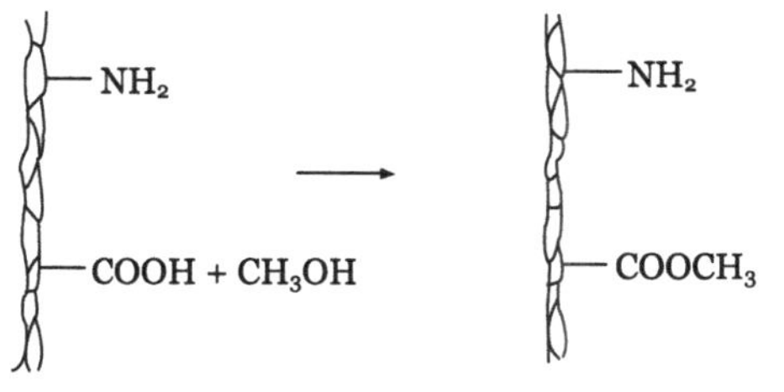


〈그림 6-6〉 콜라겐의 메칠화

## 5 엘라스틴(Elastin)

### 1. 개요

엘라스틴은 콜라겐과 함께 결합조직에 존재하고 고무탄력성과 같은 신축성이 있는 단백질이며 조직의 유연성, 신축성에 관여하고 있다. 따라서 신축이 항상 반복되는 조직에는 함량이 많고, 특히 소의 항혁대에서는 건조중량 80% 이상으로 매우 많으며 탄력성이 필요없는 건에서는 0.3%로 적다(〈표 6-1〉 참조).

피부의 신축을 설명하는 모델을 〈그림 6-7〉에 나타내었으나, 콜라겐선유의 교차점에 존재하는 엘라스틴이 원상태로 될 때까지 되돌아가는 것도 있다. 이러한 엘라스틴은 피부의 탄력, 주름방지에 중요한 역할을 하고 있다.

피부의 엘라스틴은 〈그림 6-8〉에 나타난 것과 같이 가령과 함께 엘라스틴 함량이 감소하면 동시에 슈도엘라스틴(pseudoelastin)이라고 하는 엘라스틴과 콜라겐에서 생성된다고 생각되는 무정형물질이 축적되어 피부의 탄력이 없어지고, 주름의 발생으로 된다.

〈표 6-1〉 각 조직의 엘라스틴 함량

| 조 직 | 엘라스틴 함량(%건조중량) |
|---|---|
| 동맥(사람, 소, 개, 돼지) | 33~70 |
| 건(소) | 0.3 |
| 피부(사람) | 1.5~4.8 |
| 항혁대(소) | 80 |
| 폐(사람, 소, 랏트) | 3.5~26.0 |

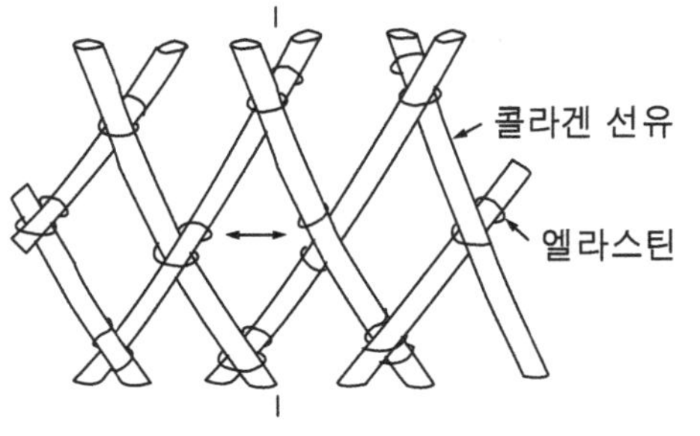


〈그림 6-7〉 콜라겐선유와 엘라스틴의 혼합으로 피부의 신축성을 설명하는 모델

이러한 경향은 광선 등에 의해 가속된다고 한다. 이런 관점에서도 화장품에의 응용이 시도되었다. 또 엘라스틴은 면역활성이 적은 단백질이며, 화장품으로의 응용에도 알레르기성 반응 등을 일으킬 염려가 거의 없는 재료이다.

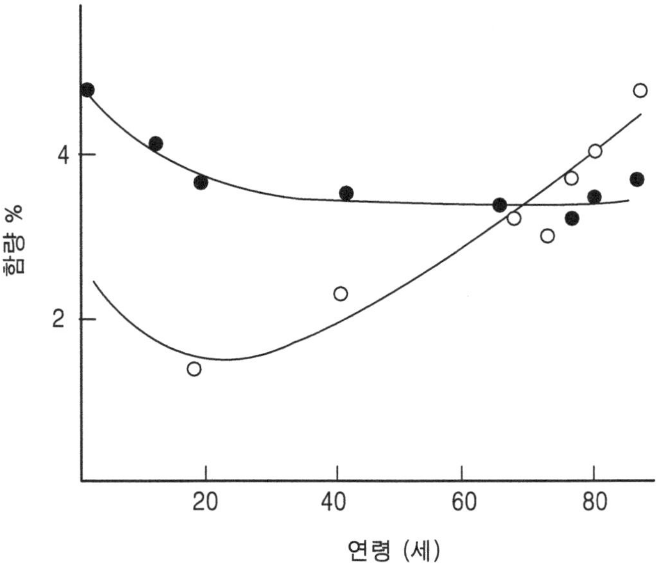


〈그림 6-8〉 복부피부의 가령에 따른 엘라스틴(●), pseudoelastin(○)의 양적변화

전형적인 항혁대 엘라스틴의 아미노산조성을 〈표 6-2〉에 나타내었다. 염기성과 산성 아미노산이 극도로 적고 95% 이상이 중성 아미노산으로 되어있다. 데스모신과 이소데스모신이 엘라스틴의 가교성분이며, 〈그림 6-9〉와 같이 4가닥의 엘라스틴 폴리펩티드쇄를 연결하고 있다.

화장품에 응용할 경우, 보통 엘라스틴은 불용성이기 때문에, 정제하여 가용화시킬 필요가 있다. 엘라스틴은 매우 열에 안정하기 때문에, 그 정제에는 보통 조직(주로 항혁대가 이용됨)을 가열하는 방법을 쓰고 있다. 그 외 희석한 알칼리로 삶고 희석한 초산으로 삶고 개미산중에서 가온하고 효소를 이용하는 방법이 있다. 가용화는 그 조건으로 분자량이 수천에서 수만의 엘라스틴 폴리펩티드가 얻어진다. 엘라스틴을 산으로 가열하면 $\alpha$-엘라스틴, 또 알칼리에탄올용액으로 가열하면 $\kappa$-엘라스틴이 용해되어 얻어진다. 효소에 의한 가용화는 동물췌장유래의 엘라스타제가 일반적으로 사용되고, 펩신이나 균체 유래의 프로나제 그 외의 효소도 사용할 수 있다. 화장품용 가수분해 엘라스틴으로 발매되고 있는 것의 대부분은 효소법에 의한 제품으로 생각되며, 평균 분자량이 2,000-5,000 정도가 많다.

〈표 6-2〉 항혁대 엘라스틴의 아미노산조성(1000잔기당의 모델수로 나타냄)

| | |
|---|---|
| 하이드록시프로린 | 9 |
| 아스파라긴산 | 7 |
| 스레오닌 | 9 |
| 세 린 | 9 |
| 글루타민산 | 17 |
| 프로린 | 115 |
| 글리신 | 312 |
| 알라닌 | 241 |
| 발 린 | 140 |
| 이소루이신 | 26 |
| 루이신 | 54 |
| 타이로신 | 8 |
| 페닐알라닌 | 30 |
| 이소데스모신 | 3.7 |
| 데스모신 | 4.6 |
| 리지노놀로이신 | 0.9 |
| 히스티딘 | 1 |
| 라이신 | 8 |
| 아르기닌 | 6 |

### 2. 응용

엘라스틴 가수분해물은 열에 안정하며 배합성도 좋고 크림, 로션 등 스킨케어 화장품, 샴푸, 린스, 헤어케어 용품 등 대부분의 화장품에 적용 가능하다. 엘라스틴은 주름이나 봉소염(Cellutitis)에 효과가 있고 피부의 엘라스틴 층에 직접작용해서 탄력성의 개선에 도움이 되고 또 피부내의 엘라스틴 그 자체의 합성을 촉진할 것으로 예측되고 있다. 이와 같은 효과의 확인은 더욱 많은 연구가 필요하다.

또 엘라스틴은 보호콜로이드작용이 있으며, 화장품의 텍스쳐의 개선 또 수분보유작용도 있고 모이스쳐라이징 효과에 의한 표피유연성의 증대에 효과가 있다고 한다. 헤어케어에서는 손상모발의 개선에 효과가 있으며 스킨케어에서는 감촉이나 윤기를 좋게 한다고 한다.

4개의 폴리펩타이드쇄를 결합하는 가교성분이다. 엘라스틴의 가교성분은 형광을 발하기 때문에 가용화된 엘라스틴은 강한 황색을 나타내어 결점의 하나로 되어있다. 또 구성아미노산에는 극성아미노산이 적고 화학수식에 의한 개질은 간단하지 않다.

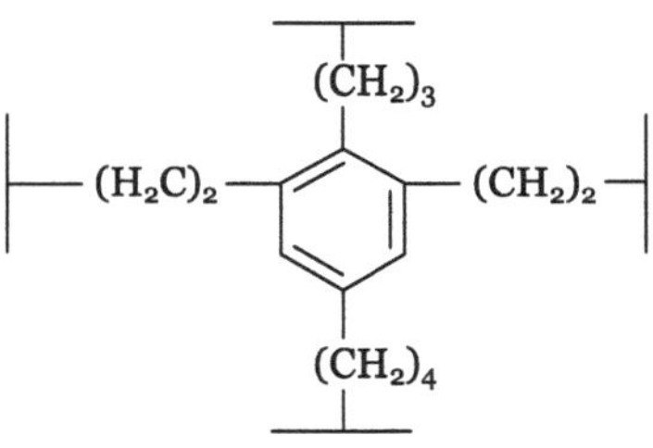

데스모신

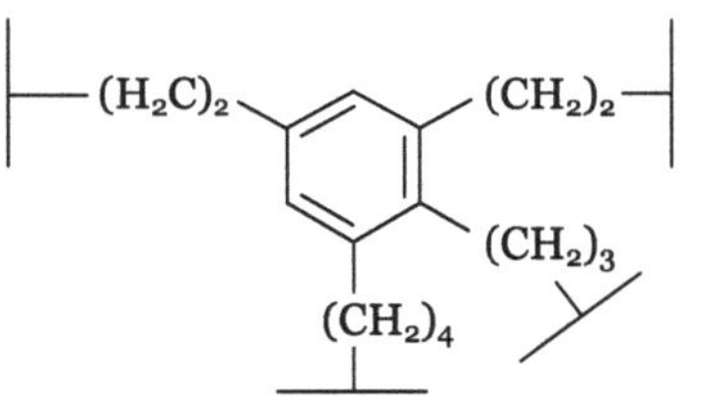

아소데스모신

〈그림 6-9〉 데스모신과 이소데스모신의 구조

## 6 키틴·키토산

### 1. 물성

성상: 황색-연황백색의 분말. 아주 약한 특이냄새.

용상: 키틴/물, 에탄올, 아세톤, 벤젠, 에테르에 불용.

키토산/산에 가용, 아세톤, 벤젠, 에테르에 불용.

점도: 102-106 cp(키토산, 1% 수용액)

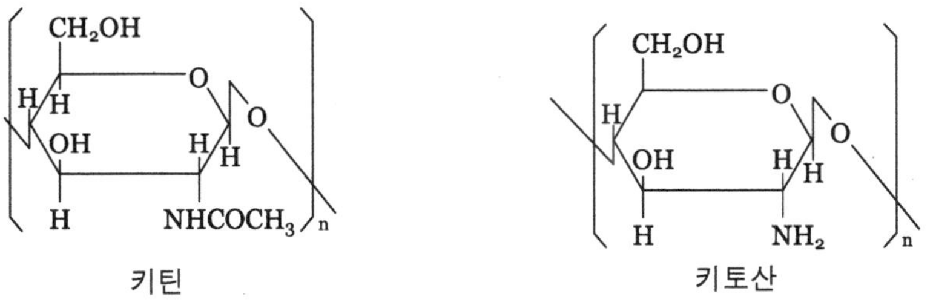

키토산/산에 가용, 아세톤 · 벤젠 · 에테르에 불용
점도 $10^2 - 10^6$ cp (키토산, 1% 수용액)

〈그림 6-10〉 키틴 구조식, 키토산 구조식

## 2. 개요

키틴(Chitin)은 2-아세토아미드-2-데옥시글루코스가 $\beta$-(1→4) 글루코시드결합으로 직쇄상에 축합한 구조를 가진 호모다당류이며, 키토산(Chitosan)은 그 탈아세틸화물이다.

키틴은 무척추동물의 외골격 또는 균류의 세포벽구축성분으로서 자연계에 널리 존재하지만, 상업적으로는 영덕대게 *Chinoecetes opilio* 등의 갑각류의 껍질을 화학 처리하여 얻는다.

산업적 이용에 대해서는, 생체 중에서 매우 강한 결합이 좋지 않고 대부분의 용매에 불용이기 때문에 연구가 늦었으나 1970년대 경부터 개발이 되어 조제의 키토산이 폐수처리제로서 이용되기 시작하였으며, 특급 키토산이 화장품원료로 이용되게 되었다.

현재 키틴 · 키토산 및 이들 유도체에 관한 응용연구가 폭넓게 진행되고 있으며 의료분야에서는 인공투석막, 수술용 봉합실, 약물담체, 항응혈제, 강콜레스테롤제, 제암제, 치약첨가제 등, 공업분야에서는 종이질의 개선제, 섬유의 표면처리제, 염색조제, 크로마토담체 등, 농업분야에서는 토양개량제, 해충구제제, 비료, 사료, 식품가공조제, 케이싱제, 결착제 등에 이용이 검토되고 있다.

## 3. 응용

천연에 존재하는 유일한 염기성다당류이며, 그 탁월한 성능과 높은 안전성에서 두발화장품, 기초화장품을 비롯하여 많은 화장품분야에서 원료로서의 장래성이 주목되고 있다.

원료로서는 키틴 · 키토산 이외에 많은 유도체가 합성되어 있지만 현재 화장품원료로서는 주로 키토산이 이용되고 있다. 그 배합목적은 보습제, 린스제, 피막형성제이지만, 이외에도 증점제, 유화안정제, 킬레이트제, 감촉개량제 등 많은 용도가 기대된다.

키토산이 화장품원료로서 탁월한 주된 이유는 첫째, 분자 내에 많은 아미노기가 있어서 양이온폴리머로서 기능하기 때문에 대전방지, 유연성 부여 등 모든 린스효과를 나타냄과 동시에 모발과 피부에 대한 친화성이 높기 때문에 이들 효과가 장시간 지속하는 것이다.

둘째로 많은 극성기가 있기 때문에 수화능이 크고 보습제로서 작용하는 것이다. 그 흡습성은 프로필렌글리콜과 같은 정도지만, 친화성이 높기 때문에 보다 탁월한 지속효과를 발휘한다.

셋째로 피막을 형성하는 성질이 있고, 얻어진 막은 강도와 유연성이 뛰어나고 가스투과성이 높기 때문에, 두발화장품의 세트용 수지로 이용한 경우에, 고정력이 크고 프레킹이 큰 효과가 얻어진다. 또 기초화장품에 이용하면 피부호흡을 방해하지 않는 보호막을 형성시킬 수 있다.

키토산은 그 자체로서는 거의 용매에 불용이지만, 산성에서는 물에 가용되기 때문에, 배합때에는 염산, 초산, 개미산, 유산, 글루타민산 등의 광산, 유기산과 병용된다. 분자량은 사용목적에 따라 적절히 선택할 필요가 있으나, 일반적으로 저분자량의 것은 피막형성, 고분자량의 것은 증점의 목적으로 이용된다.

키틴 · 키토산의 본격적인 이용은 겨우 그 연구가 최근에 착수되었고 현재 모색단계에 있으나 자원적으로 유망하며 유용한 특성과 높은 안전성에 뒷받침되어 앞으로 비약적 발전이 기대되는 원료이다.

# 7 데옥시리보핵산(DNA)

## 1. 서론

핵산화학의 역사는 1869년에 스위스의 화학자 J. F. Miescher에 의해 발견되어 'neclein'이라고 명명되었다. 1900년대 전반에 각종 장기, 흉선, 간장, 어류정액 등에서 핵단백질을 분해 추출하였고 1901-1929년 사이에 핵산에는 DNA와 RNA가 있다는 것이 밝혀지고 다음에 노벨상을 수상한 왓슨과 클릭에 의해 DNA, RNA의 구조식이 해명되었다. 그리고 1940년대에 들어가 핵산연구는 급속도로 발전되어 천연초고분자화합물로서 인간의 생명을 유지해 가기 위해 중요물질로서 각광을 받게 되었다. 용도면에서의 역사는 프랑스가 파이오니어로서 1950년에 사용한 이래 미국, 이탈리아, 독일, 중국, 호주 등에서도 여러 용도로 이용되고 이용분야는 주로 의약품, 화장품, 건강식품 등이다.

## 2. 일반성상

물질명: 데옥시리보핵산(Deoxyribonucleic acid)

성상: 본 품은 백색 또는 유백색의 분말. 물에 거의 불용. 알칼리성 및 염기성 염용액에 간단히 녹는다.

규격: 전 질소 14.5% 이상, 인 9% 이상, 단백질 1% 이하, 건조감량 7% 이하

조성: DNA에 들어있는 염기성분은 아데닌, 구아닌, 시토신, 티민이다. 이들 퓨린, 피

리미딘염기는 데옥시리보스와 n-글루코시드결합을 하고 각 뉴클레오시드는 그 3번 위치와 5번 위치의 수산기가 인산디에스테르결합을 하고 있다. 질소함량 15%, 인산함량 약 9%, N/P는 약 1.7이다.

## 3. DNA

세포핵 중에 분포하고 있으며 일반적으로 일상의 식생활 중에서 야채, 어육류 등을 먹으면 반드시 섭취하게 된다.

상업적으로 판매되는 DNA는 학술적으로 말하는 DNA와 달리 그 구조는 2중 나선의 수천만 분자량인 것에서 2가닥의 쇄상 1가닥이 부정형으로 잘린 분자량 수만의 것까지 있다. 즉 정확하게 말하면 DNA의 구성물질 전구물질이라는 표현이 적절하다. 구조적으로 말하면, 올리고뉴클레오티드, 폴리뉴클레오티드이며, 규격은 프랑스 약국법에 따라 이들을 총칭하는 DNA라고 하고 있다. 또 화장품업계에서 사용되고 있는 DNA는 프리엑시드, 칼륨염, 나트륨염이며 허가전례는 화장품, 의약품 외품이다.

## 4. DNA(PNT)의 화장품 기능

### 1) 보습성

DNA와 보습성에 대한 시험결과는 하마마쯔 의과대학의 타까미교수의 시험결과를 소개한다.

#### (1) 자료조정

DNA에 화장품원료기준의 수산화칼륨용액(1/10 N)을 첨가 중화하고, pH 7로 조정한 것을 시료로 하였다.

#### (2) 비교첨가제

보습제로서 사용되고 있는 1,3-부틸렌글리콜(BG), 피로리돈카르본산소다(PCA-Na), 콜라겐(Collagen)을 각각 1% 수용액을 사용하였다.

#### (3) 측정방법

수분측정은 고주파전도 측정장치의 전극을 가볍게 표피에 주는 방법으로 패널의 피부에 1방울의 증류수를 10초간 올려놓고 가제로 닦은 직후의 상승으로 보습성은 그 뒤 30초마다 같은 측정을 2분간 실시하고, 각층의 수분이 없어지는 전도도가 저하되는 상태를 조사하였다. 측정은 기온 23-26℃, 습도 48-60%의 실내에서 실시하였다.

(4) 사용 패널

성인 10명: 남자 8명 여자 2명, 연령 21-41세, 모두 팔꿈치의 피부를 이용하였다.

(5) 시험결과

측정결과는 2시간 폐쇄 밀봉하여 15분간 바깥공기에 노출한 상태에서의 측정치, 즉 물부하 전의 수치를 보면 1% 콜라겐용액을 제외하고 모두 유의한 각층수분함유량의 상승이 나타났고 DNA용액에서도 상승이 나타났다. 그 뒤 증류수를 1방울 10초간 표피에 놓은 각층에 충분히 흡수시킨 다음, 가제로 잘 닦아서 측정한 물부하 직후의 수치도 콜라겐을 제외하고 유의한 상승이 인정되었다. 이 10초간 증류수를 놓고 흡수시킨 각층의 수분은 실내의 공기로 계속 소실되므로, 각층 내 수분함량은 감소해 가지만, PCA-Na에서는 30초마다 측정하여 모두 바르기 전과 비교해서 유의의 상승이 인정되었으며, BG에 있어서도 90초, 120초 후의 수치에서도 유의의 상승이 관찰되었으며, DNA에 있어서는 90초 후의 수치가 유의적으로 높았다. 만약을 위해 5% DNA수용액을 만들어 비교한 결과, 물부하 후의 90초, 120초 후 현저한 상승이 확인되었다. 이 실험결과에서 타카미교수는 연고와 크림이라면 기제의 유지도 피부에 남고 한층 좋은 효과가 있을 것이라고 한다.

2) 세포 부활 작용

Dec. 1967 Parf. Cosm. Sav. Vol. 10 No.12에 게재된 이탈리아의 Dr. Rovesti와 Dr. Galli 두 박사의 논문에서 '피부부활제로서의 뉴클레오티드, 뉴클레오시드의 화장품에의 응용'이라는 테마로 된 논문을 인용한다.

(1) 총론

DNA 및 RNA의 뉴클레오티드(NT)와 뉴클레오시드(NS)는 피부세포내에 들어있고 피부콜라겐합성의 전단계 물질로서 관련되며 NT, NS를 외부에서 피부상에 준 경우에도 간단히 흡수되어 피부의 건강재생, 노화방지 등 현대미용학상 피부부활제로서 가장 적당하다고 한다.

(2) NT, NS를 미용에 이용하는 동기

피부조직 세포 내에서의 물질형성을 촉진하기 때문에, 그 세포핵 내의 생산에너지의 기본이 되는 핵산을 진피에 흡수시킴으로서 미용에 응용할 수 있는 세포학, 생화학적 문제에 대해 다음의 고찰이 있었다.

① 핵산의 가수분해에 의해 얻어진 NT, NS는 DNA, RNA의 전구물질로서 DNA, RNA를 세포 내에서 재합성할 수 있다.

② NT, NS는 핵산의 1/100배의 분자량이므로 피부에 간단히 흡수되어 세포막을 통과할 수 있다. NT, NS의 흡수 메카니즘은 아스코르빈산과 같이 작은 에너지물질과는

다르다. 그것은 작은 에너지물질은 lipotrophic 또는 lipophilic과 결합해서 피부의 모든 층을 통과하는 것이다.

(3) NT, NS는 DNA, RNA를 형성

간접적인 활성물로 생각되지만 이것은 핵산이 촉매작용을 해서 항상 세포의 동화작용 과정에서 존재한다는 것에서 증명될 수 있다. 즉, DNA, RNA가 감소하면 세포의 형성이 감소하고 노화쇠퇴가 일어난다.

핵산은 항상 활동하고 단백질합성, 증식, 유착, 세포분열 및 생체활성제(에스트로겐, 플라센타 등)을 이용한 경우의 세포대사의 전 과정에 존재하고 있다. 모근의 gricogen 세포에는 RNA가 많이 들어있으나, 그 농도는 성장이 완만하게 되거나 또는 낮게 되거나 X선과 같은 방사선조사에 의해 현저하게 감소하는 것으로 알려져 있다.

(4) 플랜카드, 헤넬 등의 연구

DNA, RNA의 전구물질 및 이 세포내 합성에 관여하는 것은 모두 상처, 낫기 힘든 상처부위, 동맥암성의 괴양 등의 치료목적으로 사용된 실험에서 나타난 것처럼 영양과 에너지량에 따라 매우 효과가 있는 치료가능성이 있다고 한다.

## 5. 응용시험

### 1) 케이스 ①. 피지콘트롤 관능테스트

[시료의 조종]

당에스테르, 당글리세라이드, 보통의 화장품조제로 되는 반액체 크림에 NT 0.5%, NS 0.5%를 첨가하였다.

[시험방법]

피부시험은 안면 반씩 비교하고 블랭크는 같은 크림을 사용하고 피부의 타입을 3종류로 나누어 각각 20케이스 합계 60케이스의 피부에 대해 시험하였다. 미용 맛사지는 5-10분간, 1일, 2일로 우선 피부를 잘 씻고 열탕에서 모공을 열리게 하고 이 상태에서 크림을 발랐다. 대상의 패널연령은 20-50세였다.

[평가]

- 건성피부: 건조된 피부의 거친 느낌이 없어지고 윤기와 탄력성이 생기며 아름답게 팽팽해지고 처음에는 없었던 피지가 생긴다.
- 지방성 피부: 넓어진 모공이 보기 힘들게 되고 번쩍번쩍한 "기름진 느낌"이 감소하였다. 만져봐도 미끌미끌한 감촉이 아닌 융단같은 느낌으로 되었다.

· 노화불활성피부: 이런 종류의 피부가 가장 현저한 결과로 나타났다. 처음의 미세한 상처가 꺼칠꺼칠하고 생기가 없고 어두운 색의 피부가, 상처부위가 없어지고 혈색좋고 탄성이 풍부하며 "매끄러운" 감촉의 피부로 되었다.

### 2) 케이스 ②. 피지선분비량시험: 세보그라프시험

Roth 등에 의한 세보그라프법을 이용하여 건성피부, 지방성피부, 노화 불활성 피부 등 3가지타입의 표피지방의 측정을 실시하였다. 오소담규격(피부상태의 최량범위를 나타내는 규격)에 기초하여 HS(피지선 분비량) 40-150을 표준으로 하고 있다.

[평가]

· 건성피부: 20케이스의 HS치 평균은 25였으나 크림을 바르고 48시간 후의 HS치는 평균 48로서 표준치 내에 들었다. 20케이스 중 3케이스는 30, 35, 38에 그쳤으나 최초의 숫자보다 상승하였다.
· 지방성피부: 20케이스의 HS치 평균은 최초 175이고 크림을 바르고 48시간 후에 평균 140으로 되었다. 예외는 2케이스로서 HS치는 156, 160이었다.
· 노화불활성피부: 20케이스중의 10케이스는 31, 다른 10케이스는 160이었다. 결과는 81로 되고 예외는 35와 153이었다.

[정리]

이상의 결과에서 피부의 생리적 기능상 피지의 콘트롤이 현저하게 나타난 것을 의미한다. 즉 스킨케어 면에서 보통 3가지 타입의 표피에 대해 NS, NT는 세포내의 대사를 자극하고 피부의 성분교환을 조정하는 작용이 있다.

### 3) 케이스 ③. 피부부활작용 · 데르모그라프시험

부활작용의 측정법으로서 데르모그라프를 이용하는 방법이다. 이 방법은 가수된 피부의 전기 전달율을 조사하는 방법으로 표피조직내의 수분증가에 따른 피부의 전기 전달율은 높게되고, 한편 수분이 감소하면 전달율은 저하하는 것이다.

데르모그라프, E.V.의 전도지수는 건성피부에서 1-12, 보통피부에서 12-30, 지성피부 및 수분과다피부에서는 30-60이라는 수치이다.

[평가]

· 건성피부: 10케이스의 전도지수평균치 8이 4번 크림을 바르고 48시간 후 14로 되어 수분의 양호한 상태로 되었다.
· 지방성피부: 10케이스에서는 최초의 평균치 48이 크림을 바른 후 38로 되어 정상치에 가까웠다.

· 노화불활성피부: 10케이스 10이었으나, 크림 처리 후 16으로 정상치로 되었다.

4) 케이스 ④. 알레르기테스트

밀라노대학 피부과병원에서 3가지타입 각 100회 표피테스트를 알레르기성 사람을 대상으로 시험하였으나 피부에 대해 장해가 없다고 보고되어 있다.

## 6. 마무리

DNA, 즉 폴리뉴클레오티드 PNT, 올리고뉴클레오티드 ONT의 효과 및 기능을 임상적인 것, 데이터가 있는 것을 포함해서 정리하면 다음과 같다.

① 보습효과
② 피지분비의 콘트롤
③ 세포부활작용
④ 피부의 연화작용
⑤ 작은 점, 흑갈색점의 개량
⑥ 자외선 흡수능
⑦ 방사선방어

DNA의 생체내의 기능은 단백질의 합성, 세포의 대사 등이 있고, 피부의 생리에도 깊은 관계가 있으며 앞으로 연구의 진전으로 화장품의 기능성분으로서 생체내의 가장 중요한 물질로 취급될 가능성이 있다.

# 8 동물 태반 추출물(Animal Placenta Extract)

태반이용의 역사는 매우 오래되며 [모든 일정한 장기는 그와 똑 같은 장기의 질병을 고친다]는 원시사상이었던 Hippocrates(B.C. 460-377)의 시대로 생각된다. 그 뒤에도 플라센타는 사람들의 많은 기대와 함께 각각의 시대를 거쳐 민족성, 관습, 종교, 법률 등의 제약 하에서 신비의 베일을 지닌 채 금세기를 맞이하였다. '임신초기의 신선한 동물 태반에서 열처리나 화학처리를 거치지 않고, 생물학적 활성성분을 자연 그대로 추출해서 치료에 사용한다'라고 하는 과학사상하에서 추출하여 이용하게 된 것은 금세기의 반을 지나면서부터였다. 또 태반 추출액의 조성 및 효과에 대해서는 간단히 언급할 수 없기 때문에, 이하에는 동물 태반 추출액의 하나인 플라센타리퀴드에 대해 대표적으로 적었다.

## 1. 물성

기원: 건강한 임신 3개월된 소의 신선한 태반을 이용하여 그 난곡막, 제대, 혈액 등을 제거하고 분쇄하여 동결과 침적을 반복해서 세포막을 파괴하고 원심 후 그 상등액을 무균 여과해서 얻은 세포추출물이다.

성상: 무색-염황색의 액체로서 특이한 향이 있고 물에 녹으며 에탄올에 약간 혼탁되며 유지에는 혼화되지 않는다.

액상: pH 5.5-7.0

확인: ① 알칼리 포스파타제검출(+)
② 아미노태 질소검출(+)

순도: ① 혈구, 세포소등의 이물질(-)
② 중금속 20ppm 이하
③ 비소 2ppm 이하
④ 에스트로겐(-)

강열잔분: 1.0% 이하

정량: ① 알칼리 포스파타제 100KAU 이상
② 아미노태 질소 0.01-0.03%

## 2. 개요

플라센타리퀴드의 성분으로 지금까지 밝혀진 것은 〈표 6-3〉에 나타낸 것과 같으며, 최근에 보다 그 귀중한 활성성분의 하나로서 시알산의 존재가 발견되었다. 또 에스트로겐이 들어있지 않는 것도 화학적 그리고 Allen-Doissy 법으로 생물검정되어 확인되었다.

플라센타리퀴드의 안전성에 대해서는 마우스의 경구 및 피하주사의 급성독성, Draize 법에 의한 토끼의 눈점막 자극성, 모르모트의 경피감작성, 사람의 피부자극성 및 광독성 등의 실험이 있었고 모두 안전성이 높은 것이 밝혀졌다.

플라센타리퀴드의 효과에 대해서는 이미 많은 연구보고가 되어 있으나, 조직호흡항진, 각질의 보수성과 각질용해, 멜라닌형성저해, 항염증작용 등에 관한 기초실험의 보고가 있다. 임상적으로는 각질용해, 피부 유연화 외에 진행성 지장각피증에 현저한 효과가 있고 잔주름, 튼 피부 등의 개선, 습진(아토피성 피부), 노인성 건피증, 건조성피부, 진상성 어인선(거친 잔주름피부), 갈라짐의 개선 등 피부과영역에서 뛰어난 치료효과가 보고되어 있다.

〈표 6-3〉 각 화합물의 활성 검증

| Quantitatively(Per 100ml of Placentaliquid) | | | |
|---|---|---|---|
| Thiamine | 8.0mcg | Phenylalanine | 7.0mg |
| Riboflavine | 12.5mcg | Threonine | 4.45mg |
| Pyridoxine | 7.0mcg | Tryptophan | 2.6mg |
| Vitamine $B_{12}$ | 0.8mcg | Tyrosine | 5.7mg |
| Nicotinic acid | 0.2mg | Valine | 6.0mg |
| Pantothenic acid | 0.125cg | $C_{17}$-Ketosteroids | 5.0mg |
| Biotin | 0.085mcg | Total Cholesterol | 4.0mg |
| p-Aminobenzoic acid | 3.45mcg | Alkaline Phosphatase | 100~160KAU |
| Folic acid | 5.2mcg | Deoxyribonucleic acid | 80.0mg |
| Inositol | 8.4mg | Creatine | 0.5mg |
| Arginine | 1.29mg | Indican | 0.09mg |
| Cystine | 4.1mg | Total nitrogen | 55.5mg |
| Glutamic acid | 22.1mg | Calcium | 12.5mg |
| Histidine | 2.12mg | Sodium | 5.0mg |
| Iso-leucine | 5.2mg | Potassium | 1.3mg |
| Leucine | 7.6mg | Chlorine | 0.4mg |
| Lysine | 8.3mg | Phosphorus | 4.0mg |
| Methionine | 3.3mg | | |
| Qunlitatively | | | |
| Glutamic acid-oxalacetic acid transaminase | | | |
| Glutamic acid-pyruvic acid transaminase | | | |
| Alpha-Amylase | | Proline | |
| Aldolase | | Serine | |
| Ribonucleic acid | | Iron | |
| Alanine | | Cobalt | |
| Asparagine | | Copper | |
| Aspartic acid | | Magnesium | |
| Glycine | | Molybdenum | |
| Oxyproline | | Silicon | |

## 3. 응용

플라센타리퀴드는 의약품(5% 배합연고)으로서 진행성 지장각피증, 습진(아토피성 피부) 그 외 건조성, 각화성 피부질환에 이용되고 또 의약부외품(주제로서 0.2-5% 배합), 화장품(0.1-5% 배합)으로서 튼 피부, 피부의 당김, 잔주름, 검은 점, 주근깨, 피부의 영양 등의 목적으로 이용되고 있다. 또 사용목적에 따라 유용성, 알코올 용해성의 동물태반 추출액도 제조되고 있다.

## 9 사람 태반 추출물(Human Placenta Extract)

### 1. 물성

태반은 임신과 함께 생성되는 장기이며, 그 기능은 모체에서 태아로 영양물과 효소의 공급, 태아에서 생기는 노폐물과 탄산가스등을 모체로 배출, 생체에 있어서 이물질인 병원균이나 약물의 태아로의 이행저지(태반관문) 및 태아의 내분비조정 등이다. 분만시의 사람태반은 약 500g이며, 아미노산류, 단백질류, 당류, 핵산류, 지질류, 무기물 등 이외에 효소류(산성 및 알칼리성 포스파타제, 하알로니다제 등)와 호르몬류(고나도트롬빈·락토겐·스테로이드호르몬 등)를 함유하고 있다.

### 2. 개요

사람 태반 추출물은 의약품, 화장품 및 건강식품의 원료로서 널리 이용되고 있다. 그러나 추출방법에 따라 그 성분함량은 다소 차이가 있으나, 주된 성분은 다음과 같다.

아미노산류: 아스파라긴산, 글루타민산, 루이신, 라이신, 글리신, 알라닌, 세린, 스레오닌, 페닐알라닌, 타이로신, 메치오닌, 히스티딘 등.
단백질 및 효소류: 알부민, 글로불린, 산성 및 알칼리성 포스파타제, 하알로니다제 등.
당류: 글루코스, 갈락토스, 리보스 등.
핵산염기류: 우라실, 크산틴, 히포크산틴 등.
지질류: 라우린산, 팔미틸산, 리놀레인산 등.
무기물: Na, K, Ca, P, Fe, Cl 등.

또 태반유래의 호르몬류는 거의 제거되어 있다. 사람 태반 추출물의 독성은 매우 약하고, 그 안전성은 매우 높다고 알려져 있다. 또 약리작용으로서 항염증 및 항궤양작용, 조직호흡촉진작용, 혈소판응집 억제작용 등이 있다.

### 3. 응용

임상적응은 급성치육염, 위·십이지장궤양에 이용되고 있다. 또 피부과영역에서 Riehl 흑피증이나 발진후의 색소침착 등에 대해 효과가 있다고 보고되어 있다.

사람 태반 추출물의 안전성은 매우 높다고 했지만, 화장품원료로서 이용한 경우, 사람에 대해서는 그 기원이 사람이므로 더욱 안전하다고 할 수 있다. 또 함유되어 있는 여러 종류의 성분은 단독이나 각각의 상호작용으로 세포부활작용이나 그 외의 약리작용을 통해 표피세포의 신진대사를 촉진하여 화장품의 효과를 높이는 것으로 생각된다.

## 10 비피더스균 대사물(Culture *Bifidobacterium Bifidum*)

### 1. 물성

성상: 염황색의 거의 투명한 액체, 거의 약한 특이냄새가 있고 물, 희석에탄올, 글리세린, 프로필렌글리콜, 솔비톨에 녹는다.

액성: pH 6-8

비중: 0.998-1.015

굴절율: 1.335-1.339

순도: ① 중금속: 20ppm 이하
② 비소: 2ppm 이하

확인: ① L-유산검출(+)
② 초산검출(+)
③ 단백질검출(+)

강열잔분: 1.0% 이하

정량: 총질소 0.04-0.08%

### 2. 개요

피부의 노화현상은 가령에 의한 것뿐 아니라, 과도한 광조사에 의해 세포내의 DNA의 구조에 기질적인 손상이 가해지기 때문으로 보고되고 있다.

예를 들면 과도한 광조사에 의해 만성 피부장해가 발생하고 그것이 표피의 병변, 즉 축소, 색소변화, 교원변성 등을 일으키고 결국 세포 DNA에 영구적 손상을 입히는 결과로 된다.

피부에 대한 심한 광조사는 DNA쇄 중에 인접해서 존재하는 2개의 티민분자 사이의 광분해 사이클로부가(photolytic cycloaddition)에 의해 티민 2량체가 생성되어 DNA쇄에 틈이 생겨 기하학적 구조가 파괴된다. 그 결과 mRNA가 DNA의 유전자부호를 정확하게 못 읽게되고 세포분열에 있어서 유전성 세포장해를 일으켜 때로는 세포사에 이르는 경우도 있다.

입을 손상을 막기 위해 생체세포는 티민 2량체를 DNA쇄에서 제거하고 티민 단량체로 치환해서 정상으로 수복하는 일련의 효소반응에 의한 제어기구가 존재한다. 그러나 이 자연수복능에도 물론 한계가 있다. 세포의 노화와 수복능의 사이에는 밀접한 관계가 있지만 노화가 수복능을 약화시키는 것인지, 광조사가 수복능을 직접 저해하는 것인지는 명확하지 않다. 또 광조사에 따른 열온이 수복을 현저하게 방해한다고 한다.

광조사에 의한 피부세포의 손상을 방지해서 노화과정의 진행을 제어하는 것은 필요하지만, 바이오테크놀로지(세포대량배양)의 응용으로 창제된 비피더스균 대사물에 그 작용이 있는 것이 발견되었다.

## 3. 응용

Wottawa(1981)은 사람피부의 선유아세포를 비피더스균 대사물로 미리 처리하고, 254nm의 UV를 조사해서 DNA에 손상을 입히고 하이드록시뇨소를 첨가해서 DNA의 자연합성을 억제하고 $^{3}$H-티미딘을 첨가하여, 손상을 수복하기 위해 삽입된 $^{3}$H-티미딘의 양을 조사한 결과, 비피더스균 대사물 처리군은 비처리군에 비해 유의의 삽입량 증가가 있었다.

Niedermuller(1980)은 털을 깍은 랏트 및 털없는 랏트의 피부에 비피더스균 대사물을 바르고 UV를 조사해서, $^{3}$H-티미딘 및 하이드록시뇨소를 주사해서 도살 후 동물의 피부조직을 적출해서 $^{3}$H-티미딘의 삽입량을 측정한 결과, 비피더스균 대사물 처리군은 비처리군에 비해 모두 $^{3}$H-티미딘의 삽입량이 유의하게 증대하였다.

Born 등(1982)은 제16회 국제피부과학회 동경대회에서 사람의 등피부에 비피더스균 대사물 함유 크림을 바르고, 키세논 고압램프를 조사해서 DNA에 손상을 주고, 국소피부를 펀치실린더로 적출해서 $^{3}$H-티미딘액에 침윤시켜 조직표본을 만들고, 방사능사진을 찍어 $^{3}$H-티미딘의 피부로의 삽입량을 측정한 결과, 비처리군에 비해 유의하게 DNA가 수복되었다고 발표하였다.

또 비피더스균 대사물은 에무스시험으로 변이원성을 나타내지 않으며, 동물에 따른 급성경구독성, 눈점막 자극성, 피부자극성, 피부 감작성 및 사람에 대한 피부과민성, 광감작성 등의 시험결과, 안전성이 확인되었다.

현재는 보습, 멜라닌형성저해로 인한 미백 목적의 화장품이나 의약부외품에 이용되고 있지만, 앞으로는 광조사에 의한 피부손상의 수복을 목적으로 응용이 기대된다.

Chapter 7

# 식물 유래 성분

## 1 시코닌(Shikonin)

5,8-Dihydroxy-2-(1-Hydroxy-4-Methyl-3-Penteny 1-14-Naphthoquinone)

### 1. 물성

성상: 적색, 결정성분말, 약간 특이냄새가 있다.

에탄올, 에테르 등의 유기용매, 동식물유에 가용. 물에 불용.

확인시험: ① 시코닌의 0.1% 에탄올용액 2ml에 0.1N 초산은시액 3ml를 첨가해 흔들어 섞은 후, 암모니아시액 5ml를 첨가할 때 은경을 생성한다

② 시코닌의 0.1% 벤젠용액 10ml에 1N 수산화나트륨시액 10ml를 첨가해서 심하게 섞을 때, 수층은 청색을 나타낸다. 또 0.1% 에탄올 용액 2ml에 0.1N 알코올성 수산화나트륨시액 2ml를 첨가할 때, 액의 색은 청색을 나타낸다. 이것에 1N 염산 0.5ml를 첨가할 때 액은 적색을 나타낸다.

융점: 125-135℃

중금속: 20ppm 이하

비소: 2ppm 이하

건조 감량: 1.0% 이하

강열잔분: 0.1% 이하

함량: 97.0% 이상

시코닌을 건조한 뒤, 약 20mg을 정밀하게 측정하고 벤젠을 첨가해서 녹여 정확히 100ml로 한다. 이 액 10ml를 정확하게 꺼내, 벤젠을 첨가해서 정확하게 100ml로 해서, 층장 10mm, 파장 523nm 부근의 최대흡수파장에서 흡광도A를 측정한다.

$$\text{시코닌}(C_{16}H_{16}O)\text{의 양}(mg) = \frac{A}{228} \times 10,000$$

## 2. 개 요

지치[*Lithospermum erythrorhizon* Siebold et Zuccarini(*Lithospermum officnale* Linne *var erythrorhizon* Maximowicz) (*Boraginaceae*)]는 한국, 중국 흑룡강유역, 일본에 분포하고 있다. 다년생초목으로 뿌리는 짙은 홍자색이며 줄기는 40-70cm, 꽃피는 시기는 6-7월이다.

시코닌은 식물 지치의 뿌리에서 추출된 나프토키논 골격을 가진 자적갈색의 침상결정이다. 일반적으로 시판되는 시코닌에는 여러 종류의 유도체가 들어있다. 시코닌 및 아세칠시코닌에는 경구투여로 가벼운 항염증작용, 국소적 연고 도말로 모세혈관 투과성 항진, 급성부종의 억제, 육아증식을 촉진하고 창상치유촉진효과가 있다. 또 시코닌 및 그 유도체의 살균작용의 보고도 있다.

시코닌의 제법으로서는 일반적으로 자색뿌리에서 에테르, 벤젠과 같은 유기용매로 추출하여 알칼리수용액에서 시코닌유도체의 에스테르부를 가수분해해서, 시코닌을 얻는다. 그 외 현재, 식물 지치의 액체배양으로 시코닌의 생산이 진행되고 있다. 우선 식물 지치 카루스를 부영양 배지로 9일간 세포증식을 해서, 시코닌유도체는 없지만 카루스를 다량으로 증식시켜 다음에 빈영양 배지에서 시코닌계 화합물의 생산배양을 하는 방법으로 효율 좋게 생산한다. 이 방법으로 생산된 건조 카루스에 들어있는 시코닌계 화합물의 함량은 약 20%라고 한다.

## 3. 응용

시코닌은 살균작용, 창상치유작용이 있고 의약품, 염료로서 이용되고 있다. 같은 목적으로 화장품에서도 화장수, 크림, 유액, 립스틱, 비누 등에 이용되고 있다. 또 pH의 변화에 따라 색의 변화, 광선에 따라 퇴색이 심하기 때문에 그 이용은 빈번하지 않다. 단지 알루미늄 킬레이트와 단백질의 응용으로 pH 5.3-10 부근까지 안정한 자색을 유지한다는 상품도 개발되어있다.

# 2 아르니카 오일(Arnica Extract, JCID III-159)

## 1. 물성

성상: 황갈색유상액체, 방향성이 있다.

유동파라핀, 동식물유에 가용. 물, 다가알코올류에는 거의 불용.

비중: 0.910-0.930

굴절율: 1.473-1.476

검화가: 180-200

요소가: 130-140

중금속: 20ppm

비소: 2ppm

강열잔분: 1% 이하

## 2. 개요

아르니카(*Arnica montana* L.)는 유럽원산의 다년초로서 높이 50cm 내외, 6월에서 8월에 걸쳐 개화하고 황색의 꽃을 피운다. 일본고산지대에 사는 토끼국화 A. *unalaschensis* Less.는 같은 속이다. 아르니카는 Floraes arnicae로서 독일 약국방 7판에, *Flos arnicae*로서 스위스 약국방 VI에 수록되어 있다. 그러나 전초, 근경도 이용되고 있다. 아르니카에는 각종 효능이 있고 신경계, 소화기관, 호흡기관, 순환기관을 자극한다. 식욕증진작용, 이뇨작용, 정화작용, 해열작용이 있다. 또 멍, 상처를 고치고 조직내출혈의 흡수작용이 있다. 외용제로서 아르니카 연고가 제조되어 있으나 외상, 하퇴궤양 등 창상치유제로서 류마티스, 신경통 등의 진통약으로서 이용되고 있다.

들어있는 성분으로서는 꽃에는 astralin(kaempfrol-3-glycoside), isoquercetin, 지방유, 뿌리에는 thymohydroquin-one-dimethylether, 퓨마르산 등이다.

아르니카 오일은 아르니카 꽃 또는 뿌리를 파쇄해서 식물유(콩기름)에 침적 후 여과한다. 그 외 아르니카 추출물로서 물, 에탄올, 다가알코올류로 추출한 수용성 아르니카 추출물도 있다.

## 3. 응용

아르니카는 피부자극제, 소염제로서 그리고 입욕제로서, 유럽에서는 이용되고 있다. 화장품으로서의 이용은 혈액순환촉진작용이 있는 것에서 두발제품, 특히 토닉 등에 응용이 된다.

## 3 당근유(Carrot oil, JCID II-34)

### 1. 물성

성상: 황색-암적색, 투명 유액, 특이 냄새 있음.

에테르, 클로로포름 등 유기용매, 동식물유에 가용. 수다가알코올, 에탄올 등에는 불용.

확인시험: 당근유의 클로로포름 용액(1→ 10)에 3염화안티몬시액 1ml를 첨가할 때, 액은 청록색을 나타낸다($\beta$-carotine).

비중: 0.86-0.94

굴절율: 1.450-1.470

산가: 2.5 이하

검화가: 175-210

중금속: 20ppm 이하

비소: 2ppm 이하

강열잔분: 0.4% 이하

### 2. 개요

당근유는 당근(*Daucus carota* Linne *var. sativa* DC)의 건조근에 식물유(콩기름 또는 땅콩유)를 첨가해서 추출한 것이다. 당근의 원산지는 유럽이며 약 2,000년 전부터 식용으로 재배되어왔다. 15세기에 네덜란드에서 개량되어 그 개량종이 전세계로 퍼져, 중국에서 개량된 뿌리가 긴 장근종이 일본에 들어갔다. 함유된 성분은 비타민 A, B, C, D, E, 사과산, dihydroglutamic acid, 당류, 글루타민, 펙틴, 카로틴, 아스파라긴, 크산토필 등이다. 당근의 효능은 빈혈증, 탈력감이 있는 사람, 비타민결핍증에 잘 듣고, 이뇨작용, 진통작용이 있으며 강한 구충력이 있다. 신선한 당근의 뿌리는 궤양, 화상, 습진, 각종 상처의 진통을 고친다고 한다. 당근에는 특유의 적색을 나타내는 비타민 A의 전구물질인 $\beta$-카로틴이 많이 들어있다. 비타민 A는 표피조직의 대사에 중요한 역할을 하며, 피부와 점막의 표피세포를 보호한다. 결핍으로 인해, 피지선, 땀선의 수축이 일어나고 지방의 분비가 억제되며, 발한도 저하된다. 피부는 건조해지고 표피는 비대해서 굳게되어 거칠게 된다. 모발도 건조해서 접히고 갈라지기 쉽게 된다. 또 세균에 대한 저항력이 저하해서 화농하기 쉽게 되고, 여드름 등이 생기기 쉽게 된다.

제법은 당근을 잘게 자른 후 건조시켜, 식물유를 첨가하고 질소기류 하에서 약 70℃ 24시간 가열추출하고 냉각 후 여과한다.

### 3. 응용

화장품으로의 응용은 함유된 $\beta$-카로틴의 작용을 이용하는 경우가 많다. 따라서 화장수, 크림, 유액 등에는 강장, 피부대사촉진, 혈행촉진 등의 작용, 피부를 젊게 하고, 연령에 따라 나타나는 점을 옅게 하는 효과를 위해 배합된다. 또 천연의 착색제로서 립크림과 그 외에 사용되고 있다. 따라서 비타민의 화장품으로의 이용이라는 것에서 순도 높은 비타민제를 배합하는 경우가 많고 빈번하지는 않다.

## 4 하마메리스수(Witch Hazel Distillate)

### 1. 물성

성상: 무색-황갈색, 투명액체, 약간 특이 냄새 있음.

확인시험: ① 하마메리스추출물 1ml를 꺼내 묽은 에탄올(3 → 15)을 첨가해서 10ml로 한다. 이것을 시험관에 이등분하여 각각 A관 및 B관으로 한다. A관에 염화알루미늄시액 5ml, B관에는 블랭크로서 물 5ml를 첨가해서 비교할 때, A관은 황색을 나타낸다.

② 하마메리스추출물 1ml를 꺼내, 염화제2철시액 1-2방울을 첨가하면 액은 녹갈색-암청자색을 나타낸다.

pH: 5-7.4

비중: 0.987-1.05

중금속: 10ppm 이하

비소: 2ppm 이하

증발잔분: 1% 이하

### 2. 개요

하마메리스[*Hamamelis virginiana* L.(*Hamamelidaceae*)]는 북미원산의 저목이며, 굽은 가지에서 곧은 잔가지가 나와 잎은 계란형이다. 꽃은 개화가 늦어 잎이 떨어진 가을이다. 하마메리스는 예로부터 이용되고 가장 뛰어난 수검제의 하나로 되어있다. 하마메리스의 잎은 정맥흐름, 치질, 정맥염, 자궁출혈의 치료에 많이 이용되고 외용으로서는 수검제, 창상 치료제로서 이용되고 있다. 예로부터 화장품으로서 크림, 화장수로서도 이용되었다. 함유되어있는 생리활성성분에는 하마메리탄닌, 플라보놀배당체[myricetin 3-glucoside(I), myricetin 3-rhamnoside(II), Quercetin 3-glucoside(III), Quercetin 3-rhamnoside(IV), Kaempferol 3-glucoside(V), Kaempferol 3-rhamnoside(VI) 등이다. 하마메리스수는 잎 및 수피를 잘게 썰고 물, 1,3-부틸렌글리콜 또는 이들의 혼액으로 추출, 여과를 하고 물, 1,3-부틸글리콜, 에탄올 또는 이들 혼액을 첨가해서 만든다. 일반적인 제조방법으로서는 실온에서 가끔 교반하면서 몇 일간 침적 후 여과한다. 그 외에 유럽에서는 하마메리스의 수증기증류에 의해 얻어진 물을 사용하는 경우도 있다. 또 하마메리스의 수피를 분말화하여 화장품에 사용한 경우도 있다.

### 3. 응용

하마메리스수의 화장품에의 이용에는 탄닌에 의한 부드러운 수검작용을 이용해서, 수검성의 화장수, 크림, 유액 등에 이용되고 있다.

## 5 레몬 추출물(Lemon Extract)

### 1. 물성

성상: 적색의 투명한 점성액체. 물, 희석에탄올, 글리세린 등의 다가알코올류에 매우 잘 혼화된다. 에테르 등의 유기용매, 유동파라핀, 동식물유에 불용. 레몬 같은 방향이 있다.

확인시험: ① 레몬추출물은 레몬과 같은 방향이 있다.

② 레몬추출물의 수용액(1 → 50) 5ml에 과망간산칼륨시액 1방울을 떨어뜨리거나 또는 2,6-디클로로페놀인도페놀나트륨시액 1-2방울을 떨어뜨리면 모두 시액의 색이 즉시 없어진다(아스코르빈산의 반응).

비중: 1.200-1.240

산가: 15-35

pH : 2.5-4.0

중금속: 20ppm 이하

비소: 2ppm 이하

건조감량: 37-43

강열잔분: 1% 이하

### 2. 개요

레몬추출물은 레몬(*Cltrus limonum* Risso)과실을 압착해서 얻어진 과즙 또는 농축한 과즙을 여과한 상태 또는 거기에 다가알코올류 등을 첨가한 것이다. 그 외에 레몬의 감각을 이용해서 물, 에탄올, 다가알코올류 및 그들의 혼액을 이용 추출한 추출물도 있다. 제법의 일례로서, 신선한 레몬을 세포파괴가 일어나지 않을 정도의 저온 하에서 냉각한 다음, 레몬 1kg을 잘게 자르고 압착, 여과해서 얻어진 400g의 투명한 과즙 400g을 80g까지 저온농축해서 그 과즙 600g에 농축글리세린 400g을 첨가해서 레몬추출물을 제조하고 있다. 이렇게 해서 제조된 레몬추출물은 피트호르몬을 비교적 다량으로 함유하고 있으며, 세포부활작용이 있다는 실험 데이타도 발표되었다. 또 120℃까지 내열성이 있다고 한다.

과일주스는 옛날부터 여성들이 많이 이용해온 천연화장품이라고 한다. 과일주스에는 비타민, 유기산, 아미노산, 당류 등이 들어있고 유기산이나 탄닌의 수검작용, 당류의 보습작용, 비타민, 플라보노이드배당체, 피트호르몬 등의 세포부활작용이 인정된다.

### 3. 응용

레몬추출물의 화장품으로의 응용에는 유기산의 수검작용을 이용한 화장수, 린스 등이 가장 일반적이지만, 당류의 보습작용을 이용한 크림, 유액 등도 일반적이다. 또 최근에는 클렌징로션, 샴푸 등의 첨가제로서도 이용되고 있다. 그 외 pH조정을 통해 산성타입의 화장품, 방향성을 이용한 향료 무첨가 제품 등에도 응용되고 있다.

위와 같은 특수한 제법을 이용해서 레몬추출물을 제조하고 추출물에 들어있는 피트호르몬에 의한 피부개선이 가능하다고 한다. 그런 실험데이터에 따르면 사람피부에 따라 유성, 건성, 복합형의 피부에 대한 트리트먼트 후의 피부개선에 대해 상세히 적고 있다. 피부에 대한 안전성에 대해서는 그 외에 토끼 귀에서 누적피부자극성시험이 있었으며 안전성이 확인되었다.

## 6 마로니에 추출물(Horse Chestnut Extract)

### 1. 물성

성상: 염황색-적갈색액체, 물, 에탄올, 다가알코올류에 가용. 에테르, 유동파라핀, 동식물유에 불용.

확인시험: ① 마로니에 추출물 1ml를 꺼내, 정제수 5ml를 첨가해서 잘 흔든 후 희석 염화 제2철 시약 2-3방울을 첨가하면 액은 염흑청색-염흑청자색으로 된다(탄닌).

② 마로니에 추출물 1ml를 꺼내, 정제수 5ml를 첨가해서 잘 흔든 후 초산연액 2-3방울을 첨가하면 액은 황갈색-갈색의 침전을 나타낸다(플라보노이드).

③ 마로니에 추출물 0.5g에 무수초산 2ml를 첨가하고 수조상에서 2분간 가온한 뒤, 냉각시킨다. 여기에 황산 1ml를 서서히 첨가하면, 접계면은 적갈색을 나타낸다(리베르만 반응).

pH: 5.0-7.0

중금속: 20ppm 이하
비소: 2ppm 이하
강열잔분: 0.2% 이하

## 2. 개요

서양 칠엽수(*Aesculus hippocastanm* L.)는 중앙아시아원산의 20-25m에 달하는 큰 나무이다. 잎은 손바닥모양으로 긴 형태며, 5-7개의 작은 잎으로 되어있다. 종자는 원추형, 직경 3-4cm로서 희고 큰 반점이 1개 있는 것이 특징이며 밤색의 광택이 있는 껍데기를 가진다. 종자는 기름진 전분질이며 2개의 큰 자엽을 가진다.

마로니에는 17세기에 해열제로서 키니네의 대용약으로 이용되고 1708년 타브레에 의해 치질의 진통제, 동맥류의 치료에 이용되었다. 마로니에의 종자는 사포닌(에스신), 플라보노이드유도체(quercetin 배당체, kaempferol 배당체), 탄닌 등이 들어있다. 유럽에서는 에스신은 항염증 작용으로서 글리칠리친과 같은 평가를 받고 있으며, 항염증을 목적으로 한 의약품원료로서 이용되고 있다. 마로니에는 항염증작용, 항부종작용, 수검작용, 모세혈관투과성의 감소작용이 있다

마로니에 추출물은 서양 칠엽수의 종자 또는 잎에 프로필렌글리콜, 1,3-부틸렌글리콜 정제수, 에탄올 또는 그들 혼합액에서 추출한다. 일반적으로 제조방법으로서 실온에서 가끔 교반하면서 몇 일간 침적 후 여과한다. 식물유를 이용해서 같은 방법으로 추출하여 기름에 녹는 타입의 마로니에 추출물을 제조하는 경우도 있다. 그 외에 분말추출물 제제가 있다.

## 3. 응용

마로니에 추출물은 화장품에 이용되는 생약 중에서도 매우 빈번하게 사용되는 것 중의 하나이다. 마로니에 추출물은 항수종작용, 항염증작용, 혈관 조직벽에 대해 부종형성방지, 급약성의 감소, 피부를 자외선으로부터 지키는 등의 작용이 있고 샴푸, 린스에 배합해 모발의 매끄러움을 느낄 수 있고 크림, 유액, 화장수에 배합하여 거친 피부의 방지, 비타민P의 효과에 의해 피부강화, 썬텐 제품에 배합하여 태양광선으로부터 피부를 지켜 기미의 예방을 목적으로 한다. 최근에는 에스신의 고순도 함유제품도 개발되어 있기 때문에 가용화제, 유화제로서의 이용도 가능하게 되었다.

안전성시험에서는 프로필렌글리콜, 사프라워유를 추출용제로서 추출한 추출물에 대해, 눈점막 자극성(토끼), 누적도말에 의한 피부자극성(토끼), 감작성(모르모트), 사람피부의 1차 자극성, 광독성에 대한 시험이 있었고, 화장품으로의 응용에 있어 안전성이 확인되었다.

# 7 카모미라 추출물(Chamomila Extract)

## 1. 물성

성상: 염황갈색-갈색투명액체, 거의 약한 특이냄새가 있다.

물, 에탄올, 다가알코올류에 가용. 에테르, 유동파라핀, 동식물유에 불용.

확인시험: ① 카모미라 추출물 2ml을 시험관에 넣고 메탄올 3ml를 첨가해서 잘 섞은 후, 리본상 마그네슘 0.1g 및 염산 1ml을 첨가한다. 가끔 가습하면서 흔들어 섞으면 액은 황등색-등적색을 나타낸다.(플라보노이드)

② 카모미라 추출물 1ml를 시험관에 넣고 정제수 10ml를 첨가한다. 이것에 희석염화제 2철시약 1-2방울을 첨가하면 액은 황녹색-녹갈색을 나타낸다(플라보노이드).

pH: 4.0-6.0

수분: 10% 이하

중금속: 20ppm 이하

비소: 2ppm 이하

강열잔분: 0.5% 이하

## 2. 개요

카밀레(*Matricaria chamollo* L.)는 유럽원산의 다년초이며 유럽각지에서 재배된다. 높이 30-40cm, 줄기는 수직으로 여러 개의 가지로 나누어진다. 가지 끝에 두상화을 피우고, 주변의 설상화는 백색, 관상화는 황색이다. 비슷한 생약으로서 로마 카밀레, 이누 카밀레, 오로샤기쿠 등이 있다. 카밀레는 서양에서 가장 일반적인 생약으로, 예로부터 의료약 뿐만 아니라, 카밀레 차나 입욕제로서 사용되어 왔다. 함유되어 있는 성분으로는 정유한 것으로 카마즈렌, 비자보롤, 플라보노이드 배당체로는 아피게닌, 아비인, 아피게토린, 루치오린, 쿠마린 유도체로서는 운베리페론, 헤르니아린 등이 있다. 정유는 항염증작용, 해독작용이 있고, 플라보노이드배당체는 진경작용이 있다.

카밀레 추출물은 카밀레의 건조한 꽃에 물, 에탄올, 프로필렌글리콜, 1,3-부틸렌글리콜 또는 그들의 혼합액에서 추출한다. 일반적인 제조방법으로서는 실온에서 가끔 교반하면서 몇 일간 침적 후 여과한다. 식물유를 이용해서 같은 방법으로 추출하여 기름에 녹는 타입의 카모미라 추출물을 제조하는 경우도 있다. 그 외 입욕제로 이용되는 추출물제로서 유추출물이 있다.

## 3. 응용

카모미라 추출물은 화장품에 이용되고 있는 생약 중에서 가장 일반적인 것 중의 하나이다. 샴푸, 린스 등에 모발의 윤기를 증가시키고, 색조를 좋게하고 모발의 탈락을 막기 위해 사용되고 있다. 크림, 유액, 화장수 등에는 건조되고 민감하고 염증을 잘 일으키는 등의 피부를 진정시키기 위해 이용된다. 욕제에는 창상치유를 촉진하고 치질의 고통을 줄이며, 만성습진의 가려움을 가라앉히는 목적으로 이용된다. 최근에 구미에서는 플라보노이드배당체 특히 아피게닌을 이용해서 세미파머넌트 타입의 식물성 염모제에 이용되고 있다.

안전성시험에 대해서는 프로필렌글리콜, 사프라워유를 추출용제로서 추출한 추출물에 대해 눈점막자극성(토끼), 누적도말에 의한 피부자극성(토끼), 감작성(모르모트), 사람 피부의 1차자극성, 광독성에 대한 시험이 있었고, 화장품으로의 응용에 있어 안전성이 확인되었다.

## 8 자작나무 추출물(Birch Black Extract)

### 1. 물성

성상: 염황갈색-갈색투명액체, 거의 약한 특이냄새가 있다.

물, 에탄올, 다가알코올류에 가용. 에테르, 유동파라핀, 동식물유에 불용.

확인시험: ① 자작나무 추출물 2ml을 시험관에 넣고 메탄올 3ml를 첨가해서 잘 섞은 후, 리본상 마그네슘 0.1g 및 염산 1ml을 첨가한다. 가끔 가습하면서 흔들어 섞으면 액은 황등색-등적색을 나타낸다(플라보노이드).

② 자작나무 추출물 2ml를 시험관에 넣고 정제수 5ml를 첨가한다. 이것에 희석염화제 2철시약 1-2방울을 첨가하면 액은 암녹갈색을 나타낸다(플라보노이드).

pH: 4.0-6.5

수분: 5% 이하

중금속: 20ppm 이하

비소: 2ppm 이하

강열잔분: 0.5% 이하

### 2. 개요

자작나무 추출물은 자작나무(*Betula alba* L. 또는 *Betula leata* L.)의 수피 및 목부의 추출물이다. 많은 가지로 되어있다. 자작나무의 수피 및 목부에 탄닌, 플라보노이드유도체, 트리텔페노이드(헤트린) 등이 들어있다.

자작나무는 서양에서 옛날부터 삶은 약으로서 위장결석, 방광결석의 치료에 이용되었으며, 외용으로서는 류마티스, 통풍에 효과가 있어 입욕제로 사용되고 외상을 소독, 피부병을 고친다. 두피를 보호하며 탈모방지로션이나 화장수에 이용되고 있다.

자작나무 추출물은 자작나무의 수피 및 목부를 잘게 자르고 물, 에탄올, 프로필렌글리콜, 1,3-부틸렌글리콜 및 그 혼합액으로 추출한다. 일반적인 제조방법은 실온에서 가끔 교반하면서 몇 일간 침적 후 여과한다. 식물유를 이용해서 같은 방법으로 추출하여 기름에 녹는 타입의 마로니에추출물을 제조하는 경우도 있다. 그 외 자작나무 과립상 분말로서 자작나무의 수피를 제거한 부분을 건조 후, 분말로 한 것도 화장품에 이용되고 있다.

### 3. 응용

북유럽에서 사우나 때 자작나무의 작은 가지로 몸을 때리는 것은 아주 유명하다. 그러나 화장품에의 자작나무 추출물 이용은 그다지 되고 있지 않다. 유럽에서 유성모발용 샴푸로서 노우젠하렌과 함께 자작나무 추출물이 머리를 가볍게 하고 볼륨, 윤기를 준다고 하여 사용되고 있는 예가 있다.

## 9 수세미 추출물(Luffa Extract)

### 1. 물성

성상: 염황색이나 갈색의 액체, 약간의 특이냄새가 있다.

물, 에탄올, 다가알코올류에 가용, 에테르, 유동파라핀, 동식물유에 불용.

확인시험: ① 수세미 추출물 1g에 희석황산 2ml을 넣고 가열하여 수산화나트륨시액 4ml 및 페링그시액 3ml를 넣고 끓을 때까지 가열하면 적색-암적색의 침전이 생긴다(당류).

비중: 0.970-1.000

굴절율: 1.330-1.360

pH: 5.0-6.5

중금속: 20ppm 이하

비소: 2ppm 이하

용상: 수세미 추출물 1g에 정제수 100ml를 첨가해서 녹일 때, 액은 염황색-황색 으로 투명하다.

강열잔분: 3.0% 이하

### 2. 개요

수세미 추출물은 수세미 *Luffa cvlindrica* M. Roemen(*Cucurbitaceae*)의 전초의 정제

수, 에탄올, 1,3-부틸렌글리콜 또는 그들 혼합액에서 추출한 추출물이다. 수세미는 열대아시아원산으로 화장품에서의 이용은 수세미수가 유명하지만, 화장수로서 피부를 윤기있게 하고 땀띠, 잔주름, 튼 피부, 화상 등에 효과가 있다. 지루성 피부의 개선에 좋다.

수세미의 과실은 사포닌, 점액, 키시란, 지방, 단백질, 비타민 C, 비타민 B를 함유한다. 수세미의 사포닌의 작용은 최근 연구에서 창상치유작용, 세포접착성에 의한 세포촉진효과가 확인되었다.

수세미 추출물의 제법으로는 수세미의 전초를 물세척 후 잘게 잘라 위의 용액으로 10일간 침적 후 여과하는 것이 많다.

### 3. 응용

수세미 추출물의 화장품으로의 응용은 점액질이 있는 보습성, 사포닌에 의한 소염작용을 이용해서 화장수, 크림, 유액 등 식물성분배합 화장품이 증가함에 따라 많이 이용되게 되었다.

## 10 당 귀

분류: 미나리과 카라토우키의 뿌리

종명: 당귀 *Angelica sinensis*(Oliv.) Diels-우
동당귀 *A. acutiloba*(Sieb. et Zucc.) Kilag-양
분녹당귀 *Ligusticum glaucescens* Franck.-양

분포: 사천, 감정, 운남, 귀주, 협서, 호북 등.

재배: 온도는 낮고 습윤한 기후 토양에 적합하다. 따라서 습도가 비교적 높은 한산 지역에서 재배된다.

채집: 3년 이상 재배된 것을 늦가을에 뿌리부분을 채취한다. 경・엽을 제외하고 흙을 털고 통풍이 잘되는 그늘에서 말린다.

성분: 휘발유 0.2-0.4%(N-Butylidene phthalide, N-Valerophenone-o-carboxylic acid, 세스키텔펜류 등) 설탕 40%, 비타민 $B_{12}$, 비타민 A, 엽산 등.

약성, 약미, 귀경: 따뜻함, 달고 맵다. 심장, 간, 췌경.

### 1. 개요

당귀는 보혈제로서 널리 이용되어 왔다. 단미에서도 탁월한 효과가 있고 산부인과 및 내과, 외과질환에 상용되고 있다. 비타민 $B_{12}$, 비타민 A, 엽산 등이 많이 들어 있으므로, 적혈구의 개선, 철 결핍에 의한 빈혈, 혈색소량 감소, 적혈구 결핍, 저혈당, 철 및 그 외

의 조직의 저온감소에 현저한 효과가 나타난다. 보혈뿐 아니라, 혈액순환을 좋게 하여 통증을 멈추는 효과도 있다.

또 월경조정에 빼놓을 수 없는 생약으로 월경이 빨라지거나 늦춰지며, 경혈량이 많고 피가 자색, 복통이 있거나 원기가 없는 등의 증상에 대해서는 모두 당귀를 주약으로서 치료한다.

당귀에는 자궁근에 대해 흥분작용과 억제작용 모두 있으며, 수용성의 비휘발성물질이 흥분작용이 있고, 휘발성물질은 억제작용이 있으며, 자궁을 괄약시키는 것이 실험으로 입증되었다. 당귀는 비타민 E 결핍증에 좋아서 '젊어지는' 효과도 기대된다.

또 당귀의 삶은 액을 시험관에 넣은 것 중에 적리간균, 티푸스간균, 대장균, 용혈성 연쇄상구균 등에 항균작용이 나타났다. 이것만으로도 화장품에의 응용가능성을 알 수 있다.

## 2. 응용

하나오카의 처방으로 유명한 한방연고 '자운고'는 다음과 같은 처방이다.

[자운고] 당귀 100g
자근 100g
참기름 1,000g
밀랍 380g
돼지기름 25g

[효능 및 효과]

튼 피부, 갈라짐, 동상, 사마귀, 땀띠, 진무름, 외상, 화상, 치질핵 등의 통증, 항문열상, 옻.

이 처방의 주약은 당귀로 생각된다. 또 의사들의 시행결과, 효과가 있었다는 '오오히라 제국방'에도 '신효당귀고'가 있다.

[신효당귀고] 당귀 1량
황차 1량
참기름 4량

[효능 및 효과]

화상을 고친다. 붉게 된 통증, 화농하여 부패하는 것을 고친다. 육아를 형성하여 창구를 고친다. 열을 가진 것을 제외하고 통증을 멈춘다.

이것도 당귀가 분명한 주약이라고 할 수 있다.

이상의 처방의 한방연고 효과를 한 번 시험해 보면, 놀랄만한 효과를 확인할 수 있고, 보다 화장품원료로서 이용되지 않았던 것을 이상하게 생각할 정도다. 앞으로 큰 기대가 되는 생약원료이다.

## 11 행인(도인)

분류: 장미과 본행 및 행등의 건조종자

종자: 행 *Prunus armeniaca* L. -수

산행 *P. armeniaca* L. var. 무녀 Maxim. -수

분포: 흑룡강, 길림, 내몽골, 하북, 하남, 산동, 산서, 사천, 귀주 등.

채집: 여름과실이 성숙했을 때 채집하여 과육과 핵을 제외한 종인을 모아 그늘에서 말린다.

성분: 아미구다린 2.5%, 에물신, 지방유, 고편도유

약성, 약미, 귀경: 쓰고 따뜻함. 폐, 대장경.

### 1. 개요

행인은 중국요리의 디저트나 과자에 많이 이용된다. 행인에 백설탕을 첨가한 행인차는 마늘의 냄새제거와 목의 상태를 정상적으로 유지하는 데 도움을 준다. 성악가에게는 성대를 매끄럽게 하고 좋은 음성을 유지시키는 이 행인의 작용은 꼭 필요하다. 거기에 맥동, 박하, 금석두, 빙사탕을 첨가하고 쪄서, 3-5일에 1회 복용한다.

기침을 멈추고 인두염에도 효과가 있기 때문에 감염초기에도 이용된다. 또 고편도유가 들어있기 때문에, 장을 매끄럽게 한다. 노인성 변비, 산후변비 등 체력이 약한 것에서 비롯되는 변비에 효과가 있다. 이 고편도유는 회중, 구충, 소충을 죽이는 작용과, 티푸스균, 파라티푸스균에 대해 항균작용도 있다. 단지 고편도유의 작용뿐만 아니라 행인은 화장품 재료로서 필요한 것으로 생각된다.

### 2. 응용

본초강목에는 내복이외에도 다음과 같은 외용이 적혀있다.

① 항문의 통증: 종기, 따가운 곳에 행인을 끈적끈적하게 해서 자주 바른다.

② 쑤시는 통증: 행인을 검게 태워 끈적끈적하게 해서 자주 바른다.

③ 산문의 통증: 참을 수 없는 통증은 행인의 껍질을 제외하고 태워, 끈적끈적하게 해서 면에 싼다. 그것을 질내에 삽입해 놓는다.

④ 신체, 얼굴에 생긴 사마귀: 행인을 검게 태워 끈적끈적하게 해서 자주 바른다.

⑤ 여드름: 행인껍질을 제외하고 난백과 섞어서 얼굴에 바른다. 하룻밤 그대로 쉬고 아침에 따뜻한 술로 씻는다.

⑥ 양경이 붉게되고 가려울 때: 그 상태가 심한 것을 두면풍이라 하여 행인으로 자주 문지르고, 소풍산을 내복한다.

⑦ 귀에서 농즙이 나올 때: 행인을 검게 태워 끈적끈적하게 해서 면에 싸서 귀에 넣는다. 1일 3-4회 반복한다.

⑧ 코속에 상처가 생겼을 때: 행인을 분말로 해서 유즙과 함께 바른다.

이상과 같이 상세한 외용법이 기재되어 있다. 여드름을 대표로 하는 화농성 통증, 가려움증을 치료하는데 행인이 특효이며, 염증을 멈추는 효과를 화장품원료로서 응용하는 경우의 포인트로 된다. 도인(복숭아씨)도 같은 효과가 기대된다.

## 12 지 황

분류: 고마노하구사과 지오우의 육질근경

종명: 지황 *Rehmannia glutinosa*(Gaertn.) Libosck -수

분포: 하남, 산동, 하북, 내몽골, 사천, 호남, 호북성 등.

재배: 기후가 온화하고 비교적 건조한 곳에서, 물이 잘 빠지고 비옥한 토양이 적합하다.

채집: 10-11월 사이에 근경을 모아, 잔뿌리, 경의 잎 등을 제거하고 흙을 씻는다.

성분: Catalpol, Rehmanin, 비타민A와 같은 물질 및 스타키시오스, D-글루코스, D-갈락토스, D-과당, D-글루코사민, 설탕, 라피노스, Verbascose, D-만니톨 등의 당류. 그 외 라이신, 히스티딘, 아르기닌, 세린, 글루타민산, 발린, 로이신, 티로신, 페닐알라닌 등.

약성·약미: 한, 달고 떫다. 심장, 간, 위경.

### 1. 개요

본초강목에 따르면 살아있는 것을 물에 담궈 시험하면, 지황의 좋고 나쁨을 구별할 수 있다고 한다. 물에 뜨는 것은 천황이라 하고, 반쯤 뜨는 것을 인황이라 부르며, 가라앉은 것을 지황이라 한다. 약용에는 가라앉은 것 즉 지황만 약용에 사용한다고 기재되어있다. 주된 작용은 '자양생율' 작용과 '청열해독'을 높이는 것이다.

고열에서 체액과 체력을 소모한 경우의 증상에 효과가 있다. 즉 가슴이 아프고 발한이 많아 입이 건조하고 입술이 마를 때 좋다.

세균에 감염된 열병에 대해 세균을 억제하고, 염증을 없애며 열도 내리는 등의 작용이 있다. 폐결핵, 위장염의 미열에도 좋은 효과가 있다. 또 구강점막, 눈, 귀, 코, 혀 등의 염증에도 이용되는 것에서 화장품 재료로서도 유용할 것이다.

### 2. 응용

본초강목에 이하의 외용응용이 기재되어있다.

① 정종: 지황을 갈아 맛사지 한다. 더워지면 교환한다.
② 점: 지황을 삶아서, 껍데기를 제거하고 종이에 발라 붙인다. 1일 3회 교환한다.
③ 타박상: 아직 피부가 갈라지지 않은 동상에는, 지황을 갈아서 진흙과 같이 끈적끈적 하게 해서 종이에 바르고, 목향성분을 첨가하고 그 위에 지황뻘을 올려 환부에 바른다. 3-5회 교환하면 된다.
④ 골절 및 근육의 상처: 지황을 연고와 같이해서 죽동을 첨가해서 고정한다. 하루 뒤에 10회 바꿔 붙이면 된다.
⑤ 두발의 노랗고 빨간 것: 지황 1척, 생강반척을 각각 즙으로 해서 말린 성분을 분말로 한다. 그 분말을 용기에 넣고 탕으로 해서 자기전에 2회 머리에 염색하면 검게된다.

이 외에 신선태일고 등에도 지황이 이용되며 출혈을 멈추고 상처를 낫게 하며 진창을 고치는 데 이용된다. 다른 제제와의 병용도 포함해서 수요가 높은 화장품재료로 될 것이다.

## 13 상백피

분류: 뽕나무과 카라구와의 황갈색의 콜크층을 제거한 뿌리의 백색부분의 피층
종명: 뽕 *Morus alba* L. -수
분포: 전국 각지에서 재배
채집: 일정한 시기는 없다.
성분: $\alpha$-아밀린, $\beta$-아미린, 스테아린산, 휘발유, Resinotannol, Asitnol 시토스테롤포도당, Mulberrin, Mulberrochromene, Cyclomulberrin 등.
약성 · 약미 · 귀경: 한, 달다. 폐, 간경.

### 1. 개요

상백피는 내복하면 폐의 염증을 제거하고 기침을 멈추게 하는 작용으로 많이 이용되는 생약이다. 만성기관지염의 기성 발작 때나 폐렴치유후의 흉통이나 기침, 침출성 흉막염의 침출액에 의한 흉부통증의 팽만감 등에 효과가 있다.

또 이뇨작용도 높아서 급성위염의 초기에 이용된다. 각기, 류마티스 등에는 상백피에 백술, 복령, 진구를 함께 사용해서 더욱 효과를 높인다. 유행성 간염의 초기에는 상백피

2량에 소량의 설탕을 첨가해서 이용하면 좋다. 매일 1회, 1주일간 계속하면 청열, 이뇨, 퇴황에 도움이 된다.

또 관상동맥경화성 고혈압증 및 본태성 고혈압증의 치료약으로서도 그 동물실험에서의 작용이 증명되어 있다.

고문헌에 따르면 상백피를 실로 만들어, 칼에 상처받은 장이 나온 것을 묶어서 고친 예가 있다. 이것은 상백피 실로 상처를 봉합하면 생체에 흡수되어 실을 뽑을 필요가 없다고 적혀있다. 이것은 외용에서의 효과를 나타내는 것으로 화장품원료뿐만 아니라 외용약으로의 응용이 기대된다.

## 2. 응용

본초강목중에 상백피를 외용하는 예가 많이 적혀있다.

① 낙마로 인한 타박: 상백피 5척을 분말로 해서, 1변의 물에 삶아 바르면 통증이 멎고 내출혈도 일어나지 않는다(경험후방).

② 칼로 인한 상처: 신선한 상백피를 숯에 구워, 말똥을 첨가해서 상처 위에 몇 차례 바꿔준다. 또 상백피의 삶은 즙을 복용해도 효과가 있다.

③ 모발의 탈락: 상백피를 물에 적시고 삶아서 5, 6회 끓을 때 피를 빼낸다. 그 액에 행구면 탈모되지 않는다(성혜방).

④ 모발에 윤기가 없을 때: 상백피, 잎을 각각 1척씩 삶아 모발에 바르면 윤기가 살아난다.

⑤ 소공의 단독: 상백피의 삶은 액으로 목욕을 시킨다. 또는 분말로 해서 양기름을 섞어 바른다.

⑥ 경고한 석출(피부색이 변하지는 않지만, 돌과 같이 딱딱하게 되어 경항이 양쪽, 가슴과 겨드랑이 사이에 생기는 것): 농을 만들지 않는 것으로, 상백피를 그늘에 말려 분말로 한 것에, 녹인 교에 술을 첨가한 것을 바른다. 부드럽게 된다.

이상과 같이 옛날부터 외용에 많이 이용되어 왔던 것에 주목하여, 현재 증가하고 있는 젊은 층의 탈모 및 건조한 노화의 조기진행이 눈에 띄는 모발 등 헤어케어용품에의 화장품 원료로서 활용이 기대된다.

# 14 알로에 추출물(Aloe Extract)

## 1. 추출식물 기원과 물성

화장품 배합용에 이용되고 있는 알로에 추출물에 대해서 그 대표적인 것을 〈표 7-1〉에 나타내었다.

## 2. 개요

화장품에 이용되는 알로에 추출물은 그 추출 또는 처리조작 등의 차이 등에서 여러 종류로 분류된다. 그러나 일본에서 많이 이용되는 대표적인 것을, 그 추출물에 들어있는 주체성분별로 대별하면, 안토라키논계의 색소성분 및 수용성 성분을 함유하는 추출물, 안토라키논계 성분을 완전히 제거한 상태의 수용성 성분(주로 다당류)을 함유하는 추출물로 나눌 수 있다. 이것을 〈그림 7-1〉에서 설명하면, 알로에 추출물 A가 안토라키논계 성분을 함유한 추출물에 해당되고, 안토라키논계 성분으로서는 보통 5개 정도의 스포트가 나타난다. 또 알로에 추출물 B는 더욱 정제된 추출물로서 알로인($R_f$치: 0.44 부근)을 주체에 함유한 추출물이다.

〈표 7-1〉 추출기원과 물성

| | 알로에 추출물 A | 알로에 추출물 B | 알로에 추출물 C |
|---|---|---|---|
| 추출기원 및 추출법의 개요 | 알로에 *Aloe* Miller 또는 그것과 *Aloe africana* Miller 또는 *Aloe spicata* Baker와의 잡종(Liliaceae) 잎의 50% 에탄올추출액: [A]와 PG 또는 BG를 조제용매로서 함유한 액[B]가 있다. | 추출기원은 A또는 B와 같지만, 에탄올추출후, 에테르처리를 하여 정제된 수용액이다(BG를 함유하는). 주성분은 알로인이다. | 알로에베라 *Aloe barba- densis* Miller(*Aloe Vera* Linne)잎에서 압착등으로 얻어진 즙액중의 점액 또는 그것을 처리한 수용액이다(PG 또는 BG를 함유한 것이 있다). |
| 성 상 | 녹갈색의 액체, 아주 약한 특이냄새(형광을 나타냄) | 황갈색의 액체. 특이냄새가 있다. | 무색투명한 액체. 약한 점성이 있다. |
| pH | 3.5～5.0(1→5) | 3.0～4.0(1→5) | 4.0～7.5 |
| 비 중 | $d^{20}_{20}$ :0.920～0.940 | $d^{20}_{20}$ :1.00～1.100 | $d^{20}_{20}$ :1.00～1.05 |
| 굴 절 율 | - | $n^{20}_{D}$ :1.3900～1.4000 | - |
| 주체성분 | 안트라키논계성분(아로인 등) 0.1% 내외 함유 | 알로인 0.1% 내외 함유 | 다당체 0.1-0.3% 내외 함유 |
| 기 타 | - | 강열잔분: 0.1w/v% 이하 | 알로에 추출물 D에는 그 분말이 있다: 알로에 추출분말 |

(PG: 프로피렌글리콜, BG: 1,3-부틸렌글리콜)

한편, 알로에 추출물 C는 알로인 등의 안토라키논계 성분은 확인되지 않고, 완전히 제거된 추출물이다. 즉 알로에 추출물 C는 알로에 잎의 압착즙액에서 각종의 색소성분을 제거한 것으로 수용성 다당체를 주체로 하는 추출물이다. 또 각각의 추출물 중에 들어있는 주체성분의 함유량은, 알로에 추출물 A 또는 B에서는 알로인 등의 안토라키논계 성분의 총량이 0.1% 내외, 알로에 추출물 C 중의 다당체의 총량은 0.1-0.3% 내외이다.

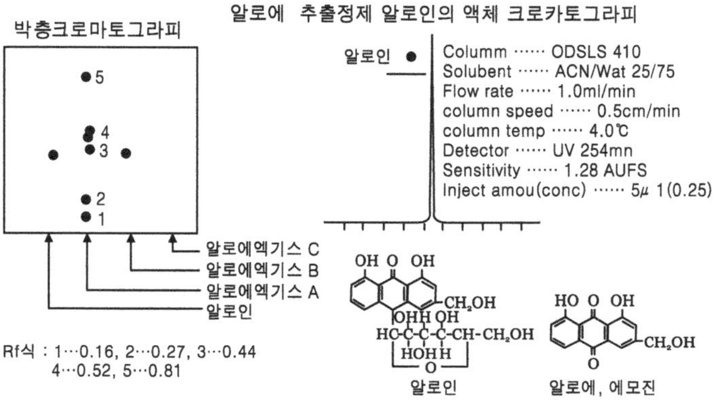


〈그림 7-1〉 알로에 추출물의 구조 및 크로마토그라피

## 3. 응용

알로에 잎에서 얻어진 즙액의 이용은 각 국에서 민간 약으로서 옛날부터 위의 강화, 변비 등에 복용, 베인 상처, 화상, 여드름, 탈모, 타박상, 벌레 물린 데의 가려움 및 부종멈춤, 열상 등에는 바르거나 습포로 하였으며 지혈, 염증완화, 통증 멈춤, 화농방지, 외상에는 육아조직 재생촉진 등의 효능이 알려져 있다. 또 알로에 액즙의 가열건고물은 여러 나라의 약방에도 옛날부터 기록되어 있다. 일본에서는 그 가열건고물을 '알로에', 또 가열건고물의 분말을 '알로에 분말'이라 한다.

화장품배합용에는 알로에 또는 알로에 분말은 자극성이 있는 수지질 등이 들어있어 부적당하다. 알로에 중에 들어있는 효능 또는 약효성분에 대해서는 고미질이나 안토라키논계 성분(알로인, 알로에에모진)과 고분자 같은 수용성 성분(다당체) 등에 의한 것으로 생각된다.

특히 소염, 화농방지 등의 효과는 약리적 활성이 강한 안토라키논계의 색소성분으로 추정된다. 한편, 창상 등의 재생(수복)효과는 수용성의 다당체이라고도 생각된다. 안토라키논계 성분 중 알로인은 피부자극성이 적고 강한 타이로시나제 활성억제작용이 있으며 자외선흡수작용이 있고 따라서 알로에 추출물 B는 열상 방지 등에 이용되고 있다. 또 알로에 추출물 A는 두발용으로서 이용하면 탈모방지, 비듬방지, 모발의 광택성을 부여함으로 헤어토닉, 헤어린스 등에 이용된다.

한편 알로에 추출물 C는 보습작용이 약간 있고 또 무색 투명한 액체인 점에서 가장 많이 이용되고 있으나 타이로시나제 활성억제작용은 없다.

Chapter 8

# 수용성 고분자

## 1 퀸스시드(Quince Ceed)

### 1. 물성

성상: 암갈색의 딱딱한 껍질로 덮힌 종자이며 그 길이는 보통 6-7mm이다.

점도시험: 본 품 100g을 1ℓ의 비커에 넣고 물을 첨가해서 500g으로 한다. 다음으로 38-42℃에서 천천히 섞으면서 5시간 추출한다. 추출 후, 수분보정을 해서 3분간 섞는다. 추출액을 유리여과기(17G-1)로 흡인여과해서 여과액을 실온에서 12-24시간 방치하여 시험액으로 한다. 25℃에서의 점도를 측정하면 100-500cps(2호, 30회전, 60초).

확인시험: ① 본 품 1g에 물 50ml을 첨가해서 방치하면 그 표면은 무색-미황색의 젤리형 점액질로 덮힌다. 이것을 38-42℃에서 5시간 계속 섞고 유리여과기(17G-1)로 흡인 여과하면 액은 점성으로 된다.

② ①의 여과액 5ml에 인산 2.5ml을 첨가하고 수조상에서 섞으면서 약 5분간 가열한다. 다음으로 카테콜·인산용액(1 → 500) 10ml를 첨가하고 30분 이상 가열하면 액은 적갈색을 나타낸다.

③ ①의 여과액 2ml를 시험관에 넣고 안토론시액 1ml를 조용히 관벽에 흘리면서 첨가하여 층적시키면 그 계면은 청색-녹색을 나타낸다.

### 2. 개요

퀸스시드은 장미과의 마르메로[*Cydonia vulgaris* Pers(*Rosaceae*)]의 종자이며 장미

과 마르메로속의 유일한 종이고 트란스코커스에서 동남아시아에 걸쳐 자생하고 있다. 점액질은 종자외피에 약 20% 함유되어있다. 점액질은 약 33%, 셀룰로스와 무정형의 다당류로 되어있다. 성분당은 L-아라비노스, D-키시로스, 글루코스, 갈락토스, 헥스론산, 모노메칠헥스론산 등이다. 또 최근의 발표에서 다당 1개는 평균분자량 48,000으로 L-아라비노스, D-카시로스, D-글루크론산, D-4-OMe 글루크론산으로 되어 있고, 주쇄는 키시로스가 연결된 키시란이며 아라비노스가 환원말단에 존재하는 것으로 추정되고 있다.

퀸스시드는 식물계 수용성고분자중의 식물점액질로 분류되지만, 같은 계통으로서 후키탄보, 코로하, 세라토니아, 아마, 아오이, 푸시륨 등이 있다.

이 점액질은 점도변화도 잘 일어나고 상하기 쉬워서 하루만에 썩어버리기 때문에, 그 이용이 매우 곤란하다. 그러나 추출 후 가열멸균하면 부패, 점도변화도 안정하게 된다. 최근 그러한 처리를 하여 안정화된 제품이 판매되어 이용하기 쉽게 되었다. 그러한 제품은 다당류 함유량이 1%, 점도가 1,000cps인 미황색 등급과 1.5%, 4,000cps인 암탄색 등급이 있고 pH4-11, 20-60℃에서 점도가 안정되며 잘 부패되지 않는다. 또 추출액을 스프레이드라이, 유기용매를 첨가해서 점액질을 침전시키는 방법 등으로 분말화하여 사용하기 편하게 하는 방법도 있다.

### 3. 응용

옛날에는 마르메로의 점액질은 트거나 염증을 일으킨 피부, 입술이나 유두의 갈라짐, 화상과 진창에 대해 사용되는 보습성 크림에 이용되었다. 앞서 말한 바와 같이, 상하기 쉽고 점도변화도 잘 일어나는 것 때문에 많이 이용되지 못했지만, 최근 안정된 마르메로의 점액질이 공급되게 되고, 다른 천연점액질이나 합성고분자화합물에서 볼 수 없는 특특한 감촉, 끈적거림 없는 산뜻한 느낌의 제품에 마무리, 뛰어난 보습성도 있으므로 많이 이용되는 경향이 있다.

화장수, 크림, 유액 등의 보습제, 후링그 개량제로서 파운데이션의 안료분산제, 헤어트리트먼트, 샴푸 등의 보습제로서도 이용되고 있다.

## 2 크산탄껌(Xanthan Gum)

### 1. 물성

성상: 엷황색-엷황갈색의 분말. 거의 약한 특이냄새.

pH: 6-8(1.0g, 100ml)

점도: 600cps 이상(4g, 1% KCl 용액 396g, 제2법)

연: 5ppm 이하(2.0g)

비소: 2ppm 이하(2.5g, 장치C)
건조감량: 15% 이하(1g, 105℃, 2시간)
강열잔분: 5.5-16%(제1법, 1g)

## 2. 개요

글루코스, 설탕 등의 탄소원, 유기태, 무기태 질소원, 인산 및 마그네슘이온 등을 함유한 배지에 크산토모나스 캠페스트리스균(*Xanthomonas campestris*)을 접종해서 발효시켜 균체외에 생산되는 대사물을 여과하여 알코올 침전시켜, 이것을 건조, 분쇄하여 얻는다. 주로 D-글루코스, D-만노스 및 D-글루크론산의 나트륨, 칼륨 및 칼슘염으로 된 다당류이다. 그 구성당비는 각각 2-3:2-3:1-2로 추정된다. 크산탄껌의 주쇄는 D-글루코스의 β-1,4결합으로 셀룰로스와 같다. 측쇄는 2개의 만노스와 1개의 글루크론산으로 구성되어 있으나, 측쇄의 분포상태는 정확하지 않다. 분자량은 $2\times10^6$ 이상으로 되어있다.

물에 가용이지만, 유기용매에는 불용이다. 알코올 등 물과 혼합성이 있는 용제에는 50% 정도의 혼합비가 되면 가용이다. 산과는 상용성이 있다. 알칼리와도 상용성이 있지만, 겔화되는 경우도 있다. 염류와는 높은 상용성을 나타낸다. 다른 수용성고분자와는 셀룰로스계를 제외하고 대부분 상용된다.

크산탄껌의 다른 수용성고분자와 크게 다른 점은, 그 수용액의 점도가 온도의 영향을 받지 않고 거의 일정하다는 것, pH에 따라 점도변화가 없다는 것이다(〈그림 8-1, 8-2〉 참조).

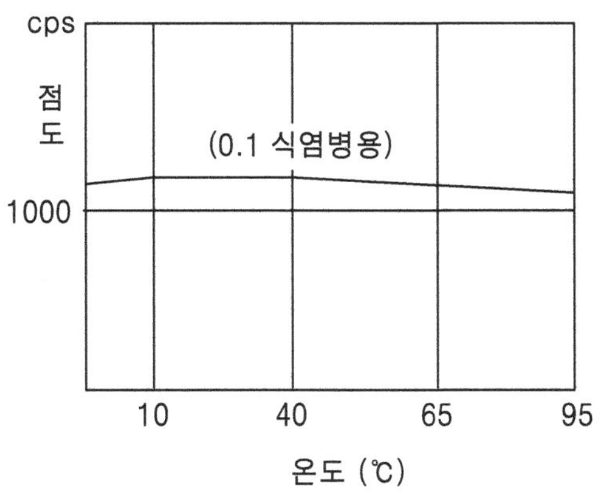

〈그림 8-1〉 온도에 따른 점도변화

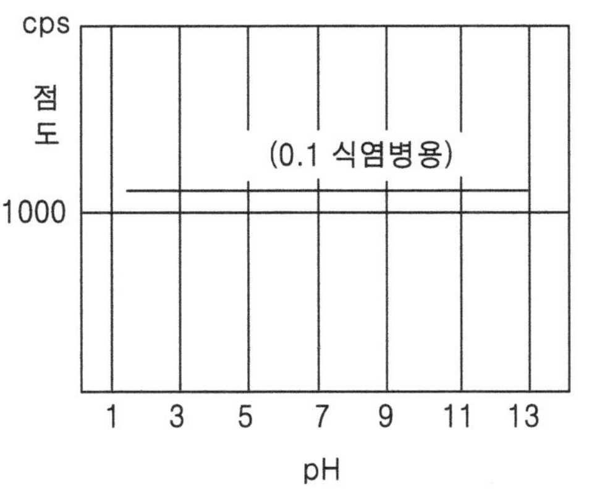

〈그림 8-2〉 pH에 따른 점도변화

또 산, 알칼리, 염류 등에 따른 점도변화도 거의 없고, 안정성을 나타낸다. 안전성 면에서는 내용, 외용 모두 독성이 없고 무자극이다. 크산탄껌은 이러한 뛰어난 증점작용 이외에, 유화, 분산안정화작용, 보습작용, 동결해동안정화작용 및 피막성, 겔화 등 많은 유용한 특성이 있다.

### 3. 응용

크산탄껌의 특성 중에서 중요한 것은, 그 점성의 온도안정성과 pH 안정성이다. 특히 온도안정성은 다른 증점제에서 볼 수 없는 탁월한 특징이다. 이것을 이용함으로서 모든 pH의 유화계, 분산계에도 온도에 따른 유동성과 고정감이 변하지 않는 안정된 제품을 얻을 수 있다.

유화안정제, 분산, 현탁 안정제로서도 탁월한 성능이 있기 때문에 유액, 크림류 및 유화, 분산, 현탁타입의 파운데이션류에 이용된다. 크산탄껌은 또 보습성과 끈적임이 적은 감촉이 있으므로 각종 첨가제와 함께 로션 등에 배합되고 보습액, 미용액 등의 특수한 화장수로서 이용된다. 의약용에는 친수성 연고기제, 정제 점결제, X선 조영제 등에 이용된다. 그 외 식품, 섬유, 도료 등에도 이용된다. 크산탄껌은 그 외 수용성고분자에는 없는 특징이 있다는 점에서 응용면에서도 다른 수용성고분자와 같은 사용방법 외에, 그 특성을 살려서 사용하는 방법이 중요하다. 앞으로 한층 많은 활용이 기대되는 원료이다.

## 3 카르복시메칠셀룰로스나트륨= CMC나트륨(Sodium Carboxymethylcellulose)

### 1. 물성

성상: 백색-유백색의 분말, 입자 또는 섬유상. 무취.

염화물: 0.64% 이하

황산염: 0.96% 이하

케이산염: 1.5% 이하

pH: 6.0-8.0(1%)

중금속: 20ppm 이하(1.0g, 제4법)

비소: 2ppm 이하(2.5g, 장치C)

건조감량: 10.0% 이하(1g, 105℃, 3시간)

### 2. 개요

셀룰로스에 수산화나트륨을 작용시켜 알칼리셀룰로스로 해서 여기에 모노크롤초산을 첨가하여 반응시킨 후 산처리, 중화, 알코올 세척 등으로 정제해서 얻어진 수용성의 섬유소에테르유도체이다. 제조법에는 수매법과 용매법이 있으나 현재는 후자가 주류다.

셀룰로스 단위당 3개의 수산기는 이론적으로는 모두 에테르화(에테르화도 2)할 수 있지만, 시판되는 것은 에테르화도 0.4-1.3정도이며, 일반적으로는 0.5-1.0 정도가 사용되고 있다.

용해성, 흡습성은 그 에테르화도에 따라 다르다. 0.4-0.8에서 부분적 또는 완전히 물에 가용하지만, 그보다 낮으면 물에 불용이며 알칼리용액에 가용하게 된다. 고도치환된 것은 물이나 알칼리에 불용이며 유기용매에 녹는다. 이러한 일정범위 내에서는 치환도가 크게 되면, 물에 대한 용해성, 내염성, 내산성이 향상되지만, 반대로 수용액의 점성도 강하게 된다. 다른 모든 천연, 합성의 수용성물질과 상용성이 있고, 병용되는 경우도 많다. 유기용제, 기름, 유지 등에는 불용이지만, 40-60% 이상의 함수 유기용제 등에는 용해된다. 염류와의 상용성은 일반적으로 1가의 금속염은 상용성이 있으나, 2가에서는 상용성이 있는 것과 없는 것이 있고, 다가금속염은 불용이다.

카르복시메칠셀룰로스나트륨의 수용액의 점도는 그 농도의 상승과 함께 급속하게 상승하고 일반적으로는 농도가 2배로 되면 점도는 거의 8-10배로 된다. 또 그 점도는 온도상승과 함께 감소하고 50-60℃까지는 가역적이며 온도저하와 함께 복원된다. 60℃ 이상에서는 점도복원이 불완전하게 되고 조금 점도가 저하한다. 경시적인 점도변화는 거의 없다. pH의 영향은 5-10의 범위에서는 없으며 현저하게 낮은 pH에서 점도상승, 높은 pH에서 점도저하가 일어난다. 구조점성에 대해서는 동일점도면 에테르화도가 높을수록 또 같은 에테르화도면 점도가 낮은 것일수록 작게된다. 이것에서 에테르화도, 중합도의 조합에 따라, 여러 종류의 점도가 제품화되고 있다.

본 품의 안전성이 매우 높은 것은 주목해야 할 부분이다. 급성독성, 만성독성, 경구투여 등의 시험에서도 이상이 없었고 피부자극, 감작작용 등도 없으며 생리적으로 전혀 무해하다. 그 외 필름 형성성, 접착성, 보호콜로이드 작용 등에도 탁월한 특성이 있고 화장품, 의약품, 식품, 그 외 광범위한 분야에서 사용되고 있다.

## 3. 응용

수용액의 고점성을 이용해서 화장수, 유액 및 크림의 점도 조절제, 안정화제로서 이용되고 유액, 크림, 유화 파운데이션류에는 보호콜로이드와 점성을 이용해서 유화, 분산안정성 향상의 목적으로 배합된다. 특히 이것을 이용함으로서 계면활성제의 사용량을 줄일 수 있다는 점, 자극성을 완화시키는 작용이 있다는 점 등에서 안전성을 한층 높일 수 있다. 또 필름 형성능, 얼룩의 재부착 방지작용 등도 효과적으로 이용되며, 감촉, 작용성의 개선에 이용되고 있다. 분체의 프레스제품에는 결합제로서 이용 가능하다. 팩에는 폴리비닐알코올의 피부접착성을 낮추고 팩 피막에 적당한 점성을 주고, 팩 박리 때의 흔적을 완화시키는 목적으로 배합된다. 액체샴푸에는 거품의 안정제, 감촉개량제로서 이용되고 방향제의 기제로서도 검토되고 있다.

그 외 두발제품에도 배합되고 있다. 치약에는 점결제, 보습제, 감촉개량제로서 사용되고 있다. 의약품에는 생리적으로 내용, 외용 모두 무해하고 소화흡수되지 않는 점에서 그 흡수성을 이용해서 팽만성 설사제로서 사용된다. 무자극성, 안정성, 투명성에서 안과용 연고기제에 현탁제로서 점안액, 내용액제, 주사제 및 조형용 바륨에 이용된다. 피막형성성은 정제에 이용된다. 그 외 모든 분야에 이용되지만, 화장품원료로서는 그 안전성이 높은 점, 보호콜로이드 작용, 고점성, 필름 형성능, 겔화능, 자극완화성, 오염 재부착방지성 등 많은 기능이 큰 이용가치가 있고 매우 유용한 원료이며, 보다 고도의 활용이 기대된다.

## 4 하이드록시에칠셀룰로스(Hydroxyethylcellulose)

### 1. 물성

성상: 백색-연황백색의 분말. 무취 또는 아주 약한 특이냄새.
pH: 5.5-8.5(1.0g, 100ml)
염화물: 0.14% 이하
황산염: 0.048% 이하
중금속: 20ppm 이하(1.0g, 제2법)
비소: 2ppm 이하(1.0g, 제3법, 장치A)
건조감량: 10.0% 이하(1g, 105℃, 1시간)
강열잔분: 5.0% 이하(제1법, 1g)

### 2. 개요

셀룰로스에 가성소다를 작용시켜 알칼리셀룰로스로 만들어서 이것에 산화에칠렌을 반응시켜 중화, 정제, 건조, 파쇄해서 얻어진 수용성고분자이다.

6번째의 수산기가 가장 활성이 있기 때문에 여기에 산화에칠렌이 결합하지만, 셀룰로스 단위당 3개의 수산기가 있으므로 이론적으로는 치환도 3의 것도 제조 가능하지만, 일반적으로는 평균치환도 1.0-1.3 정도가 많다. 또 산화에칠렌의 부가몰수에 대해서도 이론적으로는 상한이 없지만, 이것도 평균몰수 1.5-2.5 정도가 보통이다. 일반적으로 1.3몰 이상이 수용성이며 부가몰수의 증가에 따라 용해도가 올라간다. 점도특성은 셀룰로스 본체의 중합도에 의존한다. 냉수, 온수에 녹지만, 일부를 제외하고 거의 모든 유기용제에 불용이다.

물에 첨가하면 점성있는 액으로 되고, 일반적으로 농도가 2배로 되면 점도는 거의 5-10배로 된다. 분자량의 클수록 또 농도가 높을수록 구조점성이 증대된다. 수용액은 pH 2-12의 범위에서 안정하고, 특히 pH 4-11의 범위에서는 장기보존안정성이 뛰어나다. 강산성, 강알칼리성 하에서는 가수분해, 산화분해가 일어나고 점도가 떨어진다.

거의 모든 무기염류에 상용하고, 내염성이 뛰어나다. 그 외 수용성 고분자와의 상용성도 좋고 병용되기도 한다. 온도안정성, 내약품성에도 탁월한 성능이 있다. 독성, 자극성도 없다. 증점작용 외에 유화, 분산, 보호콜로이드, 보수, 필름형성 등의 기능이 있다.

### 3. 응용

보호콜로이드성 및 내염성, pH안정성 등이 뛰어난 점에서 유화계, 분산계제품, 샴푸, 린스, 로션류 등의 안정화제, 증점제로서 널리 이용된다. 특히 샴푸에는 증점효과가 높고 용해성이 좋기 때문에 볼륨감 부여, 사용성 향상 목적으로 증점제로서 가장 일반적으로 이용되고 있다. 증포제로서도 아니온계면활성제의 거품을 증가시키거나 거품막의 강도를 증가시켜 거품의 안정성을 향상시키는 목적으로 배합되지만, 첨가량이 너무 많으면 역으로 소포제로서 작용하기 때문에 주의해야 한다. 또 정전기의 발생을 방지하는 작용도 유용하다.

투명한 필름을 만들기 때문에 이것을 주제로 해서 적당한 가역제를 배합하여 인체에 안전하고 모발에 광택, 윤활성을 주며 정발효과 및 세트효과가 있는 정발료에 이용된다. 그 외 프레스제품의 결합제, 팩류의 피막형성제로서도 이용된다.

하이드록시에칠셀룰로스는 셀룰로스유도체 중에서도 가장 뛰어나 내염성과 pH 안정성을 가지며, 탁월한 보호콜로이드성, 적당한 보수성, 내온성에 맞추어 앞으로 보다 효과적이고 유용한 응용개발이 가능한 원료이다.

## 5 카르복시비닐폴리머(Carboxyvinylpolymer)

### 1. 물성

성상: 백색의 분말. 무취 또는 거의 약한 특이냄새.

pH: 2.5-4.0(0.2g, 100ml)

중금속: 20ppm 이하(1.0g, 제4법)

비소: 2ppm 이하(2.5g, 장치C)

건조감량: 7.0% 이하(2g, 105℃, 3시간)

강열잔분: 0.20% 이하(제1법, 2g)

### 2. 개요

카르본산류와 다가알코올의 알케닐에테르를 모노머로 해서 아크릴산계의 공중합체로 생각되나 그 조성, 제법은 확실하지 않다.

분자량은 약 450,000-4,000,000이며 분자량에 따라 5품종의 등급이 있고 각각 그 성질과 용도가 다르다. 화장품용으로서는 941, 934, 940의 3품종이 있고 분자량은 각각 1,250,000, 3,000,000, 4,000,000이다. 의약품용에는 고순도 등급인 934p가 있다.

보통의 사용조건에서는 가수분해, 산화 등을 받지 않기 때문에 저장안정성이 뛰어나다. 또 장시간의 가열, 냉각에 대해 점성에 영향이 거의 없는 등 온도안정성이 뛰어나다.

내미생물성이 있고 독성, 자극성도 전혀 없다.

본 품은 물 또는 용제류에 첨가하면 증점한다. 알칼리로 중화하면 보다 고점도로 되지만, 그 pH 안정성은 중화에 이용되는 알칼리의 종류 및 카르복시비닐폴리머 농도에 의존한다(〈그림 8-3, 8-4, 8-5〉 참조).

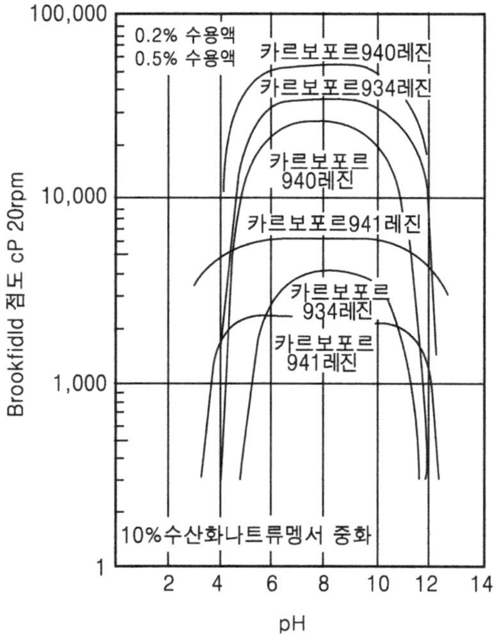


〈그림 8-3〉 비중화 및 중화카르복시비닐폴리머 (카보폴레딘)의 증점효과

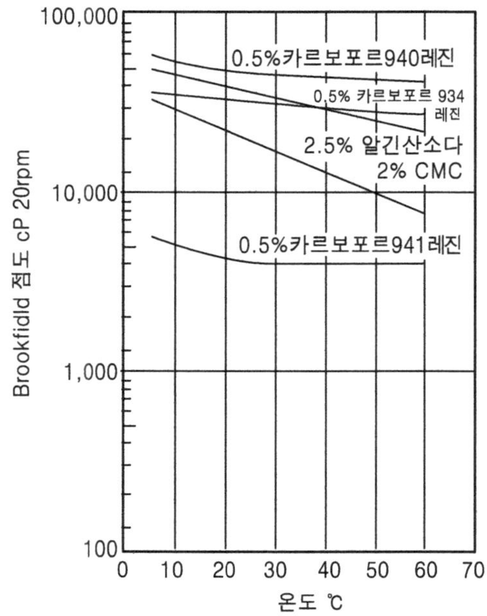


〈그림 8-4〉 중화알칼리의 종류에 따른 pH안정성(1%수용액)

온도에 따른 점도변화는 다른 수용액고분자에 비해 비교적 적다(〈그림 8-6〉 참조). 공존하는 염에 의한 영향을 받기 쉽다.

카르복시비닐폴리머는 소량으로 증점효과가 큰 특징이 있으며 증점제로서 가장 널리 사용되고 있다. 이들 증점작용 이외에 불용성성분의 현탁작용, 에멀젼의 안정화작용이 있다.

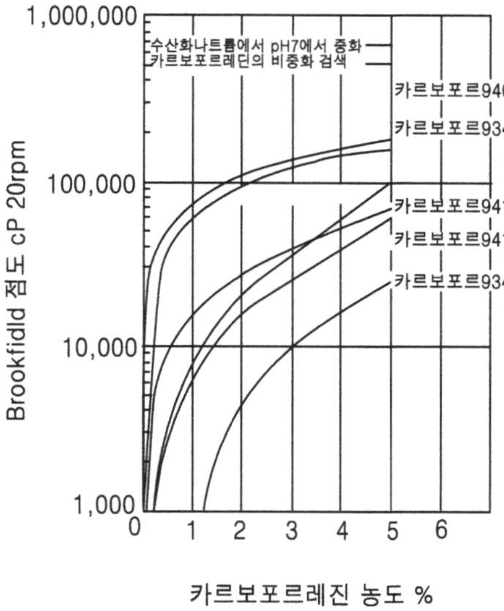


〈그림 8-5〉 중화카르복시비닐폴리머(카보폴레딘)의 농도에 따른 pH 안정성

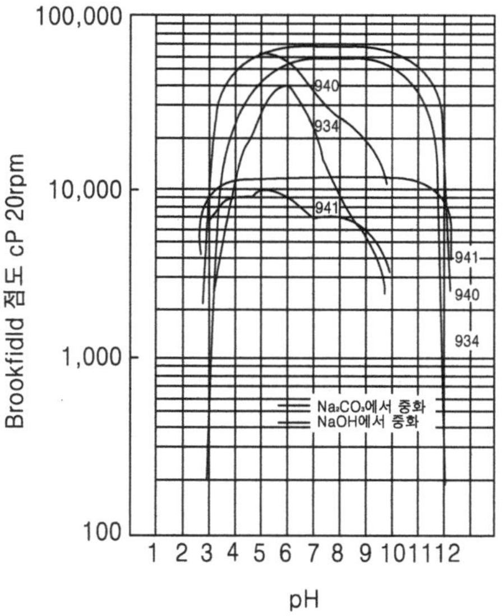


〈그림 8-6〉 온도에 따른 점도 변화

## 3. 응용

일반적으로 증점제, 유화, 분산안정화제, 겔화제로서 이용되지만, 등급에 따라 약간 차이가 있다. 941은 비교적 저점도인 에멀젼, 서스펜젼의 안정화에 적당하다. 934는 고점도에서의 안정화, 수용액계와 용제용액계의 겔화에 이용된다. 940은 고점도에서의 증점효과가 탁월하고 수계, 용제계 모두 사용가능하며 물-알코올계의 투명겔을 만든다.

카르복시비닐폴리머는 O/W에멀젼에서는 1차 유화제 및 안정화제로서 W/O에멀젼에서는 안정화제로서의 작용이 있고 특히 1차 유화제로서 이용되는 경우에는 수용성 무기염기와 유용성 아민의 두 가지로 중화함으로서, 두 상을 가교하고 화학적 물질적으로도 매우 안정된 에멀젼을 얻을 수 있다. 또 비이온 계면활성제 등을 하이드록시공여체로서 이용함으로서 수소결합을 만들고 에멀젼을 안정화시킨다. 그리고 카르복시비닐폴리머의 가장 주목해야 할 점은 계에 강복치를 주어 안정화시키는 작용을 한다는 것이다. 에멀젼과 서스펜션에 있어서 강복치의 크고 작음이 계의 안정성에 크게 영향을 주고 단순히 점도에 의존하는 것이 아니라는 것에 유의해야 한다.

이상과 같은 점에서 크림, 유액계 또는 불용성성분의 현탁분산계의 안정화에 매우 유효하며, 널리 이용되고 있다. 또 점도의 온도의존성이 비교적 작은 것도 계에 바람직한 특성을 준다.

필름 팩에 유성성분을 에멀젼으로서 배합한다든지 또는 분체성분을 배합할 때 이용하는 점에서 계에 에멀젼 또는 분체 두 가지 모두 분산을 안정화시킬 수 있다. 겔상의 정발료에도 이용된다. 또 샴푸와 로션 또는 투명도가 높은 저농도 겔의 안정화에도 이용된다. 의약품의 증점, 현탁, 유화에도 이용되며 국소용 로션이나 정제 등에도 이용된다.

카르복시비닐폴리머는 수용성고분자로서 옛날부터 이용되어 온 원료이지만, 현재도 그 큰 강복치에 따른 안정화작용과 겔상 제품으로서의 쉬운 처방과 뛰어난 안정성 등 다른 수용성고분자보다 뛰어난 면을 많이 가지고 있기 때문에, 그 유용성과 이용가치는 높다.

## 6 폴리비닐피로리돈(Polyvinylpyrrolidone)

### 1. 물성

성상: 백색-연황백색의 분말. 무취 또는 아주 약한 특이냄새. 거의 무미.
중금속: 10ppm 이하(2.0g, 제4법)
비소: 2ppm 이하(1.0g, 장치C)
건조감량: 5.0% 이하(2g, 105℃, 3시간)
강열잔분: 0.05% 이하(제2법, 2g)

### 2. 개요

아세칠포름알데히드를 가압 하에서 반응시켜 환원, 탈수소 및 암모니아처리로 비닐피로리돈을 얻고 이것을 중합하는 렛페반응에 의해 합성된다. 그 외에도 몇 가지 중합법이 있다. 분자량은 10,000-700,000 정도이다.

물에는 아주 잘 녹는다. 또 다른 수용성고분자와 달리 알코올류, 특정종류의 염소화합물, 니트로파라핀, 아민류 등 많은 유기용제에 쉽게 용해된다. 그 외 일부 가용되는 것, 조용매를 이용하는 등의 방법으로 일부 가용되는 것도 많다.

수용액은 증점효과가 적고 따라서 pH에 따른 점도변화는 명확하지 않다. 폴리비닐피로리돈은 피막형성능이 있으나, 그 필름은 흡습성이며 수분함유량의 평형치는 상대습도에 비례하여 약 1/3이다. 고형도 같다.

열에 대해서는 100-130℃까지는 안정하지만, 150℃ 이상으로 가열하면 변색되고 용해도가 저하된다. 또 산에는 강하지만 알칼리에는 약하다. 독성, 자극성은 없고 안전성은 매우 높다.

폴리비닐피로리돈의 중요한 특성은 그 해독작용이다. 많은 독소, 바이러스, 색소, 강력한 약제, 그 외의 화학물질과 결합함으로서 독성과 자극성을 감소시켜, 활동성을 억제한다. 100종류 이상의 물질에 대해 폴리비닐피로리돈에 의한 자극성의 감소가 보고되어 있다. 또 약물체류작용도 큰 특징이다. 그 외 보호콜로이드 작용 등 뛰어난 특성이 있다.

## 3. 응용

폴리비닐피로리돈은 그 특이한 작용과 뛰어난 용해성이 있다는 점에서 많은 용도에 쓰인다. 가장 주목해야 할 특성은 그 해독작용, 자극저하작용이다. 각종 첨가제 및 기제 등의 자극성을 저하시키는 작용이 있는 것에서, 화장품의 저자극화에 중요한 원료이다. 색소에의 과민반응을 감소 또는 없애는 작용을 이용해서, 착색제를 많이 쓰는 마무리화장품, 특히 점막에 사용하는 립스틱, 아이라이너, 마스카라 등에 배합한다. 또 잘 떨어지지 않는 타입의 제형, 장시간 사용하는 제품 등에도 배합되어 그 기제성분, 첨가성분에서의 악영향을 감소시킨다. 샴푸나 염모제에도 같은 목적으로 배합된다.

또 하나의 탁월한 특성인 약물체류작용은 화장품분야에서는 적극적으로 이용된 예는 적지만, 첨가제 등의 효과를 유지 연장시킬 목적으로 이용가능하며 그 응용이 기대된다. 향료의 마일드화, 보향성 향상에 이용되고 있다.

피막의 습도조절작용, 보호콜로이드작용, 유연함과 매끄러움 등의 감촉을 향상시키는 작용 등을 이용해서 크림, 유액류에 첨가해서 기름의 침투방지작용, 보호콜로이드에 의한 탈색방지작용을 하는 것에서 파운데이션류에 이용된다.

피부에서 색소나 기름을 제거할 목적으로 유화계, 비수계의 클렌징류에도 이용된다. 샴푸에는 앞의 살균제나 활성제 등의 자극을 견디는 것 외에 유화성 향상, 거품발생, 거품유지향상, 얼룩의 재부착방지 및 감초개선의 목적으로 배합된다. 염모제에도 염착번짐의 방지, 정착성향상, 샴푸에 대한 저항성향상 및 염료의 모발로의 침투방지목적으로 배합된다. 치약에는 결합제 및 치석제거를 하는 데 사용된다. 의약품에는 해독작용, 약물체제작용을 이용해서 유효한 응용 예가 있다.

폴리비닐피로리돈은 다른 화장품원료에서 볼 수 없는 독성, 자극성저하 및 약물체제작용이라고 하는 특이적인 작용이 있는 점에서 앞으로 화장품에는 없어서는 안될 중요한 원료로 될 수 있고 이런 관점에서 화장품에의 응용연구는 의약품에 비해 아직 적다.

# Chapter 9 첨가제(비타민, 호르몬 등)

## 1 알란토인(Allantoin)

### 1. 물성

성상: 무색-백색의 결정성 분말. 냄새와 맛은 없다.

융점: 220-238℃

염화물: 0.006% 이하

황산염: 0.02% 이하

중금속: 20ppm 이하

건조감량: 0.20% 이하

강열잔분: 0.10% 이하

### 2. 개요

알란토인 합성법으로는 히단토인과 요소에 취소를 작용시켜 얻는 방법, 가압, 가열하에서 요소 2분자와 글리옥실산 1분자를 축합시키는 방법, 요산을 알칼리성 하에서 과망간산칼륨으로 산화시키는 방법, 요소와 초산에스테르의 유도체를 염화수소를 축합제로 축합시키는 방법이 있다.

알란토인은 자연계에서 세포증식이 왕성한 장소에 자주 나타나는 것과 같이 그 약리작용은 주로 세포의 활동을 직접, 간접으로 활발하게 한다. 현재 가장 대량으로 사용되고 있는 분야는 내복약(소화기 궤양 치료약)이지만, 뛰어난 약리작용과 함께 그 높은 안전성에 따라 화장품계로의 응용도 넓다.

알란토인의 약리작용에 대해 정리하면 다음과 같다.

① 괴사조직제거작용과 세포증식작용: 알란토인은 괴사조직의 청정화 효과와 육아형성작용이 있다.

② 각질이해작용: 화장품에 배합한 경우, 피부 트는 것을 방지, 피부면을 유연하게 그리고 매끄럽게 하는 효과가 얻어진다.

③ 그 외의 작용: 항염증(항알레르기작용), 백혈구자극작용, 지혈작용

### 3. 응용

약효를 목적으로 화장품으로 많은 용도가 있다. 대표적 예로서 크림류(알란토인 0.2%), 로숀류(알란토인 0.2%), 샴푸류(알란토인 0.2%), 치약 등이 있다. 또 알란토인 유도체 중 디하이드록시알루미늄아라토이네이트, 클로로하이드록실알루미늄아라토이네이트도 그 약리작용, 안전성이 충분하게 인정되며, 현재 널리 이용되고 있다. 응용 예로서는 헤어컨디셔너(클로로하이드록실알루미늄아라토이네이트 0.2%), 비누(알루미늄유도체 0.5% 전후), 치약 등이 있다. 그 외 연고류, 아크네크림, 화상용 크림, 안약, 좌약(치질용) 등의 약용제품에도 용도가 다양하다.

화장품에 배합한 경우, 립스틱을 예를 들면, 립스틱처방중의 브로모아시드나 그 외의 염료에 의한 자극과 알레르기를 0.075-0.1%의 알란토인 배합으로 억제하고 또 입술의 틈과 갈라짐을 깨끗하게 고칠 수 있다. 그러나 화장품분야에서의 사용목적은 주로 피부 유연성 작용의 부여이다.

## 2 글리칠리친

글리칠리친산 · glychyrrhizin($C_{42}H_{62}O_{16}$)은 감초의 주성분이며 설탕의 약 150배 감미를 가진 사포닌 배당체이고 산가수분해로 글리칠리친산 · glychyrrhetinic acid($C_{30}H_{46}O_4$)를 만든다. 또 글리칠리친산에는 각종 염이 존재하고 각각 목적에 따라 이용되고 있다(〈그림 9-1〉 참조).

글리칠리친을 주체로 한 감초성분의 약리작용에는 해독, 항궤양, 항염증, 탈콜레스테롤, 항알레르기, 항종양 등을 들 수 있다. 이중 화장품 용도로서 약효적으로는 항염증효과가, 또 물리적으로는 계면활성효과가 있으므로 여기에 대해 간단히 설명한다.

## 1. 항염증 효과

### 1) 작용기작

〈그림 9-2〉는 하이드로콜티존(이하 H.C라고 약칭)의 생체 내에서의 대사계 경로를 나타낸 것이다.

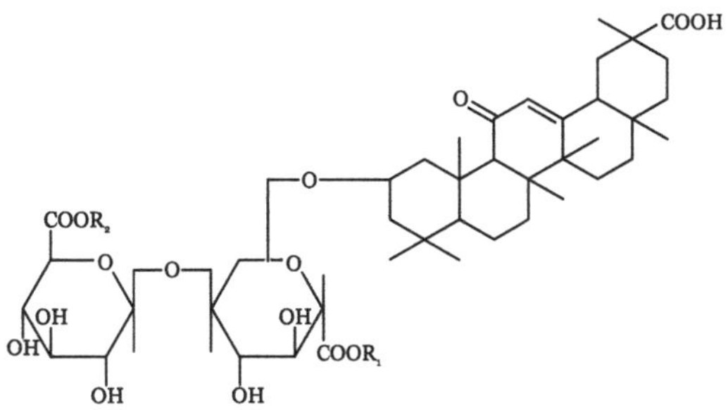


〈그림 9-1〉

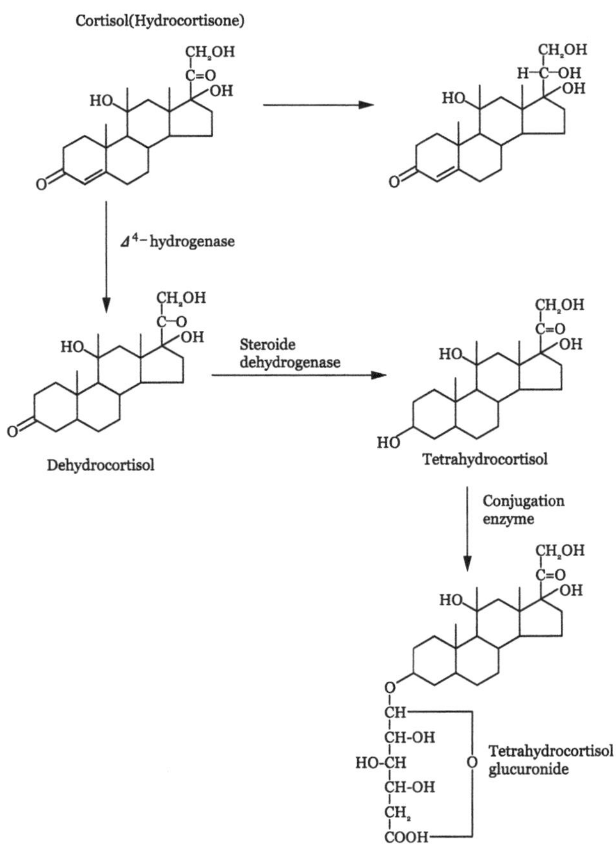


〈그림 9-2〉 Metabolism of Glucocorticoid

야노는 글리칠리친(이하 G로 약칭) 및 글리칠리친산(이하 GA로 약칭)의 작용은 부신피질호르몬의 환원을 억제함으로서 부신피질호르몬의 life span의 연장효과가 있을 것으로 생각하여 다음 실험을 하였다. 즉, 랏트의 간 호모지네이트의 상층액 중에서 H.C 및 프로게스테론 등의 환원($\Delta^4$-3-ketone)을 G 및 GA가 특이적으로 저해하는 것을 in vitro실험에서 확인하였기 때문에 그 저해율은 두 가지 모두 같은 몰에서 약 60%였다고 보고하고 있다.

2) 약리작용

토요시마 등은 글리칠리친산디칼륨(이하 GK2로 약칭)의 항염증 효과를 보기 위해, 랏트카라게닌 부종억제시험, 자외선 홍반법 및 DNCB 접촉감작 실험을 하였다.

그 결과 우선 카라게닌 부종억제시험은 경구투여에서는 효과가 없었으나, 복강내 투여에서는 약간의 효과가 있었다. 자외선 홍반법에서는 기제의 영향을 받아, 예를 들면 30% DMSO 용액에 GK2 2%, 3%를 용해시킨 결과 도말군은 유의적인 억제효과가 얻어지고 또 친수연고에 배합시킨 경우, 그 효과는 더욱 증대되었다. DNCB 접촉감작 실험에서는 2% GK2 배합30% DMSO 기제에 아주 약한 효과가 있었으나 다른 기제에서는 없었다.

## 2. 계면활성제

요네자와 등은 표면장력을 pH 및 이온강도일정의 조건하에서 원환법으로 측정한 결과 일반의 계면활성제와 같은 GK2 농도의 증대에 따라 표면장력은 저하하고 고농도에서 거의 일정한 수치를 나타내었다. 또 미셀형성 임계농도(c.m.c)는 보외교점으로 구했다.

또 이케다 등은 GK2 및 라우릴황산나트륨(SLS)의 각 농도에 있어서 수용액의 표면장력을 측정하고 c.m.c를 구하였는데, 0.72%($8.01\times10^{-3}$M)에서의 표면장력은 55.6 dyne/cm였다.

한편 SLS의 경우는 0.70%($2.43\times10^{-2}$M)에서의 표면장력은 37.5dyne/cm였다. 즉 두 가지 모두 c.m.c.는 거의 0.7%로 이때의 GK2의 SLS에 대한 표면장력비는 67.4%였다. 또 GK2와 SLS의 기포력시험에서 GK2는 pH 10.4에서는 기포력 2.50cm, 소포도 64.0%이며 산성에서 기포력이 높고 소포도는 낮은 경향이 있었다.

# 3 글리칠리친산 및 유도체

글리칠리친산은 글리칠리친산($C_{42}H_{62}O_{16}$)의 산가수분해로 얻어지고 18$\alpha$- 및 18$\beta$-의 입체이성체가 있다(〈그림 9-3〉 참조). 글리칠리친산의 각종 유도체가 각 약리임상시험을 거쳐 개발되어 그 개요를 간단히 설명하겠다.

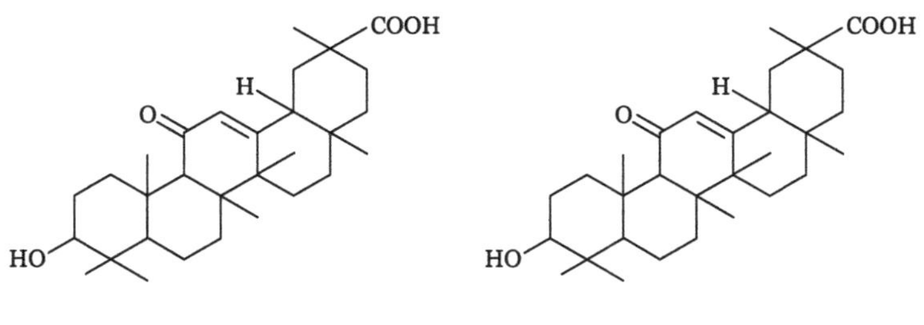


〈그림 9-3〉

## 1. 작용기작

글리칠리친산의 작용은 간에서의 부신피질호르몬의 환원을 특이적으로 억제함으로서 부신피질호르몬의 life span의 연장효과가 있을 것으로 생각되고 있다. 또 직접작용으로서 글리칠리친산 및 그 유도체는 다른 비스테로이드 소염제에서 볼 수 있는 것처럼 미토콘드리아의 전자전달계를 저해함으로서 에너지대사지구에 영향을 미치는 항염증효과가 발휘된다고 추정하고 있다.

## 2. 약리작용

글리칠리친산의 각종 유도체는 많은 약리 임상시험을 거쳐 개발되어 오늘날에 이르고 있으나 그 중에서 주된 제품의 특성, 작용 및  응용에 대해 설명하겠다.

〈글리칠리친산〉(장원기명: β-글리칠리친산)

항염증제로서 외피용 및 좌약에 배합되어 스테로이드호르몬 대용으로 유효성, 안전성이 높은 비스테로이드 항염증제로서는 현재 가장 많이 이용되는 의약품중의 하나이며 의약품, 의약부외품 및 화장품등 각 분야에서 폭넓게 활용되고 있다.

〈시오그레티놀〉(장원기명: 글리칠리친산스테아릴)

글리칠리친산과 스테아릴알코올의 에스테르로서 지용성이 풍부하고 안전성은 글리칠리친산이 뛰어난 점에서 주로 의약부외품, 화장품에 이용되고 현재는 풍부한 사용경험 및 실적이 있다.

〈그레티놀〉(장원기명: 스테아린산글리칠렌치닐)

글리칠리친산과 스테아릴알콜의 에스테르로서 그 특징은 시오그레티놀과 비슷한 것이 열상방지효과 및 면역활성 효과 면에서 특히 뛰어나다. 사용경험 및 실적에 대해서도 같이 많이 있다.

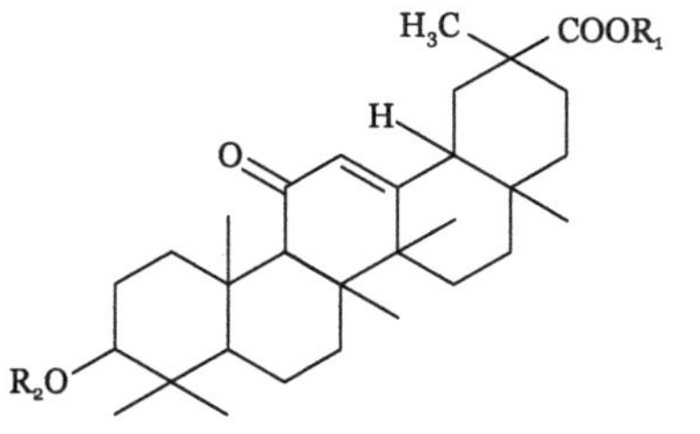

시오그레티놀
$R_1=CH_2(CH_2)_{16}CH_3$
$R_2=H$
그레티놀
$R_1=H$
$R_2=CO(CH_2)_{16}CH_3$
석시네이트
$R_1=Na$
$R_2=CO(CH_2)_2COONa$

〈그림 9-4〉

〈3-삭시닐옥시글리칠리친산2나트륨〉 (삭시네이트) 〈그림 9-4〉

글리칠리친산과 호박산의 에스테르로 물에 잘 녹는 것에서 크림, 유액, 화장수, 콜드파마액에 배합되며 특히 콜드파마의 피부자극에 대한 억제효과가 크다. 이케다 등은 콜드파마액 1액에 3-삭시닐옥시글리칠리친산2나트륨(SG) 0.1% 배합하고, 건강한 미혼여성 7명을 대상으로 24시간 폐쇄적으로 붙였다. 그 결과 콘트롤(SG 무첨가)은 자극감, 발적(홍반), 종장 및 작은 수포 등 현저한 이상이 있었지만, 피검액은 거의 이상이 없었다. 이것에 따라 콜드파마액의 피부자극에 대해 SG는 저농도에서도 강한 억제효과가 있음이 확인되었다(〈표 9-1〉 참조).

〈표 9-1〉 Anti-inflammatory effect of disodium 3-succinyloxy glycyrrhetinate mixed in the cold permanent wave liquid on women's skin(n=전체 7명의 미혼여성)

| 번 호 | 연 령 | 콘 트 롤 | 피 검 액 |
|---|---|---|---|
| 1 | 22 | 동통에 따른 종장과 발적 | 약한 발적 |
| 2 | 20 | 장액성구진 및 일부파개 | 이상없음 |
| 3 | 23 | 약한 홍색성구진 | 이상없음 |
| 4 | 22 | 선명한 발적 | 약한 발적 |
| 5 | 22 | 선명한 발적 | 약한 발적 |
| 6 | 21 | 습진 | 약한 발적 |
| 7 | 22 | 작열감과 발적 | 약한 발적 |

# 4 수용성 시스틴(Soluble Cystine)

## 1. 물성

성상: 백색결정성 분말, 무취 또는 약한 냄새, 맛은 쓰고 물, 에탄올에 녹는다.

융점: 125-130℃

액성: pH 4.5-5.0(1% 수용액)

확인: ① -SS-SS-기를 환원해서 -SH기를 검출(+)

② 아세칠기의 검출(+)

순도: ① 용상 무색투명(10% 메탄올액)

② 염화물 0.021% 이하

③ 황산염 0.0298% 이하

④ 중금속 30ppm 이하

⑤ 비소 2ppm 이하

건조감량: 2.0% 이하

강열잔분: 1.0% 이하

정량: 95% 이상(N정량법에 의함)

## 2. 개요

시스틴은 함유$\alpha$-아미노산이며 Wallaston(1810)에 의해 최초로 발견되었고 Moeruer(1898)에 의해 구조결정 되었다. Osborne(1915)은 마우스의 성장실험에서 이것이 필수아미노산임을 밝혔다. Weichselbaum(1932)은 메치오닌의 활성을 인정하면서도 메치오닌의 활성은 시스틴에 이행되기 때문에 나타난다고 설명하였다. 그러나 Rose(1937)는 순아미노산의 혼합사료로, White(1937)는 낙화생 단백질로 동물을 사육하고 각각 메치오닌은 필수이며 시스틴은 그렇지 않다는 것을 증명하였다. 또 Du Vigneaud(1939)는 시스틴, 콜린, 메치오닌의 사이에 밀접한 관계가 있다는 것을, Williamson(1955) 및 Fromm(1956)은 35S 아미노산을 이용해서 메치오닌은 시스틴에 이행하고 단백질합성에 참여한다는 것을 증명하고, 또 Eagle(1955), Morgan(1956)은 동물세포배양에는 반드시 시스틴이 필요하며 메치오닌으로 대체할 수 없다는 것을 보고하였다.

이상의 영양학적 연구와는 별도로 치료면에서는 Gyaergy(1944)는 시스틴, 콜린의 병용은 간 장해를 막는 것을, 야마다(1950)는 간질환에 시스틴이 유효하다는 것을 보고하고, Fischer(1948)는 근원세포, 골원세포의 배양증식에는 시스틴이 반드시 필요하다고 보고하였다. 또 시스틴의 생체내에서의 가역적 산화·환원기구[-SS ↔ 2-SH]와 비슷하고 망상직내피세포, 식물신경세포, 간기능 등의 항진작용이외에 독물의 중화, 중성다핵백혈구의 증식, 감염에 대한 저항성의 증진, 인슐린, 하수체호르몬 등의 소재로서도 주목받고 있다.

### 3. 응용

시스틴은 모발, 손톱은 원래보다 피부의 각층 등의 케라틴조직의 중요한 구성요소이다. 피부에 대해 광방어, 항히스타민, 지질대사, 멜라닌 형성 저해 등의 작용이 있기 때문에 습진, 마진, 광피부염, 신경성피부염, 지루, 비강, 건선, 중독진, 부분탈모 등에 널리 이용되어 왔다. 시스틴은 본래 물, 에탄올 등에 사실상 불용이며 안정한 제형으로 적량을 국소피부에 적용하는 것은 아직 곤란한 것으로 되어있으나, N,N'-디아세칠시스틴디메칠에스테르는 시스틴 본래의 $\alpha$-아미노산골격을 부수지 않고 물, 에탄올 등에 가용화된 것이다. 또 사람피부에 대한 자극성 및 광독성에 대해서도 시험되어, 안전성이 높은 것이 밝혀져 있고, 화장수, 양모료를 비롯하여 많은 화장품(0.1-1.0% 배합), 의약품외부(0.3-2.0% 배합)에 이용되기에 이르렀다.

## 5 수용성 유황(Water-soluble Sulphur)

비오설파・프리드: 유황과 모노오레인산폴리옥시에칠렌솔비탄의 혼합체.

### 1. 물성

성상: 암갈색의 점성액체, 약간 특이냄새가 있음. 물, 에탄올, 글리세린에 혼합되며 유지와는 혼합되지 않는다.

액성 pH: 3.0-6.5(5% 수용액)

비중: 1.080-1.120

산가: 4 이하

검화가: 55-75

확인: ① 유황 검출(+)

② 모노오레인산폴리옥시에칠렌솔비탄 검출(+)

순도: ① 중금속 20ppm 이하

② 비소 4ppm 이하

건조감량: 3.0% 이하

강열잔분: 0.25% 이하

정량유황: 1.26-1.54%

## 2. 개 요

유황 또는 그 염류는 옛날부터 피부 및 내장기관의 변질제로서 잘 이용되었고 18세기 A. L. Lavoisier에 의해 처음으로 원소로서 확인되었다. 유황은 프로토프라스무의 비가역 성분으로 모발, 손톱을 비롯한 피부각층의 케라틴조직은 원래보다 시스틴, 시스테인, 메치오닌 등의 유황함유아미노산으로서 널리 생체세포에 분포하고 있다.

De Rey-Pailhaide(1927)는 조직에 유황이 접촉하면 황화수소의 발생이 일어나고, Heffter(1904)는 그것이 피부단백질중의 유황함유아미노산이라는 것을 보고하였다.

피부의 이상각화는 시스테인, 글루타치온의 설피드릴기(-SH기)의 증가에 관계가 있고, 유황은 설피드릴기를 가진 단백질에 작용해서 디설파이드기(-SS-기)로 변화하고 황화수소를 발생한다($2R\text{-}SH + S \rightarrow R\text{-}SS\text{-}R + H_2S$).

발생한 황화수소 또는 황화알칼리는 각질의 연화를 촉진하고 각질용해, 탈리작용이 있기 때문에 기미, 주근깨 등 색소의 이탈에 이용된다. 또 Williams(1931)는 유황은 산화에 의해 펜타치온산[$H_2S_5)_6$] 등의 폴리치온산을 생산하고 그들은 산성배지에서 살균성을 가지므로 앞에서의 각질 탈리작용과 비슷하게 여드름, 건선, 지루 이외에 옴, 백선, 횡선 등의 병원기생체에도 효과가 있다. 또 Bergwein(1961)은 만성수은중독의 해독·배설에도 유효하다고 보고하고 있다.

## 3. 응용

쿤메르페르도세정액[Kummerfeld'she Washwasser: sulf,praecipitate 150, campher 10, gummi arab.20, aqua calcariae 450, aqua rosae 400, glyzerin 50]에 나타나는 것과 같이, 유황은 옛날부터 지성피부 등에 화장품용으로 사용되고 또 두발제로서 피지루, 비듬, 가려움에 그 유도체와 함께 널리 이용되어 왔다.

그러나 유황의 용해성은 매우 나쁘고 피부와의 접촉과 친화성을 위해 다량으로 배합되는 경향이 있었으나, 그렇게 해도 유황의 대부분은 기계적으로 피부를 덮는데 그쳐 일부밖에 작용할 수 없는 것이 사실이다. 그리고 다량의 유황을 반복해서 사용한 경우 때로는 심한 피부염을 유발한다는 것도 알려져 있고, 또 제제로의 배합량과는 별도로 작용계에 참여하는 유황이 매우 희박한 경우, 피부조직중의 산소를 뺏기 때문에 세포활성이 저하되어 각질은 비대하게 된다. 역으로 충분한 양이 작용계에 주어진 경우는 각질용해가 촉진된다.

비오설파·프리드는 종래의 유황의 제제적, 용도적 결점을 보완한 수용성 유황이며, 피부에의 친화성이 높은 소량의 유황을 사용해서 안전하게 유황 본래의 활성을 나타내는 것으로 급성독성, 도래즈법에 의한 눈점막 자극성, 알레르기환자를 포함한 사람피부의 과민성 등의 시험에 있어서 안전성이 높은 점이 확인되었다.

# 6 감광소

## 1. 물성

성상: 응용편 참조

융점: 응용편 참조

중금속: 10ppm 이하

비소: 2ppm 이하

건조감량: 0.5% 이하(1g, 90℃, 3시간)

강열잔분: 0.20% 이하(제1법, 1g)

## 2. 개요

### 1) 감광소

감광소라고 하는 명칭은 많은 감광색소 중에서 지금까지의 많은 연구를 배경으로 유효성과 안전성을 겸비한 것으로서, 1967년 화장품원료기준(제1판) 제정 때에 화장품에 배합되는 감광색소 및 그 연관체도 포함해서 붙여진 것이다. 잘 알려져 있는 것은 프라토닌(감광소 1-1호), 피오닌(감광소 201호), 타카날(T7, 감광소 301호) 및 루미넥스(감광소 401호)의 4품목이다. 그 외 네오타카날(T198)이나 프라루민(NK 143)이 있다.

감광소 4품목의 작용과 특징에 관해 〈표 9-2〉에 정리하였다. 감광소는 모두 사용량이 규정(화장품 배합량에서 0.002% 이하)되어 있다.

### 2) 감광소의 안전성

감광소는 그 이미지에서 광독성이나 광알레르기가 연상되기 쉬우나 그와 같은 보고는 없고 실험적으로도 그런 작용은 관찰되지 않고 있다. 즉 도말독성, 점막독성, 단순패치, 광독성, 광알레르기시험 등의 피부관계독성도 충분하게 조사하고 있지만, 이상은 없었다. 또 Ames법에서 변이원성테스트에서도 모두 음성이었다. 오랜 사용경험으로 감광소는 화장품원료로서 매우 안전성이 높은 것으로 생각된다.

〈표 9-2〉 감광소의 작용과 특징

| 성분명 | 구 조 | 특 징 | 기대되는 효능 효과 | 배합량 기준 정도 |
|---|---|---|---|---|
| PLATONIN<br>(감광소 101호)<br>(Cyanin Type) | 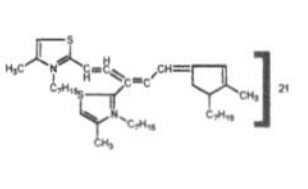 | 창상치료촉진작용<br>항균작용<br>항히스타민작용 | 튼 피부, 잔주름, 기미, 주근깨, 피부살균, 소독 | 화장품 0.002% 이하<br>의약부외품<br>0.003-0.005% |
| PIONIN<br>(감광소 201호)<br>(Cyanin Type) | 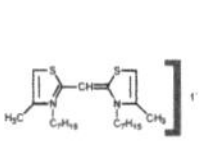 | 항균, 살균, 방부작용 | 여드름, 면도독, 피부의 살균, 소독 | |
| TAKANAL<br>(감광소 301호)<br>(Aminovinyl Type) | 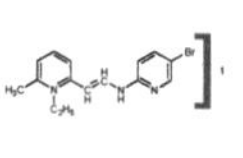 | 양모효과, 비듬, 가려움방지, 창상치료촉진작용 | 육모, 원형탈모증, 비듬, 가려움, 동상, 갈라진 피부, 면도독 | |
| LUMINEX<br>(감광소 401호)<br>(Aminovinyl Type) | 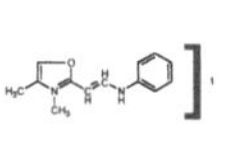 | 향장피부염의 방지작용, 경각화 피부증상의 개선작용 | 튼 피부, 잔주름, 기미, 주근깨 | |

## 3. 응용

### 1) 플라토닌 Platonin(NK-19, 감광소 101호)

의약품(주사제, 외용제), 의약부외품, 화장품. 청녹색 결정성분말. 융점 202-206°. 감광소 중에서도 가장 많이 연구되어 있는 것 중의 하나이다. 동물실험에서 항균작용, 창상치유촉진작용, 망내계 부활작용, 항체생산증강작용, 조혈장기부활작용, 항비타민B1 결핍작용, 세포부활작용, 향료피부염의 방지 · 경감작용, 항히스타민, 탈과립 억제작용, 생체막 지질과산화 방지작용 등이 알려져 있다. 최근 플라토닌이 전형적인 면역조절제라는 것이 밝혀지고 또 앞서 투여해 놓으면 세로토닌 유기부종 등에 대해 억제효과가 있다는 오오야나기의 보고도 있다.

### 2) 피오닌 Pionin(NK 266, 감광소 201호)

의약부외품, 화장품. 황색결정성 분말. 융점 224-228°. 대부분의 감광소는 탁월한 항균작용이 있고 아주 미량을 첨가해도 충분한 목적을 달성할 수 있기 때문에, 화장품, 의약부외품 등에 많이 이용되고 있다. 그 중에서도 피오닌의 항균성, 살균성, 곰팡이방지작용은 강하고 스팩트럼도 광범위하다.

본 제제는 진상성좌창(여드름)의 원인균의 하나인 *Propionibacterium acnes*에 유효한 것에서 하야카와 등은 진상성 좌창에 대한 임상적 효과를 검토하고, 면피, 구진, 농포중에서 후자의 2가지에 대해 유의한 억제효과가 있었다고 보고하고 있다.

3) 타카날 Takanal(NK-343, T7, 감광소 301호)

의약품(외용제), 의약부외품, 화장품. 황색결정성 분말. 융점 223-238°. 세포부활작용, 양모 및 발모촉진작용, 비듬방지, 창상치유촉진작용, 동상 및 화상치유 촉진작용 등이 뛰어나다. 헤어토닉, 양모제 등에 배합되고 있다. 발모촉진작용기구로서, 표피층에 글리코겐을 동원하여 그 표피세포의 신진대사를 활성화시킨다. RES세포를 부활한다. 부교감신경의 자극작용이 있고 머리카락의 성장을 촉진한다. 피부 혈행을 왕성하게 하고, 영양상태를 회복시키는 작용이 있다.

4) 루미넥스 Luminex(NK 355, 감광소 401호)

의약부외품, 화장품. 연황색 결정성 분말. 융점 227-232°. 피부기능항진작용, 건조성 경각화성피부증상의 경감작용, 향료피부염의 방지경감작용, 콜라겐 증가 생성의 촉진작용, 지질과산화방지작용, 방부제 파라벤의 항균력 증강 등이 알려져 있고, 유액, 크림, 비누 등에 배합되고 있다.

5) 플라루민 Plalumin(감광소 NK-143)

화장품. 휘적색의 결정분말. 융점 189-194°. 탁월한 항균작용이 있고 기초 및 메이크업화장품의 방부제로서 사용된다. 적등색의 색이 있어서 착색제의 대용으로도 사용가능하며 다른 감광소와 같이 지질과산화방지작용이 있다.

## 7 γ-오리자놀(γ-Oryzanol)

벼 *Oryza Sativa* Linne(*Gramineal*)의 종피에서 얻어지고 주로 트리텔펜알코올의 페르라산에스테르이다. 건조한 것은 페르라산시크로아르테닐($C_{40}H_{58}O_4$: 602.90)로서 95% 이상을 함유하고 있다.

### 1. 물성

성상: 백색-엷황색의 결정 또는 결정성분말. 무취 또는 거의 약한 특이냄새.

흡수극대: 231±2nm, 291±2nm, 315±2nm 헵탄용액(1→100000)

중금속: 연으로서 20ppm이하(1g, 제2법)

비소: 2ppm 이하(0.1g, 제3법, 장치A)

건조감량: 3.0% 이하(1g, 105°, 1시간)

강열잔분: 0.5% 이하(제1법, 0.5g)

정량법: 315nm 부근에서 흡수극대파장의 흡광도를 측정(0.01g, 헵탄)

## 2. 개요

γ-오리자놀은 화장품소재로서 오래되었으나 새로운 것이라 할 수 있다. 발견은 1953년으로 오래되었으나, 장원기에 수록된 것은 1986년으로 새롭다.

일본의 도이 등은 미강유 및 미배아유에서 230nm, 290nm 및 315nm에 흡수극대를 가지고, 융점 137.5-138℃의 깨끗한 결정을 분리하고, 벼의 학명과 분자 중에 수산기를 가지는 것에서 오리자놀(Oryzanol)이라고 하였다.

이 결정은 동물에 대해 성장촉진작용이 있고, 번식과도 밀접한 관계가 있다. 처음에는 단일 화합물로 생각했으나, 2종류이상 4종류정도의 페르라산의 트리텔펜알코올에스테르로 되어있고 주체는 $C_{40}H_{58}O_4$임이 밝혀졌다.

미강유 중의 오리자놀 함량은 1.5-2.9% 정도이며 일반적으로는 미유의 착유(조유), 정제공정 중에 조유를 알칼리 처리했을 때의 유액에서 분리, 농축, 정제해서 제조한다.

## 3. 응용

γ-오리자놀은 비타민 A나 D와 같이, 유지중의 유효성분을 연구하던 중에 발견된 물질이고, 영양소라기 보다 의약품으로서 이용되며 특히 자율신경 실조증, 갱년기장해 등에 관련한 부정추소에 대해 탁월한 효과가 인정되고 있다. 그 외 항산화제로서의 효과도 중요시되고 있다.

생산량의 90% 정도는 주로 의약(내복용 외)에 사용되고 나머지 약 10%가 화장품과 가공식품 등에 이용되고 있다.

화장품으로서 피부에 대한 영양효과 외, 항산화작용(특히 아미노산류와의 병용효과), 자외선흡수, 색소안정화작용, 타이로시나제 활성 억제작용, 홍반형성(기염)억제작용이 알려져 있고 여러 제품에 이용되고 있다.

γ-오리자놀은 국소피부 혈류량 증대, 피부온도상승 및 피지 분비량 증대작용 등의 영양, 약리 작용을 나타내고 피부의 [트는 것], 즉 탈수와 각질파괴의 예방과 수복에 대해 바람직한 작용도 있다. 피부에 대해 친화성이 있고, 물과 세제에는 간단히 이탈되지 않는 강고한 피막을 형성하는 것도 보고되어 있다.

항산화작용, 자외선 흡수작용 등에서는 제품자체의 일광, 열 등에 의한 산화, 열화, 변색, 퇴색방지 외, 배합화장품을 사용함으로서 일광으로부터 피부를 보호하고 피부의 노화, 피부색소 침착을 막고 멜라닌색소생성의 억제제로서 작용한다. γ-오리자놀은 화장품소재로서 앞으로 계속 용도가 넓어질 것이다.

결점으로는 γ-오리자놀은 잘 용해되지 않기 때문에 제법, 응용에 대해서도 특허가 많다.

# 8 피리독신디지방산에스테르

디카프리르산피리독신(Pyridoxine Dioctanoate) 장원기
디팔미틴산피리독신(Pyridoxine Dipalmitate) 장원기

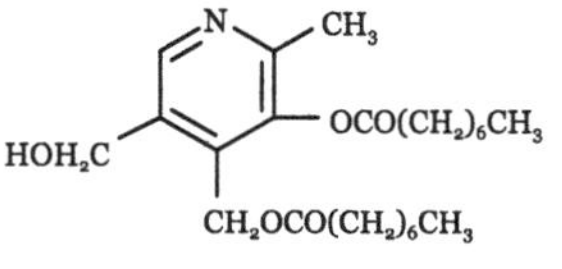

$C_{24}H_{39}NO_5$:421.58

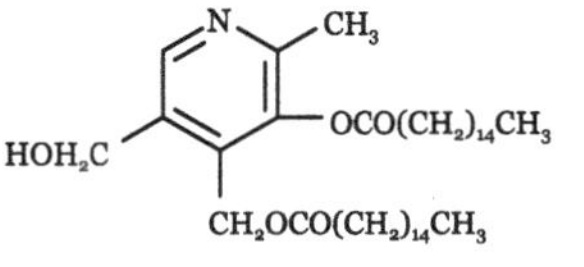

$C_{49}H_{71}NO_5$:646.00

## 1. 물성

〈표 9-3〉 각 화합물의 물성 특성

| | 디카프린산피리독신 | 디팔미틸산피리독신 |
|---|---|---|
| 성 상 | 백색결정 또는 결정성분말로 냄새는 없거나 아주 약한 특이냄새가 있다. | |
| 정 량 치 | 97.0% 이상 | 97.0% 이상 |
| 융 점 | 69～73° | 86～89° |
| 중 금 속 | 20ppm 이하 | 20ppm 이하 |
| 비 소 | 5ppm 이하 | 5ppm 이하 |
| 유리피리독신 | 1% 이하 | 1% 이하 |
| 건조감량 | 0.3% 이하 | 0.3% 이하 |
| 강열잔분 | 0.10% 이하 | 0.10% 이하 |

## 2. 개요

비타민 $B_6$는 생체 내에서 단백질, 아미노산의 대사를 거쳐 각종 효소의 보효소로서 작용하고, 비타민 B군 중에서 피부대사에 가장 중요한 역할을 맡고 있다. 특히 각종 피부장해에 대해서 내복 또는 국소투여에 의한 치료가 행해지고 있으나, 비타민 $B_6$가 수용성이고 전혀 유지에 용해되지 않기 때문에 경피적 치료효과를 명확하게 할 수 없었다. 1956년 F.A. Kummerow 등에 의해 트리팔미틴산피리독신이 처음으로 합성되어, 광이나 열에도 안정하며 국소투여에 의한 효과도 확인되었으며 비타민 $B_6$의 국소 투여의 길이 열렸다. 본 품은 화장품 쪽에 흥미있는 지용성물질이다. 그것은 피부에 건강성과 미용작용을 유지하는 비타민 $B_6$ 작용을 가지고 있다고 보고되어 있다. 그러나 공업화에 어려운 점이 있다는 것에서 그 후 고바야시 등에 의해 분자내의 2개의 OH기를 고급지방산으로 에스테르화시킨 디카프리르산피리독신, 디팔미틴산피리독신 등의 공업적 합성법이 확립되었

다(〈표 9-3〉 참조).

임상효과 면에서는 야스다는 디팔미틴산피리독신 0.01%를 폴리소르베 80과 알코올을 주로 한 로션기제에 첨가하고, 두부 비강진 및 두부 지루성 피부염에 외용했을 때, 경피 흡수, 독성 등에 관한 연구가 보고되어 있다.

## 3. 용도 및 응용

피리독신지방산에스테르는 물에는 거의 녹지 않지만, 에탄올, 계면활성제, 오레인산, 오레일알코올 등에 잘 녹으며, 가온하면 쉽게 녹는다. 디카프리르산피리독신은 디팔미틴산피리독신보다 몇 배 이상 용해성이 높다. 디카프리르산피리독신의 용해성을 〈표 9-4〉에 나타내었다.

〈표 9-4〉 디카프리르산피리독신의 용해도

| 용 매 | g/100(25℃) |
|---|---|
| 이소프로필미리스테이트 | 2.0 |
| 올리브유 | 1.0 |
| 오레일알코올 | 3.5 |
| 오레인산 | 5.0 |
| 유동파라핀 | 0.07 |
| 솔비탄모노오레트 | 9.0(40℃) |
| POE 솔비탄모노오레트 | 10.0(40℃) |
| POE 라우릴알코올에테르 | 30.0(40℃) |
| 100% 에탄올 | 43.0 |
| 70% 에탄올 | 6.5 |
| 50% 에탄올 | 0.5 |
| 40% 에탄올 | 0.25 |

디지방산피리독신은 화장품에 매우 간단히 배합된다. 유액 등 물의 함량이 많은 에멀젼제제에서는 물에 거의 녹지 않지만, 에멀젼의 유상과 계면유화막을 구성하는 원료물질과의 사이에 높은 친화성이 있기 때문에, 에멀젼유상과 계면유화막에 들어가 용해되어 균일하게 배합된다. 각종 크림, 유액, 모발제품, 파우더제품은 물론 샴푸에도 배합된다. 3번 위치의 페놀기가 에스테르화 되어있기 때문에 자외선에 대해서도 안정하여, 열상에 대한 효과와 비듬제거제로서의 이용이 높다. W/O크림에 넣어 해수욕을 한 250케이스에 대한 도말테스트는 85%에 열상은 입었지만 Sun burn에는 없었다는 보고가 있다.

제제에는 0.1-1.0% 정도 배합된다. 제제의 pH는 가수분해를 시키기 위해, 가능한 한 중성이 좋다. 기대되는 효능효과로서는 피부당김, 여드름, 비듬, 열상, 동상, 가려움증 등에 좋다.

## 9 에스테르아스코르빈산지방산에스테르

디팔미틴산아스코르빌(Ascorbyl Dipalmitate)
팔미틴산아스코르빌(Ascorbyl Palmitate)
스테아린산아스코르빌(Ascorbyl Palmitate)

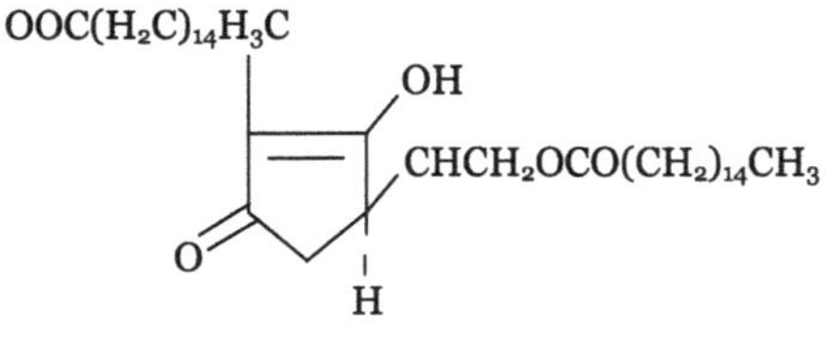

$C_{38}H_{68}O_8$:652.95

비타민팔미틴산에스테르 2,6-팔미틴산 L-아스코빌

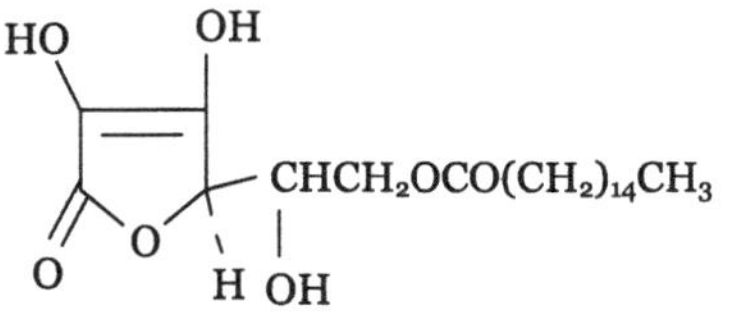

$C_{22}H_{38}O_7$:414.54

비타민 C 팔미틴산에스테르

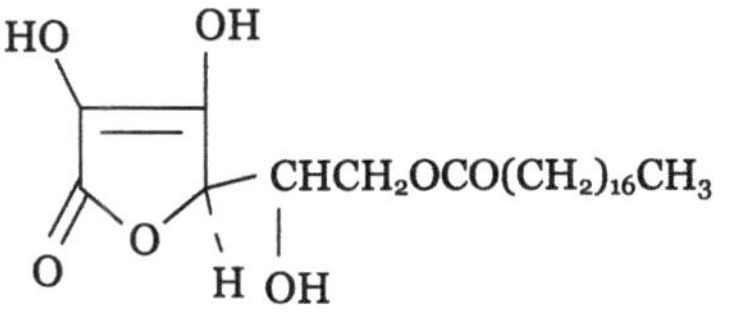

$C_{24}H_{42}O_7$:442.60

비타민 C 스테아린산에스테르

### 1. 물성

〈표 9-5〉 각 화합물의 물성특성

| | 디팔미틸산아스코르빌 | 팔미틸산아스코르빌 | 스테아린산아스코르빌 |
|---|---|---|---|
| 성 상 | 백색의 결정또는 결정성분말 | 백색의 결정성분말 | 백색의 결정성분말 |
| 정 량 치 | 97.0% 이상 | 93% 이상 | 93% 이상 |
| 융 점 | 109~115° | 107~117° | 115~118° |
| 중 금 속 | 20ppm 이하 | - | - |
| 비 소 | 2ppm 이하 | 2ppm 이하 | 2ppm 이하 |
| 건조감량 | 1.0% 이하 | 2% 이하 | 2% 이하 |
| 강열잔분 | 0.10% 이하 | 0.1% 이하 | 0.1% 이하 |

## 2. 개요

아스코르빈산이 피부의 이상색소 침착증 등에 유효하다는 것은 옛날부터 잘 알려져 있다. 그 작용기작은 멜라노사이트 내에서의 멜라닌생성에 있어서 타이로시나제 등의 산성효소의 작용을 억제하는 것이 중심인 것으로 생각되고 있다. 그러나 사람에는 L-글루크로노락톤옥시다제가 결핍되어 있기 때문에 체내에서 아스코르빈산을 생합성 할 수 없으므로 어떠한 형태로서 투여하는 것이 필요하다. 아스코르빈산의 경구와 주사 등에 의한 투여는 흡수도 빠르지만 배설도 빨라 일과성이므로, 피부색소침착 부분에는 도착하기 힘들고 피부에 대한 효과가 기대되기 어렵다. 피부의 국소투여쪽이 직접적이며 효과적이다. 그러나 아스코르빈산은 수용성이며 기름에 녹지 않고 화학적으로 불안정하기 때문에 제제상 어려운 점이 있었다.

1943년 D. Swern 등은 아스코르빈산의 6번째 OH기를 스테아린산 등의 고급지방산으로 에스테르화시킨, 모노에스테르를 합성하고 그것이 지용성이며 비타민 C 활성도 있다고 보고하였다. 그 뒤 아스코르빈산의 6번째의 에스테르화만으로는 안정성이 불충분한 것에서 산화되기 쉬운 2,3엔디올부의 2번째 OH기를 에스테르화시킨 아스코르빈산2,6디지방산에스테르가 개발되었고, 비타민 C 활성이 있다는 것을 증명하였다. 아스코르빈산지방산에스테르는 생체 내에서 분해되면 아스코르빈산과 노르말지방산으로 되기 때문에, 구조상, 독성이 없는 물질임이 간단히 추정된다. 디팔미틴산아스코르빌의 LD은 마우스경구투여로 8.0g/kg, 스테아린산아스코르빌의 $LD_{50}$은 마우스경구투여로 25g/kg이었다. 또 디팔미틴산아스코르빌에 대해서는 안정성, 경피흡수, 생리효과, 대사 등에 관한 연구가 보고되어 있다(〈표 9-5〉 참조). 이것 모두 장원기에 수록되어있다.

## 3. 용도 및 응용

아스코르빈산지방산에스테르류는 아스코르빈산의 생리효과를 기대하는 약용화장품인 Active Ingredient로서 일반적으로 이용되고 있다. 효능효과로는 튼 피부, 색흑, 기미, 열상 등에 효과가 있다.

스테아린산아스코르빌의 용해도는 땅콩유에 0.09%, 면실유에 0.05%이다. 디팔미틴산아스코르빌의 용해도를 〈표 9-6〉에 나타내었다.

아스코르빈산지방산에스테르의 안정성은 아스코르빈산에 비해 훨씬 뛰어나며 크림 등에 배합할 경우에 안정성, 특히 경피 안정성에 유의할 필요가 있다. 디팔미틴산아스코르빌을 화장품 등에 배합할 경우에 예를 들면 ① 40℃ 이하에서 첨가한다. ② 처방의 최적 pH는 4-6이며 이외에서는 착색을 촉진한다. ③ 금속이온이 존재하면 안정성이 저하된다. 필요에 따라 킬레이트제를 이용한다. ④ 시스틴, 글루타치온 등의 환원제를 병용하면 안정성이 높아진다. ⑤ 식염 등의 염, 구연산, 주석산 등의 유기산을 병용하면 안정성이 늘어난다.

〈표 9-6〉 디팔미틴산아스코르빌의 용해성(25℃)

| 용 매 | g/100g |
|---|---|
| 에탄올 | 1.2 |
| 아주까리유 | 0.5 |
| 대두유 | 0.3 |
| 올리브유 | 0.1 |
| 면실유 | 0.1 |
| 오레인산 | 0.1 |
| 오레일알코올 | 1.5 |
| 2-옥틸도데카놀 | 0.7 |
| NIKKOL IPM | 0.1 |
| NIKKOL DES-SP | 0.25 |
| 리시노레인산메칠 | 1.0 |
| 리놀산에칠 | 0.1 |
| NIKKOL TO-10 | 3.3 |
| 프로피렌글리콜 | 0.05 |

아스코르빈산지방산에스테르가 가장 많이 쓰이는 곳은 안정성의 염려가 없는 약용분말 화장품으로 몇 십% 배합되어 있다. 사용법은 화장수, 유액 등에 혼합하고 피부에 바른다.

## 10 인산-L-아스코르빌마그네슘(Magnesium-L-Ascorbyl-2-Phosphate)

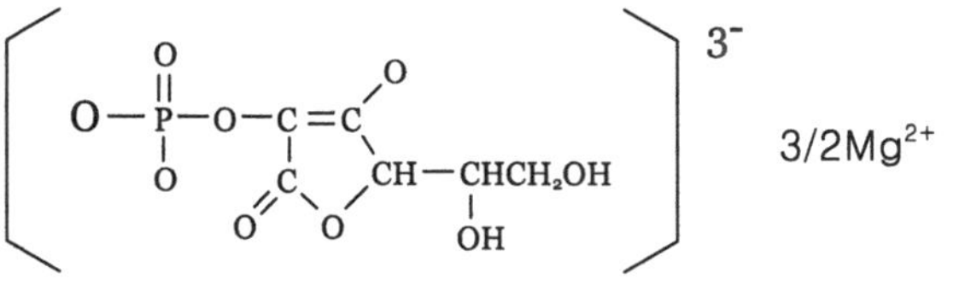

$C_6H_6O_9P$ 3/2Mg 분자량 289.5

### 1. 물성

백색분말로서 무취. 시판되는 것은 약 20%의 수분이 들어있다. 물에 녹기 쉽고 알코올을 비롯하여 대부분의 유기용매에 불용. 3% 수용액의 pH는 7.0-8.5이다.

## 2. 개요

아스코르빈산에 관한 생리적, 약리적 효과는 옛날부터 연구되어, 항괴혈증 인자로서 알려져 있는 것을 비롯하여 강력한 환원작용에 따른 몇 가지 효과가 알려져 있다. 또 최근 인터페론의 생산촉진, 항바이러스작용, 항종양작용 등 다양한 작용이 아스코르빈산의 투여에 의해 발현된다고 한다.

아스코르빈산의 생리적, 약리적 효과 중에서 화장품에 관련이 깊은 것으로 멜라닌색소 형성 억제작용이 있다. 아스코르빈산은 멜라닌형성의 초기단계에서 생성되는 도파퀴논을 도파로 환원하고 멜라닌형성을 억제함과 동시에, 짙은 색의 산화형 멜라닌을 환원시켜 옅은 색의 환원형 멜라닌으로 만드는 작용을 한다.

또 아스코르빈산은 생체 내에서 가역적으로 산화환원반응을 일으키고 간배엽조직(결합직, 뼈, 연골, 치아)에 있어서 콜라겐, 뮤코 다당류의 생성, 유지에 중요한 역할을 하며, 노화에 의해 피부가 엷게되는 경향을 완화시키기 때문에, 이 아스코르빈산의 특이적인 효과가 유효하다고 생각된다. 이런 효과를 기대하고 아스코르빈산을 화장품에 배합하여도 불안정하며 효과적인 외용제를 얻을 수 없었다.

거기서 경피흡수성이 좋고 아스코르빈산으로서의 기능을 가지며 안정성이 높은 물질로서 2,6-아스코르빈산디팔미테이트 등의 아스코르빈산지방산에스테르가 개발되었다. 그러나 유용성인 점 등에서 사용이 제한되었다. 이러한 상황에서 개발되어 화장품에 응용할 수 있게 되었다.

## 3. 용도

아스코르빈산의 생체에 대한 기능으로 피부틈, 열상, 기미, 주근깨로부터 피부를 지키고, 피부색의 윤기를 좋게 해서 젊음을 유지하기 위한 각종 화장품에 쓰인다. 물에 잘 녹기 때문에 화장수, 유액, 크림, 팩 등에 이용된다. 미용액이나 에센스 등에도 배합된다. 또 미백용 파우더에 배합 가능하다.

# 11 비타민 E 유도체

니코틴산 dl-α-토코페롤(dl-α-tocopheryl nicotinate)

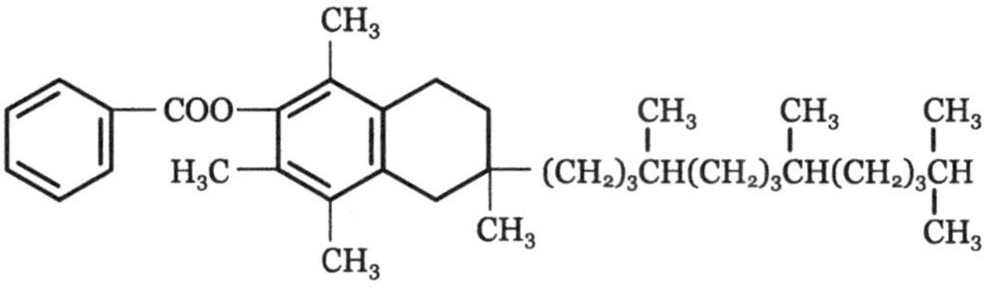

$C_{35}H_{53}NO_3$:535.81

dl-2-(4, 8, 12-trimethyltridecyl)-2, 5, 7, 8-tetramethyl-6-chromanol nicotinate

## 1. 물성

성상: 연황색 유상, 방치하면 결정.

중금속: 연으로서 20ppm 이하, 유리 α-토코페롤: 1.0% 이하

융점: 약 38°. 아세톤, 벤젠, 클로로포름, 에테르에 잘 녹음. 에탄올에 녹고 물에는 불용.

## 2. 개요

니코틴산 dl-α-토코페롤은 비타민 E와 니코틴산을 에스테르 결합시킨 신규 유도체이며, 비타민 E와 니코틴산고유의 생리작용을 나타내면서, 결합상태로 뛰어난 약리작용이 얻어진다. 비타민 E 유도체로서의 본체는 약리작용으로서 미소순환계 부활작용, 혈중산소 분자상승작용 등 독자의 폭넓은 작용이 밝혀졌다. 최근 비타민 E 유도체의 유효성분으로서 화장품분야에서도 이용되고 상품화되어 있다.

자연계에서는 식물유 등에서 토콜류 및 토코토리에놀류가 각 4종류 발견되고 천연토코페롤류는 모두 2R, 4'R, 8'R의 입체배위를 가지고 있다. 합성토코페롤류에는 천연피톨을 이용해서 합성한 2-ambo-α-tocopherol과 합성피톨 또는 이소피톨을 이용한 all-rac-α-tocopherol(dl-α-tocopherol)이, 비타민 E 유도체의 주원료이다.

비타민 E의 국제 표준품에는 그 초산에스테르가 사용되어 의약품과 화장품에 가장 많이 이용된다. 비타민E의 니코틴산유도체는 혈관운동기능을 회복시키는 효과가 있고, 조직노화방지에 도움을 주는 비타민이다.

비타민 E의 경피흡수작용은 국소투여로 다른 기관을 거치지 않고, 국소의 미소혈류량을 증가시켜 미소순환기능의 개선효과를 특징으로 하는 탈모증 등, 표피부위의 다지질계의 생리적 산화방지에 유효하다. 경피흡수에 의한 비타민 E의 효과는 말초순환기능의 개선을 비롯하여 피부의 염증억제, 털 성장촉진, 자외선에 의한 항피부손상, 과산화지질량

이 증가된 화장품에 의한 피부자극반응성의 억제에 대해 비타민E는 일찍이 크림 제품류에 배합되어왔다. 니코틴산 dl-$\alpha$-토코페롤은 화장품의 모든 분야에서 이용가치가 있다.

## 3. 응용

비타민 E는 국소피내 표면혈량의 증대, 한랭부하시의 미소동맥 유혈량의 증대 등 말초혈류에 능동적으로 작용해서 모의 성장, 모유두에 있어서 미소순환기능의 장해회복, 모구세포의 영양장해개선에 효과적이다.

외용제에의 배합량을 기준으로 해서 법적기준은 없으나 의약품의 주약으로서 토코페롤과 그 초산유도체는 0.2-2.0%가 배합되어 있다. 약용화장품, 약용 양모료의 의약부외품의 주약으로서는 초산 dl-$\alpha$-토코페롤이 0.2% 전후 배합되어있다. 또 화장품 등 외용제의 산화방지제로서 dl-$\alpha$-토코페롤이 0.02-0.5% 첨가되어 왔으나, 최근에는 산화방지력이 강한 d-$\alpha$-토코페롤 등 구성비율이 높은 비타민 E(별칭 천연비타민 E: 범용 화장품원료집-III, 일본화장품공업연합회, 1982, 이믹스, 에이자이)를 0.02%-0.03% 첨가하는 경향으로 되고 있다. 비타민 E는 노화피부의 외관적 특징으로 탄력성저하, 보수능력장해를 일으키는 지선기능의 저하와 과리 색소침착 등을 개선하는 효과가 있고 니코틴산토코페롤은 혈관 그 자체의 확장수축기능에 직접 작용하는 새로운 유도체이다.

# Chapter 10 기 타

## 1 무수실리카(Silicic Anhydride)

$SiO_2$: 60.08

### 1. 물성

성상: 백색-연청백색의 분말. 무미무취.

수가용물: 2% 이하

중금속: 30ppm 이하(2g, 제4법)

비소: 5ppm 이하(0.40g, 장치C)

불소: 30ppm 이하

건조감량: 13.0% 이하(1g, 105℃, 2시간)

강열감량: 18.0% 이하(1g, 850℃, 30분)

### 2. 개요

4염화실리카의 열분해, 4염화실리콘, 암모니아, 수증기의 기상반응, 유기실리콘화합물의 열분해 등의 건식법 또는 산, 일산화탄소, 암모니움염 등에 의한 실리콘나트륨의 분해, 알칼리토류금속실리콘염의 광산분해, 일산화탄소에 의한 실리콘알칼리염의 분해 등과 같은 습식법에 의해 얻어지는 무정형 미세 분말이다. 제조방법, 조건에 따라 여러 입자구조가 있다. 건식법 부수실리콘이 구형으로 구멍이 없는 표면인 것에 대해, 습식법의 것은 비구형이 많고 다공질이다. 습식법 무수실리콘은 알루미늄, 칼슘, 철 등의 불순물을 함유한다. 입자직경은 수밀리-수십밀리미크론의 초미립자에서 수십미크론의 미립자인 것까지도 있다.

물 또는 불소이외의 산에는 불용. 알칼리용액에는 서서히 녹는다. 물에 대한 용해도는 약 150mg/l이며 친수성이다. 인체에 무해하다고 하며 폐에서의 축적은 약간이며 흡인이 중지되면 빨리 배설된다.

무수실리콘은 불소와 강알칼리를 제외하고 모든 액체를 증점시킬 수 있다. 일반적으로 수소가교결합을 할 가능성이 없는 쪽이 다른 것보다 큰 증점성이 얻어진다. 또 극성이 약한 쪽이 강한 쪽보다 큰 증점효과가 얻어진다. 점도가 온도의 영향을 거의 받지 않는 것도 큰 특징이다. 비교적 입자직경이 큰 완전구형인 것은, 가볍고 매끄러운 감촉을 주기 때문에 분체성분으로서도 이용된다. 그 외 겔화작용, 물이나 기름의 흡착작용, 유지작용 등이 있다.

## 3. 응용

일반적으로 그 증점작용, 겔화작용이 이용되지만 특히 온도의존성이 없다는 점, 사용범위가 넓은 것이 큰 특징으로 수계, 유계 모두에 널리 사용된다. 분체성분으로서도 이용된다.

립스틱 등의 스틱상 제품에 배합함으로서 온도안정성이 개선된다. 또 액상, 페스트상의 마무리화장품에도 배합되어 현탁작용, 유수분의 흡착작용 등에 의해 변색, 색상차이 또는 수분, 유분의 분리를 방지한다.

에멀젼의 수분, 유분의 분리도 방지하기 때문에 크림류의 수상 또는 유상에 배합한다. 입자직경이 큰 완전구형의 것은, 다른 완전구형 고분자 분체와 같이 가볍고 매끄러운 감촉을 주기 때문에 파운데이션류, 포인트화장품류 등에 이용된다. 또 피부에 상처를 주지 않는 스크럽제로서 세안료, 맛사지크림 등에 배합된다.

무수실리콘의 굴절율(1.45)에 가까운 수성, 유성의 액체와는 투명한 겔을 만들기 때문에 투명겔상제품에 이용된다. 무수실리콘을 배합하는 제품은 그 점착층에 만들어지는 세공구조에 의해 통기성이 생긴다고 하지만, 그 응용에 대해 생각해야 한다.

활성물질, 유효성분 등을 불활성적인 무수실리콘에 넣고 그 활성작용을 이용한다. 액체의 분말화 등에도 사용된다. 이들은 추출액의 분말화, 드라이샴푸, 분백분, 비누의 방향성 지속 등에 이용된다.

분체가 든 화장수에는 보통의 분체와 병용해서 화장수중에서의 분체 응집방지 등에 이용된다. 이들 응용에 있어서 모든 경우에 다량으로 사용하면 감촉을 손상시키므로 주의해야 한다.

이상과 같이 무수실리콘은 증점제, 겔화제, 안정화제, 흡착담지제 그리고 분체성분으로서 다른 증점제류보다 훨씬 많은 기능과 적용범위를 가지고 있기 때문에 활용성이 넓다.

수계에서는 다른 많은 뛰어난 증점제가 있으므로 조정의 편리함과 그 온도특성을 살리는 것이 중요하다. 한편 유계증점제는 종류가 적고, 또 자극성의 문제 또는 적용범위가 한정되는 등의 결점이 많이 있기 때문에 온도특성 뿐만 아니라, 그 유용성은 크다.

## 2 벤토나이트(Bentonite)

### 1. 물성

성상: 백색-염갈색의 미세한 분말 또는 프레이크. 거의 무취.

pH: 9.0-10.5

연: 20ppm 이하(1.0g)

비소: 5ppm 이하(장치C)

건조감량: 10.0% 이하(2g, 105℃, 2시간)

팽윤력: 98ml 이상(3g, MgO 0.15g, 물 100ml, 24시간)

### 2. 개요

벤토나이트 광산에서 채굴한 원광을 자연광 또는 가열건조하여 그것을 분쇄, 분리정제하든지 물침적, 건조, 분쇄해서 얻어진다. 벤토나이트는 콜로이드성 함수실리콘알루미늄이며, 몬모리로나이트가 주성분으로 약 90%를 차지한다. 그 외 석영, 크리스토바라이트, 장석, 운모, 비석, 방해석, 드로마이트 등을 함유한다. 분쇄입자도는 이물질이 벤토나이트의 품질을 좌우한다고 한다.

유기용매에는 불용이다. 수중에서는 그 얇은 판상결정층사이의 물을 흡수해서 팽윤하고 또 물에 분산되어 높은 구조점성을 나타내는 콜로이드분산액을 생성한다. 벤토나이트 농도를 높이면 한천상의 끈적한 겔을 형성한다.

이들 증점작용 이외에 혼재하는 고체입자 등의 다른 물질의 현탁 안정화작용, 보호콜로이드작용 및 고농도의 고체입자로 된 페스트 가역성부여 등의 작용이 있다. 또 많은 수용성 고분자와 병용함으로서 상승효과가 얻어진다.

### 3. 응용

구조점성과 보호콜로이드작용을 이용하는 것이 일반적이다. 유기증점제와 같이 끈적함이나 달라붙은 느낌이 없고 상쾌한 감촉으로 퍼짐성, 박막형성을 향상시키기 때문에 유화계, 분산계제품에 점도조절, 안정성향상, 감촉조정 등의 목적으로 널리 이용된다. 특히 다른 수용성고분자와의 병용은 안료의 변색 등을 방지하는데 탁월한 효과가 있기 때문에 파운데이션 등 수계의 착색제품에 이용되는 경우가 많다.

현재 신제형의 응용연구가 활성화되고 있으나, 화장품분야에서도 다중유화물의 제품화가 나타나기 시작했다. 이것은 여러 가지 기술을 요하지만 벤토나이트도 그 수상에 0.5-20% 배합해서 겔화시켜 에멀젼입자의 응집이나 합일을 방지하고 다중안정성을 향상시키는 목적으로 이용된다. 흡착성, 박막형성능 등을 이용해서 팩제에도 배합된다. 샴푸에는 거품안정화, 세정성향상의 목적으로 이용된다. 의약품, 식품, 도료, 그 외 많은 분야에 이용되고 있다.

벤토나이트는 층상형의 포접화합물이지만 현재 증점제로서 그 흡수성이 주로 이용되며, 최근 제품화된 W/O 유화형 립스틱에 그 응용 예가 나타나는 정도이지만, 앞으로 복합체로서의 이용법이 검토되어 응용범위가 확대될 것으로 기대한다.

## 3 에칠셀룰로스(Ethylcellulose)

### 1. 물성

성상: 백색의 무결정 분말. 거의 무취.

염화물: 0.10% 이하

중금속: 20ppm 이하(1.0g, 제4법)

비소: 2ppm 이하(2.5g, 장치C)

건조감량: 2.0% 이하(2g, 105℃, 1시간)

강열잔분: 0.20% 이하(제3법, 2g)

### 2. 개요

셀룰로스에 가성소다를 작용시켜 알칼리셀룰로스로 만들고 여기에 염화에칠을 반응시킨 후 휘발성분을 제거하고 수세, 여과, 건조해서 얻어지는 셀룰로스의 에칠에테르폴리머이다. 용해성, 흡습성, 연화점, 융점 등은 에칠기의 치환도에 따라 다르다. 치환도 1.5까지는 물 및 가성소다에 가용하며 그 이상의 치환도에서 물에 서서히 잘 녹지 않게되며, 치환도 2.0에서 유기용매에 가용하게 된다. 또 치환도가 높게됨에 따라 비극성용매에도 녹게 된다. 화장품원료기준에 적당한 것은 치환도 2.2~2.6으로 되어 있다. 흡습성과 치환도의 관계에서 치환도가 높으면 흡습도는 저하한다.

연화점 및 융점은 치환도 2.5부근에 극소점을 가지고(각각 약 140℃, 약 170℃), 그것보다 저치환도로 될수록 경도와 융점을 높이지만, 용해성과 그 외 수지 및 가역제와의 상용성은 감소한다. 또 보다 고치환도로 되면 그 증가는 급속하게 된다. 즉, 극소점에 있어서 각종 유기용매류에 대한 용해성 및 왁스, 가역제, 알키드수지를 제외한 모든 수지와의 상용성이 가장 좋다.

고온 및 저온에 대한 안정성이 좋고 또 내후성도 탁월하다. 독성, 자극성도 없으며 화장품에는 피막제로서 이용되고 있다.

### 3. 응용

에칠셀룰로스는 유기용매제와 유계의 피막제로서 이용되는 것이 일반적이다. 에칠셀룰로스를 네일칼라에 배합함으로서 니트로셀룰로스의 내충격성을 향상시키고 상처에 대한 저항성을 높이며 저온내성을 개선하고 트는 것에 대한 저항성을 준다. 또 니트로셀룰로스로 인한 색소의 변퇴색에 대해서도 에칠셀룰로스를 병용함으로서 개선된다.

폴리에칠렌과 병용해서 마이크로캡슐의 벽물질로서 연필형네일칼라리무버 등에도 이용된다. 화장막 개량제로서 에칠셀룰로스 단독 또는 폴리비닐알콜과 병용해서 메이크업 화장품에 배합되어 화장막의 균일성, 내수성 및 화장의 지속성을 높이는 목적에 이용되고 있다. 그 외 헤어스프레이, 고형 콜롱의 고화제 등에도 이용된다. 의약품에는 내습도성의 향상, 변질되기 쉬운 물질의 보호 등의 목적에 사용된다. 식품분야에서는 포장재 등에 이용되고 있다.

화장품 원료로서의 에칠셀룰로스는 그 유래원료, 용해성, 피막성능 등을 제공하는 매우 특이한 존재이며 보다 많은 응용가능성이 있는 원료이다.

## 4 사이클로덱스트린(Cyclodextrin)

### 1. 물성

사이클로덱스트린(CD)은 D-글루코피라노스기가 $\alpha$-1,4-글루코시드 결합에 의해 원형으로 결합된 환상물질이며 구성하는 D-글루코스의 중합도에 따라 $\alpha$-CD(6개), $\beta$-CD(7개), $\gamma$-CD(8개) 등이 있고 9-10개의 것도 알려져 있다.

### 2. 개요

사이클로덱스트린의 가장 중요한 특성은 그 원형에 각종 화합물을 삽입, 포접화합물을 형성하는 것이다(〈표 10-1〉 참조). 삽입화합물은 산, 아민, 작은 이온과 같은 극성시약에서 고도의 비극성 지방족 및 방향족 탄화수소, 그리고 희석가스까지 매우 광범위하다. 최근에는 그 특이구조가 효소모델 또는 촉매로 재평가되어 포접현상의 정밀한 해석도 진행되어 다양한 연구성과가 보고되고 있다.

또 $\beta$-CD가 고수율로 공업적으로 생산되게 되었으며, 구성단위가 글루코스이므로 독성이 없고 생체에 있어서 매우 안전한 물질이고 응용 면에서도 식품, 의약품, 화장품, 화장실용품 및 농약 등에도 널리 실용화가 진행되고 있다.

〈표 10-1〉 사이클로덱스트린의 물리적 성질

| 사이클로 덱스트린 | 글루코스 기의 수 | 분자량 (계산치) | 수용해성 (g/100ml) | 여광도 $[\alpha]^{25}_{D}$ | 공동의 크기(Å) 내경 | 공동의 크기(Å) 깊이 |
|---|---|---|---|---|---|---|
| α-CD | 6 | 972 | 14.5 | 150.5±0.5 | 4.5 | 6.7 |
| β-CD | 7 | 1,135 | 18.5 | 162.5±0.5 | ~7.0 | ~7.0 |
| γ-CD | 8 | 1,297 | 23.2 | 177.4±0.5 | ~8.5 | ~7.0 |
| δ-CD | 9 | 1,459 | 비교적 잘 녹음 | 191±3 | - | - |

## 3. 응용

연구대상으로서는 용해성이 높은 $\alpha$-CD를 많이 사용하지만 실용면에서는 제조분리정제가 간단하고 포접대상 화합물이 다양한 것에서 $\beta$-CD가 중심적으로 개발되었다. CD는 용도개발 상 다음과 같은 4가지 유익한 특성이 있다.

### 1) 휘발물질의 비휘발화

- 유독 휘발물질의 분말화에 따른 안정성 향상
  o,o-Dimethyldichloro vinyl phosphate(살충제)
- 각종 향료, 스파이스류의 안정화
- 악취의 무취화

### 2) 산화, 광분해성물질의 보호

- 자외선광에 불안정한 화합물의 안정화
  천연피레스로이드
- 산화되기 쉬운 화합물의 안정화
  프로스타그란딘류, 로얄젤리, 각종 비타민류

### 3) 물리화학적 성질의 변화

- 물 난용성 의약의 용해도를 높여 액제화 한다.
  항생물질스테로이드
- 색소의 마스킹 또는 색조의 소프트 욕제
- 쓴맛의 마스킹, 의약, 콩단백질
- 조해성 물질의 안정화, 각종 분말식품

4) 물 불용성물질의 유화
- 지방산, 유지, 스테롤, 탄화수소의 유화
  아이스크림, 각종식품의 유화제

이와 같이 CD의 응용은 다양하지만, 앞으로 안전성과 기능성을 겸한 Bio degradable 한 CD 유도체의 개발 등, 새로운 개념의 CD유효이용에 관한 연구가 계속 발전할 것으로 생각된다.

## 5 펄 제(에칠렌글리콜, 트리에칠렌글리콜지방산에스테르)

### 1. 물성

| | 디스테아린산에칠렌글리콜 | 디스테아린산트리에칠렌글리콜 |
|---|---|---|
| 성 상 | 백색고체 | 백색고체 |
| 산 가 | 7 이상 | 7 이상 |
| 검 화 가 | 190～210 | 160～180 |
| 수산기가 | 10 이상 | 10 이상 |
| 융점(℃) | 58～65 | 44～51 |
| 강열잔분(%) | 1.0 이하 | 1.0 이하 |
| 간조감량(%) | 3.0 이하 | 3.0 이하 |

### 2. 개요

샴푸에 펄 광택이나 유탁감을 부여함으로서 외관상 고급화, 마일드감, 크림감 등을 주어 상품부가가치를 높일 수 있다.

예전의 샴푸용 펄광택(유탁제도 포함)제로서는 스칠렌폴리머, 폴리초산비닐, 스테아린산알루미늄, 스테아린산칼슘, 스테아린산마그네슘, 스테아릴알코올, 운모티탄, 옥시염화비스무스처리운모 등 다양한 물질이 사용되었다.

그러나 최근 화장품의 고품질화경향이 진행되어 현재에는 거의 그 자취를 감추었다. 그 이유로는 스칠렌폴리머나 폴리초산비닐 등은 냄새가 강하고 금속비누류는 분산이 잘 되지 않으며, 때에 따라서 샴푸의 기포성을 방해하기도 한다. 운모티탄 등은 비중이 크고 경시적으로 침전을 일으키는 등 화장품 품질을 장기적으로 유지하는 데는 배합시키기 곤란한 물질이다.

한편, 과거 수 십년에 걸쳐 계속 사용되어 온 펄광택제가 (트리)에칠렌글리콜지방산에스테르이다.

## 3. 용도 및 응용

여기서는 본 화합물의 기본성분으로서 샴푸계에서 검토한 결과를 나타내었다.

### 1) 글리콜에스테르의 구조와 융점

에칠렌글리콜(EG)에스테르는, 트리에칠렌글리콜(TEG)에스테르보다 높은 융점을 나타내고, 디에스테르의 융점은 지방산의 총탄소수가 증가하면 상승하지만, 비대칭성(2종의 지방산의 탄소수의 차이)이 크면 낮아진다. 모노에스테르는 디에스테르보다도 15-20℃ 낮은 융점을 나타낸다(〈표 10-2〉 참조).

〈표 10-2〉 Structure and melting point of glycol esters

| structure | abbreviation | mp.(℃) |
|---|---|---|
| $C_{11}H_{23}CO\text{-}OCH_2CH_2O\text{-}COC_{11}H_{23}$ | 12-EG-12 | 51 |
| $C_{11}H_{23}CO\text{-}OCH_2CH_2O\text{-}COC_{13}H_{27}$ | 12-EG-14 | 49 |
| $C_{11}H_{23}CO\text{-}OCH_2CH_2O\text{-}COC_{15}H_{31}$ | 12-EG-16 | 55 |
| $C_{11}H_{23}CO\text{-}OCH_2CH_2O\text{-}COC_{17}H_{35}$ | 12-EG-18 | 56 |
| $C_{13}H_{27}CO\text{-}OCH_2CH_2O\text{-}COC_{13}H_{27}$ | 14-EG-14 | 61 |
| $C_{13}H_{27}CO\text{-}OCH_2CH_2O\text{-}COC_{15}H_{31}$ | 14-EG-16 | 58 |
| $C_{13}H_{27}CO\text{-}OCH_2CH_2O\text{-}COC_{17}H_{35}$ | 14-EG-18 | 47 |
| $C_{15}H_{31}CO\text{-}OCH_2CH_2O\text{-}COC_{15}H_{31}$ | 16-EG-16 | 68 |
| $C_{15}H_{31}CO\text{-}OCH_2CH_2O\text{-}COC_{17}H_{35}$ | 16-EG-18 | 65 |

〈표 10-3〉 The Properties of Glycol Esters

| glycol ester | pearl | pearling* | vanishing* | foam height | viscosity |
|---|---|---|---|---|---|
| 12-EG-12 | A | C | A | ↘ | → |
| 12-EG-14 | A | C | B | ↘ | ↗ |
| 12-EG-16 | A | C | A | ↘ | ↙ |
| 12-EG-18 | A | B | A | ↘ | ↗ |

| glycol ester | pearl | pearling* | vanishing* | foam height | viscosity |
|---|---|---|---|---|---|
| 14-EG-14 | B | C | A | ↘ | ↗ |
| 14-EG-16 | A | B | A | ↘ | ↗ |
| 14-EG-18 | B | C | B | ↘ | → |
| 16-EG-16 | B | A | A | ↘ | ↗ |
| 16-EG-18 | A | A | A | → | → |
| 18-EG-18 | B | A | A | ↘ | ↗ |
| EGMS | - | C | C | ↘ | ↗ |
| EGMS | A | C | C | → | ↗ |
| 16-TEG-16 | B | B | A | ↘ | ↗ |
| 16-TEG-18 | A | B | A | → | → |
| 18-TEG-18 | B | B | A | ↘ | ↗ |

*

| | Pearling | vanishing |
|---|---|---|
| A | 45℃- | 50℃- |
| B | 35-44℃ | 40-49℃ |
| C | -34℃ | -39℃ |

이 결과 펄광택제로서 탁월한 것은 16-EG-18, 16-TEG-18로서 모두 팔미틴산, 스테아린산의 비대칭에스테르이다(〈표 10-3〉 참조).

시판의 글리콜에스테르형의 펄광택제는 반드시 순품물질은 아니다. 예를 들면, 구성글리콜은 EG, TEG외에 지방산에 산화에칠렌을 부가 반응시킨 경우는, 복잡한 조성으로 된다. 구성지방산은 주로 팔미틴산, 스테아린산혼합물이 이용되며, 또 모노에스테르, 미반응지방산, 글리콜이 혼재하는 복잡한 혼합물이다.

실용면에서는 이들을 충분히 파악해서 여러 처방에 맞추어 펄광택제를 선택하는 것이 바람직하다.

# [참고문헌]


A. Born, et al., XVI Congressus Internationalis Dermatologiae, TOKYO (1982)

A. P. Tolloch, ibid., 49, 696 (1972)

A. P. Tolloch, J.Am.Oil Chemists' Soc., 49, 609 (1972)

A. Wottawa, Ludwig Boltzmann-Institute (1981)

Ando K. et al., Cancer Research, 32, 125 (1972)

Brit. p.699, 936

Burford R. G. and Gowdey C.W., Arch. Intern. Pharmacodyn. 173, 56 (1968)

Cellulose Chem. Technol., 3 (1969) p. 445～453

CTFA Cosmetic Ingredient Dictionary

D. F. Jones et al., J. Chem, Soc., 1968, 2801 (1968)

Dr. Paolo Rovesti, Soap, Perfumery & Cosmetics June, p.562～570 (1961)

E. Benk : Chem. Ztg., 78, 41, (1954)

E. Heisler, Biologe Pharmatox (1982)

E. J .Hobbs, Society of Antomotive Engneer Paper 740130 (1974)

E. V is et al., J. Am. Chem. Soc., 18, 4709 (1956)

Emmerie A., Engel C. and Klip, Nature, 166, 787 (1950)

F.V.Wells, Soap, Perfumery & Cosmetics December, p.1295～1304 (1960)

F · P · R Chow, et al., J.Physiol, 298, 54 (1980)

G. Abatangelo, et al., Exp. Cell Res., 137, 73 (1982)

G. C. Stoner, J.L.Azorlosa, ACS Meeting, Div. Polymer Chem., Dallas, (1956)

G. Felletschin, J. Soc. Cosmetic Chem., 15, 245 (1964)

G. Scheibe, et al., Therapie der Gegenwart J., 98 (9), 435-438 (1959)

G. Swanbeck, Akt. Dermatol., 5, 89 (1979)

Ger. Pat. 873, 891

Guide des plantes medicales

H. A. Shelanski, M. V. Shelanski, A. Cantor, Am. Perfumer & Ess. Oil Rer. p.267 (1954) ; J. Soc. Cos. Chem., 5, 129, (1954)

H. Itoh, et al., Japn. Pharmacol. Ther., 13(7), 479-494 (1985)

H. Niedermuller, Physiologisches Institut der Veterinaermedizinisches Universitaet Wien (1980)

H. Tsutsumi, H. Nakayama, K. Shinoda, J. Am. Oil Chem. Soc., 55, 363 (1978)

H. Tsutsumi, JAOCS, 55, 363 (1978)

Industrial Gum Quince Seed Gum p.339～365

J. B. Little, Gerontology, 22, 28 (1976)

J. F. T.Spencer et al., Car. J. Chem., 40, 1326 (1962)

J. M. Wilkenson, G. G. Stoner, E. P. Hay, D. B. Witwer, CSMA Proceed., 40th Mid-Year Meeting, Cincinnati

J. S. Stovin, Eye, Ear, Nose & Throat Monthly, 22, 175 (1943)

J. V .Forrester, et al., J.Cell Sci., 48, 315 (1981)

J. W. Breitenbach, et al., Monatsh., 83, 833, 11288 (1952)

JOJOBA (Prodccding of the Sixth International Conference Jojoba and Its Uses October 21-26, 1985 Beer-Sheva, Israel) p.371～391

K. Meyer, Physiol. Rev., 27, 335 (1947)

K. Shulze, Tenside, 1, 34 (1974)

Kuchertz, Angew. Chem., 49, 273 (1936)

M. A. Lesser, drug & Cos. Ind, 75, 1, (1954)

M. Chvapil, Fibrous, Scientific, Industrial and Medical Aspect, ed. by D. A. D. parry and L. K. Creamer, Acedemic press., 1, 247 (1979)

M. J. Shick, "Nonionic Surfactants" p.148-152. Moncel Dekker New York

M. Kludas, et al., Der Hautarzt, 11 (11), 515-516 (1960)

M. W. Linfield., "Anionic surfactants", Marcel Dekker, New York.

M. Yamada et al., J.Biochem. 81, 485 (1977)

Matiere medicales

Pharmazie, 7. 604～605 (1952)

Planta Medica

Prof. Hammerstein, Freie Universitaet Berlin (1966)

R. A. Hutton, et al., Thrombisis Res, 17, 465 (1980)

R. G. Bistline, et al., J. Am. Oil Chemists' Soc., 48, 657 (1971)

S. B. Mecca, Proc. Sci. Sec. T.G.A. 31, May (1959)

S. Raych et al., Helvetica Medica Acta, 23, 75 (1956)

S. Wendel, Cosmet & Toilet, 98 (5), p.103 (1983)

T. K. Miwa, Cosmetic and Perfumery, 88(1), 39 (1973)

T. K. Miwa, G. F. Spencer, R. D. Plattner, Second International Conference on Jojoba and Its Uses, Esenada, Mexico, February 10-12 (1976)

T. Kuwamura, JAOCS, 48, 29 (1971)

U. S. p.2, 653, 972

U. S. Pat. 2, 235, 454 : C. Schuster, R. Sauerbier, H. Fikentsher : C. A., 38, 2770, (1944)

U. S. Pat. 2,978,446

Union So, Africa Pat, 17, 493

V. K .Rowe Journal of Industrial Hygine and Toxicology, vol.30, No.6, p.332～352 (1948)

W. Brenner, et al., Arch. Dermatol. Res., 266, 11 (1979)

W. Eschbach, et al., Medi.Klin., 51 (31-33), 1294-1295 (1956)

W. H. Mcneely and K. S. Kang, Industrial Gums, p.473, (1973), Academic Press.

W. Reppe, C. Schuster, A. Hartmann : U. S. Pat. 2, 265, 450

Xanthan Gum/Keltrol and Kelzan/A Natural Biopolysaccharide For Scientific Water Control, Second Edition", (1975)

Y. Ikeda et al., J.Toxicolog. Sci., 11, in press (1986)

光井, 小林, 富田, 特公昭 45-22435

東京化粧品工業會社業報告, 昭和59年度化粧品用主要資材消費推定量

富田, 小林, 酒田, SCCJ 硏究討論會 (1978)

柳光南, 高分子, 35(6), 569(1986)

油脂, 39(39), 46-52(1986)

日本汎用化粧品原料集 (1985), 藥事日報社

資生堂, 特公昭 45-22435

中川美典, 毛髮科學, 23, 3 (1979)

한병훈, 박만기, 박명환, 박정일 역, 스펙트럼으로 보는 초전도 FT-NMR, 자유아카데미, 서울, 1989

化粧品原料基格 (案)-II, 粧工連

化粧品原料基準第二版注解(1984) 藥事日報社

化學大辭典, 共立出版(1989)

# 찾 아 보 기

(ㅍ)



(ㅎ)



(A)

## (H)



## (I)



## (J)



## (K)



## (L)



## (M)



## (N)



## (O)



## (P)

◐ 저 자 약 력 ◑

**안봉전**

대구 한의대학교 화장품피부미용학부 교수

**이진태**

대구 한의대학교 화장품피부미용학부 교수

**이창언**

대구 한의대학교 화장품피부미용학부 교수

# 화장품 생물신소재

2009년 2월 20일 1판 1쇄 인 쇄
2009년 2월 25일 1판 1쇄 발 행

지은이 : 안봉전 · 이진태 · 이창언
펴낸이 : 박 정 태

펴낸곳 : 광 문 각

413-756
경기도 파주시 교하읍 문발리 500-8
파주출판정보단지 광문각 빌딩 4층
등 록 : 1991. 5. 31 제12-484호
전화(代) : 031) 955-8787
팩 스 : 031) 955-3730
E-mail : kwangmk@unitel.co.kr
홈페이지 : www.kwangmoonkag.co.kr

• ISBN : 978-89-7093-721-2 93590

값 20,000원